Mississippi
1850 Agricultural Census

Volume 3

Transcribed and Compiled by
Linda L. Green

WILLOW BEND BOOKS
2008

WILLOW BEND BOOKS
AN IMPRINT OF HERITAGE BOOKS, INC.

Books, CDs, and more—Worldwide

For our listing of thousands of titles see our website
at
www.HeritageBooks.com

Published 2008 by
HERITAGE BOOKS, INC.
Publishing Division
100 Railroad Ave. #104
Westminster, Maryland 21157

Copyright © 2008 Linda L. Green

All rights reserved. No part of this book may be reproduced or transmitted in any form or by any means, electronic or mechanical, including photocopying, recording or by any information storage and retrieval system without written permission from the author, except for the inclusion of brief quotations in a review.

International Standard Book Numbers
Paperbound: 978-0-7884-4773-0
Clothbound: 978-0-7884-7478-1

Introduction

This census names only the head of the household. Often times when an individual was missed on the regular U. S. Census, they would appear on this agricultural census. So you might try checking this census for your missing relatives. Unfortunately, many of the Agricultural Census records have not survived. But, they do yield unique information about how people lived. There are 48 columns of information. I chose to transcribe only six of the columns. The six are: Name of the Owner, Improved Acreage, Unimproved Acreage, Cash Value of the Farm, Value of Farm Implements and Machinery, and Value of Livestock. Below is a list of other types of information available on this census.

Linda L. Green
217 Sara Sista Circle
Harvest, AL 35749

Other Data Columns

Column/Title

6. Horses
7. Asses and Mules
8. Milch Cows
9. Working Oxen
10. Other Cattle
11. Sheep
12. Swine
14. Wheat, bushels of
15. Rye, bushels of
16. Indian Corn, bushels of
17. Oats, bushels of
18. Rice, lbs of
19. Tobacco, lbs of
20. Ginned cotton, bales of 400 lbs each
21. Wood, lbs of
22. Peas and beans, bushels of
23. Irish potatoes, bushels of
24. Sweet potatoes, bushels of
25. Barley, bushels of
26. Buckwheat, bushels of
27. Value of Orchard products in dollars
28. Wine, gallons of
29. Value of Products of Market Gardens
30. Butter, lbs of
31. Cheese, lbs of
32. Hay, tons of
33. Clover seed, bushels of
34. Other grass seeds, bushels of
35. Hops, lbs of
36. Dew Rotten Hemp, tons of
37. Water Rotted Hemp, tons of
38. Other Prepared Hemp
39. Flax, lbs of
40. Flaxseed, bushels of
41. Silk cocoons, lbs of
42. Maple sugar, lbs of
43. Cane Sugar, hunds of 1,000 lbs
44. Molasses, gallons of
45. Beeswax, lbs of
46. Honey, lbs of
47. Value of Home Made Manufactures
48. Value of Animals Slaughtered

Table of Contents

County	Page
Rankin	1
Scott	10
Simpson	16
Smith	26
Sunflower	35
Tippah	37
Tallahatchie	69
Tishomingo	75
Tunica	96
Warren	98
Washington	107
Wayne	110
Wilkinson	113
Winston	122
Yalobusha	136
Yazoo	155
Index	165

Rankin County, Mississippi
1850 Agricultural Census

The University of North Carolina at Chapel Hill filmed the 1850 agricultural census for Rankin County from originals at the Mississippi State Department of Archives and History under a grant from the National Science Foundation in 1963.

Columns 1, 2, 3, 4, 5, and 13 represent the following information on the census:
1. Name of Owner, Agent or Manager of Farm
2. Acres of Improved Land
3. Acres of Unimproved Land
4. Cash Value of the Farm
5. Value of Farming Implements and Machinery
13. Value of Livestock

Isaac B. Norvell, 270, 950, 5000, 50, 450
H. G. Evans, 65, 135, 700, 25, 500
Jane Crump, 30, 170, 600, 20, 150
William Williams, 80, 160, 500, 20, 500
G. P. Davis, 30, 90, 600, 20, 250
James Marshall, 20, 140, 200, 5, 100
Mary Graham, 12, 388, 500, 15, 100
Jamieson Welch, 32, 128, 400, 10, 470
William Howard, 30, 210, 700, 10, 200
Thomas Cannon, -, -, -, 10, 100
Elizabeth Tucker, 60, 120, 500, 25, 200
John B. Lewis, 160, 240, 1200, 50, 860
N. H. Smith, 30, 90, 300, 10, 185
James Neely, 70, 350, 1200, 25, 750
H. Atkins, -, -, -, 10, 100
Jacob Neely, 15, 25, 300, 10, 50
Joseph Neely, 30, 10, 300, 10, 300
William Thomas, 60, 240, 1000, 25, 500
Isam Smith, 90, 600, 1500, 50, 700
H. Bunch, 90, 310, 1600, 50, 500
E. C. Denham, 50, 110, 400, 10, 60
Asa Jones, 40, 40, 300, 10, 100

John Cooper, 50, 170, 400, 10, 300
W. H. Cooper, 20, 20, 100, 10, 200
Calvin Waters, 60, 40, 500, 25, 115
Daniel Allen, 150, 430, 1500, 50, 550
M. Riley, 90, 450, 2000, 100, 1000
W. H. Hasty, 25, 15, 160, 10, 200
Benjamin Hinds, 50, 10, 300, 25, 450
Everett Solly, -, -, -, 10, 25
W. McCoy, 35, 105, 700, 10, 200
G. R. Hasty, 100, 440, 2000, 25, 250
Daniel C. McDonald, 25, 55, 240, 15, 150
Jesse Ross, 25, 175, 1000, 20, 400
C. J. Carraway, 140, 500, 2000, 50, 940
Lydia Taylor, 130, 470, 1800, 50, 700
Reuben Hendricks, 20, 60, 300, -, -
Peter Farmer, -, -, -, -, 150
William Lane, 100, 200, 600, 50, 400
J. F. Enochs, 40, 120, 320, 15, 250
J. L. Steen, 45, 195, 1000, 20, 450
John B. Rucker, 125, 175, 2000, 25, 450
John T. Boteler, 25, 55, 300, 20, 250

John M. Alpin, 100, 540, 1000, 25, 200
A. J. Cassidy, 300, 400, 2000, 50, 600
S. S. Eakin, 100, 540, 1200, 25, 500
James L. Parnell, 15, 265, 600, 10, 240
John Smith, 70, 90, 500, 10, 600
Stansford Lane, 23, 57, 160, 10, 165
James Bushup, 25, 95, 240, 10, 150
R. B. Wilkins, 100, 340, 2000, 50, 300
E. G. Lombard, 80, 120, 1000, 25, 300
Sarah Cole, 35, 105, 500, 20, 350
Phillip McCraney, 40, 200, 1000, 20, 200
Henry Stone, -, -, -, 10, 100
James P. Powell, 40, 80, 300, 20, 100
Mary Briggs, 20, 20, 100, 5, 100
Aaron Love, 15, 65, 100, 5, 50
Nancy McBride, 40, 10, 400, 10, 300
Bennett McBride, -, -, -, -, 100
Warren McBride, 20, 60, 100, 10, 300
Daniel D. Webb, 100, 320, 2000, 50, 800
John M. Sinclair, 75, 125, 700, 25, 400
Thompson V. Berry, 100, 60, 1500, 50, 700
Robert Powell, -, -, -, -, 300
Hugh Thompson, 60, 180, 800, 25, 400
Ellis Runnells, 25, 55, 100, 10, 300
Elizabeth Jones, 80, 240, 400, 20, 200
William Davis, 18, 102, 200, 10, 30
Moses Davis, 200, 440, 1600, 25, 350
Calvin Powell, 50, 270, 1600, 25, 500
Hiram Jones, 45, 75, 300, 10, 600
Jackson Ross, 20, 20, 100, 10, 300
Amos Davis, -, -, -, 10, 300

Samuel Pringle, 75, 165, 1200, 20, 800
Charles M. Williams, 20, 240, 500, 12, 800
Thomas Worrell(Norvell), 150, 430, 3000, 10, 113
Armstead Taylor, 20, 60, 500, 10, 100
William Cordell, 35, 265, 1000, 5, 200
James Gregory, 10, 30, 60, 10, 100
R. Gregory, 35, 85, 200, 20, 200
John Wilson, 25, 175, 6000, 10, 300
Rhody Corley, 25, 55, 240, 10, 100
Romulus Scott, 30, 90, 250, 10, 200
Laban Taylor, 50, 190, 1500, 20, 400
Miles S. Watkins, 175, 1225, 10000, 200, 1500
B. W. Taylor, 225, 215, 2500, 50, 800
R. S. Taylor, -, -, -, 10, 300
J. S. Collins, 80, 285, 1825, 60, 50
Bigy Skinner, -, -, -, -, 25
William P. Williams, 60, 400, 3000, 25, 500
W. L. Patten, 110, 190, 2500, 400, 790
Samuel M. Laird, 30, 110, 800, 75, 250
James N. Deas, 150, 300, 700, 50, 700
Jesse Oglee, -, -, -, -, 20
Leroy Oglee,-, -, -, -, -
Elizabeth Steen, 100, 550, 800, 25, 500
Archibald M. Stratton, 30, 50, 500, 10, 250
Johnathan Russell, 25, 135, 1000, 10, 150
James Briggs, 75, 25, 500, 50, 500
George Harrison, 20, 20, 150, 10, 100
Nathan D. Morris, 100, 220, 1200, 25, 600
Edward B. Traylor, 80, 180, 1000, 25, 510

James Martin, 90, 190, 1200, 75, 560
Herring Dear, 100, 240, 1600, 100, 700
D. W. Felts, -, -, -, 10, 125
William Griffith, -, -, -, -, 300
Thomas Felts, -, -, -, -, 50
Solomon Dearman, -, -, -, 10, 100
James Price, 25, 175, 600, 10, 125
John Price, 80, 20, 2000, 75, 400
John Loflin, 24, 56, 1000, 10, 300
James Walker, 25, 80, 100, 75, 200
Daniel Loflin, 75, 325, 2500, 50, 400
William Loflin, -, -, -, 10, 300
Richard Walker, 50, 110, 100, 10, 200
Jesse Harper, 80, 140, 700, 75, 600
Lurinda Alford, 30, 50, 50, 10, 300
Hugh Ross, 60, 100, 100, 10, 300
Freeman Lacey, 80, 320, 1500, 50, 1000
Lewis Howell, 130, 150, 1200, 100, 600
R. Wamack, 20, 20, 150, 10, 300
B. D. Smith, 40, 40, 200, 10, 250
Thomas Bass, 60, 60, 600, 50, 500
Joseph B. Jordan, 25, 55, 100, 10, 150
Mahala Welch, 20, 60, 150, 10, 200
Freeman Smith, 14, 66, 50, 12, 200
John Howell, 30, 10, 100, 10, 300
Zany Townsend, 30, 10, 100, 15, 400
James Coleman, 20, 60, 100, 12, 300
Lemuel Coleman, -, -, -, 10, 100
G. W. Coleman, 20, 60, 100, 7, 100
Solomon Mangum, 30, 10, 200, 20, 500
John Martin, 75, 45, 200, 75, 600
Stephen Stephenson, -, -, -, 15, 300
Synthia Bennett, 40, 120, 320, 12, 300
F. H. C. Dent, 120, 80, 240, 60, 400
Sarah Wamack, -, -, -, 10, 150
Green Walker, -, -, -, 10, 200
Richard Swor, 10, 70, 100, 12, 200
William Wamack, -, -, -, 10, 500
Henry Franklin, -, -, -, 15, 200

Warren Kirkland, -, -, -, 5, 20
John McIntire, -, -, -, 10, 200
Brewer Spurlin, -, -, -, 8, 150
Charles Irby, -, -, -, 5, 200
William Shropshire, 12, 68, 250, 25, 300
Silas L. Tucker, 40, 80, 2500, 20, 200
James Dukes, 8, 112, 300, 25, 250
N. E. Curley, 35, 45, 400, 25, 360
E. McLennon, 25, 15, 200, 10, 100
G. C. Longino, -, -, -, 25, 100
Wm. McSenrason, 45, 35, 400, 30, 600
J. Chapman, 50, 20, 200, 25, 300
Wm. Myers, -, -, -, 10, 100
Cornelius Myers, 20, 20, 200, 10, 125
John Fussell, -, -, -, 5, 200
Charles Crant, -, -, -, 75, 400
W. Carter, -, -, -, -, 75
Vincent Carter, -, -, -, -, -
N. V. Fussell, -, -, -, 10, 250
Daniel Gill, -, -, -, 10, 100
James Gill, -, -, -, 10, 150
John Gill, 40, 60, 100, 15, 200
John Smith, 5, 75, 100, 5, 100
Calvin Boone, 100, 220, 400, 75, 150
Martin L. Boone, -, -, -, 60, 250
Thomas McDowell, -, -, -, 10, 1000
James McDowell, -, -, -, 10, 200
Sarah McDowell, -, -, -, 50, 350
Joseph D. Smith, -, -, -, 65, 200
W. Grimes,-, -, -, 10, 300
James Henry, -, -, -, 5, 200
James Grimes, -, -, -, 12, 250
Thomas Puckett, 100, 20, 800, 75, 700
John Pervis, 50, 190, 300, 60, 650
Clemens Pervis, -, -, -, 10, 60
J. M. Williamson, -, -, -, 5, -
W. Williamson, -, -, -, -, -
Morgan Williamson, -, -, -, 6, 125
Jeremiah Duck, -, -, -, 5, 130

W. R. Townsend, 40, 40, 200, 25, 400
David Wamack, 30, 10, 200, 15, 250
A. Laird, 30, 130, 600, 15, 275
Wm. Morrison, 50, 150, 600, 75, 275
Noland Broomfield, -, -, -, 10, 200
Pinkney Ponder, -, -, -, 70, 300
Allen Chapman, -, -, -, 50, 330
Claiborne Clack, -, -, -, 10, 225
Reubin Manning, 20, 100, 200, 8, 200
J. A. Nash, 30, 250, 800, 60, 300
N. G. Ross, 40, 120, 200, 20, 410
C. Bunyan, -, -, -, -, -
T. S. Tapley, 8, 112, 240, 10, 200
Farrar & Parkerson, 400, 240, 5000, 500, 1025
S. W. Petrie, 260, 340, 4000, 500, 525
W. D. Bilb, 1000, 540, 7500, 800, 1800
Sterling Jones, 200, 1200, 900, 40, 40
Francis Howard,-, -, -, 10, 25
H. C. Chambers, 1350, 1710, 21000, 1355, 4535
William Stephens, 100, 260, 1200, 30, 300
Jobe Shields, -, -, -, -, 60
Brittain Lewis, 40, 120, 1000, 15, 370
Thomas Neely, 400, 880, 10000, 875, 2320
Wilson Jones, 120, 160, 1450, 30, 600
John Griffith, 120, 200, 2000, 600, 900
Isaac F. Alexander, 150, 590, 5000, 1400, 1270
James Y. McNabb, 80, 720, 3000, 100, 705
Andrew McNabb, -, -, -, 15, 300
Green Y. McNabb, 20, 40, 320, 60, 150
Jesse Norrel (Worrel), 60, 200, 100, 125, 485
Catharine Hartly, -, -, -, -, 175
William Evans, 35, 205, 700, 60, 300
Hony Evans, 30, 90, 360, 10, 150
Jesse Pierce, -, -, -, -, 125
L. D. Williams, 50, 30, 400, 100, 250
Moses Smith, 40, 80, 360, 50, 300
Bluford Powell, 30, 290, 900, 15, 125
William G. Butler, 80, 320, 1600, 50, 500
John Granberry, 25, 135, 800, 10, 150
Bryant Alliston, 80, 360, 2200, 15, 360
Joseph Hudnall, 750, 1410, 8000, 1000, 2500
Skinker & Miller, 800, 290, 9780, 1000, 2785
N. C. Harper, 250, 750, 3000, 75, 300
Gorman Berry, 200, 775, 4000, 1200, 2000
O. H. Johnson, 100, 340, 1200, 100, 240
Thomas Willingham, -, -, -, -, 225
D. Fitzhugh, 100, 140, 1000, 10, 210
H. Mullens, -, -, -, -, 118
J.B. Burke, 10, -, 2500, -, 150
J. M. Puckett, 200, 800, 10000, 200, 600
Shadrack Denson, 50, 110, 600, 150, 200
H. F. Shelton, -, -, -, -, 80
W. J. Pattie, -, -, -, -, 40
W. E. Estes, -, -, -, -, 20
Robert Maxey, 9, 10, 900, 5, 150
David Dickson, -, -, 4000, -, -
Joseph Bennett, -, -, -, -, 90
Joseph A. Ferguson, 150, 730, 3000, 50, 550
H. H. Harris, 4, 36, 100, 10, 40
Russell Johnson, 80, 40, 500, 150, 350
J. W. Lane, 75, 325, 1200, 100, 400
Edward Smith, -, -, -, -, 150
E. Abernathy, 12, 68, 150, 10, 350

William Tompkins, 13, 27, 75, 15, 125
Thomas Fitzhugh, 43, 37, 800, 5, 250
M. F. Gourley, -, -, -, -, 450
Ed Oakley, -, -, -, -, 100
Isaac White, -, -, -, -, 75
H. H. Parker, 100, 220, 1500, 250, 400
James Finlay, 50, 475, 4000, 1000, 600
John Bellows, 55, 105, 1200, 300, 700
Jos. M. Jayne, 260, 620, 5000, 700, 1300
G. W. Bright, 50, 110, 400, 15, 400
H. J. Reeves, 25, 22, 1200, 60, 157
T. C. Thornton, -, -, -, -, 110
Wright Ford, 250, 470, 3600, 100, 1200
G. W. Hinly, 30, 50, 300, 75, 200
Henry Pridgen, 75, 115, 900, 130, 500
Henry Brown, 100, 140, 720, 156, 500
Wiley Brown, 60, 180, 700, 50, 450
Wells Griffith, 100, 180, 2500, 75, 700
Minerva Morgan, 75, 485, 2500, 100, 600
John Evans, 60, 140, 1000, 100, 600
W. M. Taylor, -, -, -, -, 290
T. J. Esterling, 40, 80, 400, 50, 200
W. H. Russell, 40, 10, 200, 10, 120
J. H. Belt, 80, 240, 1500, -, -
E. H. Lombard, 25, 40, 300, 100, 300
John Russell, 40, 80, 800, 60, 420
John Rutherford, 30, 50, 800, 40, 250
John O. Shork, -, -, -, -, 25
Jesse R. Kirkland, -, -, -, -, 35
John Martin, 10, 150, 1000, 100, 60
G. N. Langford Sr., 40, 80, 1000, 100, 325
W. R. Langford, 20, 60, 1000, 75, 170
Jeremiah Russell, 80, 160, 1400, 75, 300
J. H. Hendricks, 12, 88, 300, 10, 190
G. P. Wallace, 60, 80, 600, 25, 400
N. Austin, 125, 395, 2000, 125, 600
John Ball, 25, 135, 320, 75, 200
John Flurep, 20, 60, 400, 50, 300
Rufus Pearson, 300, 420, 5000, 1200, 1500
James E. White, 200, 1200, 2800, 100, 1750
Isaac Hassens, 6, 75, 100, 10, -
William Keys, 6, 34, 100, 5, 10
Thomas Jones, 50, 350, 760, 10, -
Jordan Jones, 45, 35, 350, 15, 275
D. McMillon, 10, 230, 400, 1, 200
Wm. Berrysford, 100, 200, 900, 50, 350
H. Hagan, -, -, -, -, 300
John Miller, 32, 53, 300, 20, 350
Joseph Boothe, 25, 55, 500, 10, 100
Lorenzo Hagan, 18, 22, 80, 15, 350
John Rester, 100, 340, 880, 100, 1000
Oliver Anderson, -, -, -, -, 50
Lewis Powell, 80, 10, 750, 75, 400
Cyrus Harmon, 2, 78, 200, -, 40
William Johnson, -, -, -, -, 100
John Holden,-, -, -, -, 75
J. W. Warrick, 6, 154, 200, 5, 15
Thomas Coleman, 100, 380, 2500, 250, 425
Elizabeth Chapman, 60, 180, 1200, 50, 300
Hez. Childers, -, -, -, -, 50
Thos. Mulholland, 20, 260, 800, 25, 250
Joel Williams, 150, 330, 2500, 50, 500
John Newton, 20, 220, 500, 10, 150
James Page, 20, 140, 150, 14, 250
Horace Page, 16, 265, 340, 20, 250
Levi Norrell, 30, 330, 1800, 25, 500
Hardy Cranford, 25, 135, 250, 20, 350
James Liles, 60, 260, 80, 25, 300

Saml. Thomas, 60, 140, 1000, 75, 400
Wm. Steen, 15, 25, 100, 10, 400
Sasan Hill, 20, 140, 600, 10, 200
Maria Smith, 60, 180, 750, 15, 450
B. F. Sutton, 200, 600, 2000, 50, 500
V. T. Powell, 50, 150, 400, 10, 200
Elizabeth Sutton, 20, 300, 800, 75, 350
James Farlow, -, -, -, -, 30
James Jones, 50, 110, 800, 75, 300
John McIntire, 100, 220, 1500, 15, 350
Isaac Alexander, 80, 120, 600, 100, 800
Elias Crane, 100, 300, 2000, 125, 700
Jesse Crane, 30, 50, 300, 75, 350
John Davidson, -, -, -, -, 55
William Mangum, 40, 160, 500, 25, 375
John Davis, 30, 170, 800, 50, 480
Malcomb McIntire, -, -, -, -, 250
John Johnson, 60, 140, 1000, -, -
Duncan Smith, 245, 135, 800, 15, 275
Lewis Moore, 16, 24, 100, 10, 250
Joseph Chapman, -, -, -, 15, 300
Amos Ponder, -, -, -, -, 65
Joseph Barnett, 60, 60, 600, 15, 400
William Fussell, 70, 130, 300, 50, 500
John Finlay, 12, 28, 125, 15, 250
A. J. Stewart, 35, 5, 200, 15, 300
William Jones, 30, 10, 200, 10, 200
A. J. Wamack, -, -, -, 30, 300
Henry Franklin, 60, 20, 1000, 400, 800
William Kersh, 20, 620, 1000, 60, 300
John E. Rhode, 40, 160, 800, 100, 300
O. C. Dow, 100, 260, 1500, 150, 100
William S. Myers, 30, 130, 1500, 30, 500
Robert Myers, 60, 140, 400, 25, 600

John Phelps, 60, 140, 1000, 50, 300
John Kersh, 40, 20, 300, 65, 500
L. E. Russell, 20, 140, 600, 15, 350
Charles G. Smith, 120, 200, 1000, 200, 700
William Myers, 120, 200, 2000, 100, 450
John Myers, 80, 240, 1600, 100, 1000
John Rhode, 16, 24, 200, 15, 200
David J. Myers, 50, 190, 1400, 85, 400
Danl. G. Myers, 60, 100, 900, 100, 400
Wm. Flannagan, 50, 70, 500, 100, 300
John Abernathy, 35, 205, 800, 75, 250
Jacob Myers, -, -, -, 10, 75
William McGuffie, 40, 440, 1000, 30, 200
Eph Russell, 50, 140, 700, 60, 500
A. Barnes, 30, 130, 500, 10, 200
A. D. Kersh, 40, 80, 1000, 10, 350
Jacob Kersh, 40, 6540, 1200, 100, 450
William Kersh, 150, 330, 2000, 100, 700
W. G. Kersh, 80, 160, 1000, 100, 500
W. H. Shields, 125, 115, 1200, 100, 700
Henry Calcoat, 30, 170, 400, 25, 350
James M. Lamb, 60, 340, 800, 25, 400
Bryant Worldly, 11, 149, 300, 10, 100
H. Sinan, 80, 320, 600, 75, 400
G. W. Arterberry, 60, 180, 600, 25, 250
George Sorter (Porter), 14, 146, 200, 20, 125
David Williams, 300, 2200, 5000, 450, 4600
A. Denson, 10, 30, 60, 15, 200
Elizabeth Gerra, -, -, -, -, 10

James Meeks, -, -, -, -, 12
Mary Weathersby, 200, 1200, 4000, 125, 1500
James Roberts, 25, 55, 300, 75, 500
Isaac Cavinah, 50, 100, 200, 75, 450
John Downs, -, -, -, -, 125
Ann Carpenter, 20, 300, 600, 10, 100
James Billingsley, 40, 120, 700, 15, 200
Hugh Cameron, 15, 145, 200, 15, 100
E. W. Dexter, 12, 200, 400, 15, 150
Saml. Billingsley, 100, 300, 1500, 400, 700
Catharine Ratliff, 275, 1200, 4000, 150, 3000
Joseph McDowell, 500, 800, 5000, 300, 1200
John McDowell, 200, 500, 2000, 750, 700
John Tinan, 200, 350, 1500, 300, 1000
Susan Denson, 50, 630, 2500, 100, 400
Samuel Davis, -, -, -, 50, 250
Christoph Goram, 35, 45, 300, 25, 250
James Doyle, 30, 130, 600, 20, 100
W. B. Smith, -, -, -, -, 100
William Denson, 106, 135, 1000, 120, 1200
Benjamin Bryant, 60, 100, 500, 100, 600
Ann Goodson, 200, 1200, 7000, 1000, 900
Alexander Tennill, 110, 10, 500, 100, 1000
C. W. Bryant, 50, 110, 500, 75, 200
M. C. Thompson, -, -, -, -, 58
Pembrake Cundiff, 13, 27, 125, 15, 300
Burton Collins, 8, 32, 200, 15, 100
Seaborn Collins, -, -, -, 10, 125
W. J. Denson, 50, 270, 1500, 75, 400
George Davis, 50, 110, 600, 100, 300

John Gibbs, -, -, -, -, 300
S. B. Bilbro, 50, 150, 600, 50, 400
____ Pervis, -, -, -, -, 10, 200
Asher Slade, 30, 98, 200, 10, 250
Moses Collins, -, -, -, -, 25
W. Moon (Moore), 40, 120, 300, 15, 400
James Smith, -, -, -, -, -
Tilman Smith, 20, 140, 300, 100, 500
S. Shivers, 25, 15, 400, 50, 300
N. W. Wilkinson, 30, 260, 500, 20, 100
Isaac Starrell (Harrell), -, -, -, -, 150
Telfair Starrell (Harrell), -, -, -, -, 200
Robert Starrell (Harrell), -, -, -, -, 100
J. A. Pitman, 65, 95, 200, 10, 300
James G. Homes, 350, 340, 1500, 300, 1000
G. W. Homes, 30, 130, 600, 10, 150
Duncan McCay, 80, 220, 600, 60, 200
John McCay, 80, 80, 500, 50, 400
Jesse Chapman, -, -, -, 100, 400
L. E. Gibson, 200, 200, 1500, 300, 500
Hezekiah Holcomb, 160, 240, 2500, 100, 1000
H. D. Dear, 100, 180, 1000, 100, 500
Mack Dear, -, -, -, -, 250
Redwine Pearce, 80, 80, 600, 100, 500
Wiley P. Pearce, 40, 120, 600, 50, 300
Stephen Smith, 100, 220, 960, 100, 600
S. W. Perry, 16, 144, 450, 20, 150
J. W. Stanly, 100, 220, 800, 100, 450
A. H. Foster, -, -, -, -, 50
C. J. Steen, 250, 310, 2000, 500, 800
Joshua Floyd, 150, 210, 1200, 100, 500
Tandy Wansly, 100, 300, 1600, 100, 800
James Richardson, 50, 70, 750, 100, 800

John Hester, 75, 145, 600, 25, 400
Jesse Norwood, 50, 150, 800, 100, 400
Thomas Haley, 300, 1700, 6000, 500, 1000
Benjamin W. Jones, 20, 100, 300, 25, 200
T. Whitehead,-, -, -, -, 150
T. Scriviner, 33, 7, 300, 25, 200
Wm. Haynes, 50, 150, 1000, 50, 400
Jeremiah Kendall, 20, 140, 320, 20, 100
H. S. Farrish, 55, 345, 2000, 50, 350
Joab Evans, 100, 300, 3200, 100, 600
Saml. Williams, 25, 2455, 7000, 25, 200
Joel Lewis, 200, 480, 5000, 1200, 1200
Tidence Lane, 100, 250, 1000, 200, 300
N. G. Barlow, 100, 140, 800, 150, 700
Silas Steen, 400, 2400, 9000, 1200, 200
George Crisler, -, -, -, 50, 200
John J. Dear, 80, 240, 1800, 500, 800
Thomas Gatlin, 80, 200, 600, 75, 500
Jason Byrd, 80, 200, 700, 80, 600
John Byrd, 20, 20, 100, 25, 250
George Byrd, 100, 220, 1200, 100, 600
Benjamin Thomas, 50, 150, 500, 60, 350
John Grice, 20, 60, 300, 20, 125
A. Laird, 20, 20, 150, 15, 250
J. W. Aills, 25, 43, 300, 25, 300
Jones Brinson, 30, 250, 350, 50, 200
Henry Deavers, 35, 45, 80, 20, 150
A. J. Lloyd, 30, 130, 200, 30, 200
William Miles, 30, 50, 100, 20, 150
Hardy Dear, 120, 640, 3000, 1000, 700
Simon Gill, 15, 85, 200, 20, 125
J. W. Camden, 30, 50, 300, 50, 200
Kadur Price, 35, 5, 400, 80, 400

James Harvey, 40, 200, 720, 50, 250
William Smith, 50, 110, 400, 25, 300
A. A. Kimberly, -, -, -, 10, 150
H. Owen, 7, 113, 150, 15, 150
A. Moore, 220, 850, 3000, 800, 1000
J. W. Collier, 90, 110, 1200, 100, 400
William White, 80, 120, 640, 100, 400
David Thomas, 40, 190, 600, 100, 700
Mary Howell, 40, 40, 400, 50, 600
John Alliston, 120, 200, 1500, -, 120
George Phillips, 25, 55, 400, 50, 400
U. N. Phillips, 10, 230, 300, 60, 200
Sarah Phillips, 50, 70, 400, 40, 350
John G. Parker, 350, 530, 12000, 2000, 2220
John Collier, 70, 330, 1500, 100, 700
H. P. Holden, 100, 460, 2500, 100, 200
Simon Williams, 60, 180, 1000, 50, 800
Jemima Anderson, 25, 175, 200, 50, 500
Byrd Williams, -, -, -, 25, 200
Jones Dickson, 150, 200, 1200, 100, 500
William H. Batto(Batte), 130, 230, 300, 150, 1050
B. G. Puckett, 100, 384, 2000, 100, 500
John B. Enochs, 200, 400, 2000, 500, 1000
William C. Enoch, 100, 220, 1500, 150, 650
E. A. Enochs, 75, 85, 500, 100, 400
William Haley, 80, 120, 600, 100, 400
P. K. Smith, 40, 160, 600, 25, 300
H. Davis, 45, 195, 720, 100, 450
A. Murray, 20, 60, 300, 25, 400
A. C. Jack, 130, 150, 1500, 100, 500
John Campbell, -, -, -, 20, 150
J. Patrick, -, -, -, 25, 250
Jo. Patrick, -, -, -, 20, 200

James Ray, 80, 240, 1200, 1000, 600
Calvin Myers, 35, 1165, 400, 25, 300
D. Rhode, -, -, -, 20, 300
William Reber, 100, 200, 2500, 100, 1000
Catharine McFall, 30, 10, 300, 25, 200
Duncan McRae, 200, 360, 5000, 800, 1433
Andrew King, 150, 570, 3000, 150, 400
John Singleterry, 140, 620, 3000, 100, 600
Daniel Singleterry, 40, 40, 300, 25, 200
Albert Hobson, 400, 780, 3000, 8000, 2000
J. M. Quin, 300, 540, 7000, 1000, 2000
J. Carmichael, 80, 240, 1800, 100, 450
N. B. Long, -, -, -, 100, 150
A. E. Esterling, 90, 150, 1000, 1200, 600
Martha Vogt, 90, 70, 800, 100, 300
B. F. Rasberry, 35, 5, 200, 25, 100
Daniel Rhode, 70, 230, 1800, 100, 400
F. J. Lynch, 80, 200, 2000, 800, 1000
J. McDonald, 100, 840, 5000, 1000, 800
L. D. Rhode, 60, 160, 1200, 100, 500
John L. Rhode, 60, 40, 700, 25, 200
Mary Ferguson, 25, 15, 100, 20, 30
Mary Collier, 75, 85, 800, 25, 200
John Huff, 60, 100, 500, 50, 300
Jos. Pennington, 80, 160, 800, 100, 500
James Brown, 160, 180, 2500, 1000, 500
Membrance Brown, 50, 160, 500, 100, 300
Henry May, 45, 115, 300, 25, 400
William Davis, 40, 40, 200, 50, 250
Jos. Winston, 40, 40, 300, 25, 100
James Brown Jr., 15, 105, 250, 25, 150
R. D. Brown, 20, 80, 160, 25, 150
James M. Marr, 60, 100, 800, 50, 300
G. H. Bonner, 40, 120, 800, 50, 250
Daniel Taylor, 80, 560, 1800, 100, 400
Permerus Taylor, -, -, -, 20, 100
Absolom Rhode, 20, 60, 300, 25, 200
L. Rhode, 30, 250, 1200, 100, 300
S. P. Rhode, 20, 60, 200, 50, 200
Jacob Carr, 100, 540, 3000, 100, 700
Abram Waters, 40, 160, 600, 50, 350
John Waters, 30, 130, 500, 50, 350
A. McBride, 20, 20, 200, 50, 200
Ellis Myers, 40, 40, 300, 50, 200
David Crook, 40, 40, 400, 50, 200
J. B. C. Thornton, 100, 500, 2000, 100, 800
N. S. Foote, 150, 170, 2000, 100, 600
Erint Lee, 20, 60, 150, 50, 200
L. W. Petrie, 800, 1000, 9000, 1000, 1800
F. S. White, 100, 340, 3000, 800, 800

Scott County, Mississippi
1850 Agricultural Census

The University of North Carolina at Chapel Hill filmed the 1850 agricultural census for Scott County from originals at the Mississippi State Department of Archives and History under a grant from the National Science Foundation in 1963.

Columns 1, 2, 3, 4, 5, and 13 represent the following information on the census:
1. Name of Owner, Agent or Manager of Farm
2. Acres of Improved Land
3. Acres of Unimproved Land
4. Cash Value of the Farm
5. Value of Farming Implements and Machinery
13. Value of Livestock

William Chambers, 75, 138, 1065, 80, 617
William B. Sones, 100, 100, 800, 150, 847
Burnal Butlar, 100, 650, 1500, 100, 830
William Ricks, 50, 270, 1000, 20, 545
Edward Beal, 20, 160, 300, 10, 345
R. B. Nichols, 30, 20, 200, 85, 160
Powell Taylor, 40, -, 200, 10, 435
Benjaman Stewart, 20, Public Land, 100, 8, 125
Lee P. Merrell, 75, 20, 500, 20, 565
John Futch, 140, 340, 800, 420, 1250
Alfred Taylor, 40, 180, 250, 10, 467
James Walton, 75, 50, 500, 75, 1000
Thomas Chipman, 18, Public Land, 90, 25, 510
John Johnson, 60, 60, 400, 20, 100
William Ezell, 40, Public Land, 200, 15, 630
James Dennis, 14, Public Land, -, 5, 305
Robert Ricks, 40, 80, 360, 10, 437
John C. Thomas, 60, 460, 650, 75, 900
George Houston, 20, -, 75, 10, 110
Henry E. Chambers, 30, Public Land, -, 5, 100
Jesse Rodgers, 50, Public Land, -, 12, 366
Thomas Herrington, 45, 75, 600, 12, 348
Everet Roland, 20, Public Land, -, 10, 300
David Clark, 45, 135, 300, 85, 354
John M. Finley, 52, 348, 300, 15, 674
Andrew Parker, 50, 60, 220, 75, 630
Cary Goggins, 30, 40, 120, 10, 250
James Whittington, 50, 190, 600, 10, 340
James R. Corley, 30, Public Land, -, 5, 293
James Wolverton, 13, 67, 160, 5, 243
Raleigh Seaberry, 25, 19, 65, 10, 186
Martha R. Milton, 60, 580, 650, 13, 238
Jesse B. Jones, 30, 50, 200, 60, 642
Jeremiah H. Jones, 17, 143, 150, 15, 105
William Hill, 20, 60, 100, 5, 40
James Spiers, 35, 125, 160, 5, 229
William Ahrand, 20, 161, 100, 5, 170

Isaac Parker, 20, Public Land, -, 5, 75
John Purvis, 25, Public Land, -, 10, 75
Edward Alsobrook, 18, Public Land, -, 10, 180
Isham T. Corley, 15, Public Land, -, 20, 150
John H. Gentry, 20, Public Land, -, 5, 115
Eliza Carr, 17, 63, 300, 5, 45
Jesse Sorey, 40, 120, 500, 60, 260
Samuel Anding, 50, 150, 1000, 100, 325
Isaac Carr, 150, 290, 2000, 400, 1265
John R. J. Keahea, 40, Rented Land, 200, 25, 500
John B. Sigrest, 23, Rented, Land, 100, 15, 360
George J. Keahea, 100, 300, 600, 125, 905
William B. Jackson, 25, Public Land, -, 5, 75
Thomas Williams, 16, Public Land, -, 5, 100
Philip Magee, 30, Public Land, -, 10, 250
Nehemiah Harvy, 15, Public Land, -, 10, 80
John Magee, 28, Public Land, -, 6, 100
James Freeman, 60, 180, 460, 10, 300
Milton H. Burkes, 60, 100, 480, 20, 255
James L. Burkes, 160, 140, 1000, 125, 910
Rufus West, 200, 700, 2000, 100, 715
Thomas West, 30, Public Land, -, 10, 216
Jeremiah E. Putman, 100, 540, 1000, 90, 740
Briant McCarty, 70, 250, 2500, 20, 756
Eli B. Sharp, 30, 290, 400, 10, 394
Isham Futch, 20, Rented Land, 80, 10, 200
James McCann, 25, Public Land, -, 10, 255
Silas McCabe, 100, Rented Land, 600, 75, 650
Reubin Gunn, 40, 240, 400, 85, 550
Alexander Gray, 200, 560, 2600, 200, 970
William M. Christian, 130, 130, 800, 400, 850
Lodwick Moore, 40, 120, 800, 80, 470
E. H. Walk, 125, 175, 1500, 90, 655
James Jones, 35, Public Land, -, 5, 100
William Deason, 17, Public Land, -, 20, 215
Thomas Russam, 20, Public Land, -, 10, 245
Thomas Noblin Sr., 50, 110, 480, 80, 600
Thomas Noblin Jr., 10, 30, 120, 10, 175
James M. Toney, 25, 175, 600, 65, 475
William S. Thomas, 18, Public Land, -, 15, 290
Joshua Collins, 25, Public Land, -, 5, 250
Wm. Youngblood, 30, 170, 800, 60, 362
Henry Bennett, 20, 20, 190, 20, 335
Nelson G. Strong, 80, 160, 1200, 80, 520
Hamp H. Moore, 15, Public Land, -, 55, 146
Alfred Moore, 60, 14, 500, 75, 417
Thomas Bennett, 20, 60, 150, 5, 106
John Graham, 40, 280, 1000, 65, 550
Henry Chambers, 16, Public Land, -, 8, 40
Reubin Graham, 30, 130, 400, 5, 355
Henry Dunn, 60, 20, 500, 75, 575
Jesse McKay, 95, 240, 1050, 90, 460

Wm. D. Chambers, 65, 255, 1600, 20, 490
Ira Meadow, 110, 483, 1200, 100, 658
George W. Harper, 250, 670, 5000, 800, 1210
Richard Rasberry, 40, 120, 1000, 20, 400
George C. Marler, 25, 155, 1200, 10, 185
Andrew J. Windham, 100, 60, 500, 85, 900
Edward Wait, 100, 60, 800, 90, 465
Joseph Mangum, 40, 120, 640, 60, 355
Charles R. Curtis, 100, 220, 500, 115, 925
Michael K. Parker, 40, 40, 400, 20, 500
Willis Garner, 100, 220, 600, 85, 375
Jonathan Summers, 25, Public Land, -, 10, 320
Anna Mills, 30, 10, 300, 30, 400
Noah Reeves, 40, 120, 400, 5, 270
John Keathley, 35, 125, 600, 100, 482
Isaiah Thrasher, 30, Public Land, -, 10, 170
Leonard Crosby, 28, 52, 300, 8, 165
John Slay, 200, 600, 1000, 180, 660
Isaac Rhods, 50, 190, 200, 65, 520
Solomon Lowry, 60, 460, 1500, 100, 600
William A. Noell, 40, 120, 600, 15, 325
Thomas P. Thompson, 120, 200, 2000, 320, 860
Noah Lawhorn, 50, 190, 800, 20, 382
Robert W. Roberts, 250, 980, 4800, 100, 500
Robert M. Roberts, 50, Rented Land, 300, 20, 412
George W. Collier, 30, 130, 460, 40, 225
Levernia Coward, 25, 215, 300, 5, 130
Thomas C. Willis, 150, 500, 2500, 1000, 480
Wm. H. Denson, 60, 100, 800, 100, 375
Shadrack J. Denson, 230, 570, 3000, 500, 1500
James W. Little, 45, 195, 600, 30, 420
Nathaniel Robbins, 200, 208, 2000, 800, 725
Charles A. Kincaid, 380, 900, 6500, 180, 1350
William Partin, 250, 230, 3000, 470, 1190
Gabriel Felder, 400, 720, 1520, 711, 1250
D. J. Burnham, 75, 256, 720, 50, 624
James Loggins, 75, 415, 2000, 150, 717
Richard Whitehead, 100, 240, 850, 80, 780
Micajah T. Sigrest, 20, Public Land, -, 85, 320
Charles Graham, 30, 50, 700, 100, 350
Jesse Smith, 20, 20, 150, 55, 170
Ezekial S. Moore, 40, Public Land, -, 30, 240
Wm. A. Hutson, 30, 10, 150, 10, 145
Henry Myers, 100, 210, 1000, 190, 740
Wm. Whitehead, 12, Public Land, -, 10, 190
Sarah Creel, 22, Public Land, -, 5, 135
Henry B. Williams, 30, 132, 325, 6, 250
Wm. Lusk, 30, Public Land, -, 5, 270
James A. Tibbs, 30, 182, 500, 5, 223
John Abrams, 20, Rented Land, 100, 5, 95
Kinsey Winstead, 35, 145, 800, 85, 325

Thomas J. Purvis, 80, Rented Land, 300, 15, 255
Wright A. Moore, 30, 170, 600, 100, 330
Ries Davis, 45, 295, 800, 100, 760
Robert R. Taylor, 35, 45, 250, 20, 400
Charles Finch, 35, 205, 300, 20, 335
Jacob Davis, 20, Public Land, -, 10, 75
James Hough, 15, Public Land, -, 10, 150
Lodwick Bissitt, 40, Public Land, -, 30, 350
William Bazer, 10, Public Land, -, 5, 60
James L. Lawson, 15, Public Land, -, 30, 214
Columbas Neel, 20, Public Land, -, 15, 160
Thomas Ezell, 15, Public Land, -, 5, 195
John Gill, 14, 66, 200, 10, 225
Carmon Myers, 75, 285, 1800, 20, 350
Cornelius Merser, 35, Public Land, -, 100, 255
Absolem Lard, 30, Public Land, -, 5, 634
Littleton Turner, 30, Rented Land, 150, 6, 285
Hugh McVey, 40, Public Land, -, 10, 340
Stephen Howell, 45, 115, 560, 12, 90
Charles F. Howell, 50, 113, 600, 65, 395
Isaac Lansdale, 75, Public Land, -, 10, 345
Weston P. Ainsworth, 80, 120, 800, 15, 467
Danl. H. Grevin, 100, Public Land, -, 100, 450
Asa Myres, 40, Public Land, -, 30, 623
Levin Ainsworth, 20, Public Land, -, 5, 182
Isaac Adair, 50, Public Land, -, 60, 406
Harriett Williams, 4, 36, 100, 10, 60
Gilford Diggs, 15, Public Land, -, 10, 326
Wilcom W. Chandler, 60, 185, 1000, 150, 850
Asa Wright, 40, 120, 300, 25, 380
Saml. H. Curry, 75, 85, 1200, 300, 727
Frank Cabariss, 15, Public Land, -, 10, 206
Martha Shillings, 25, Public Land, -, 60, 283
Barbary Jones, 20, Public Land, -, 85, 245
David Walters, 20, Public Land, -, 10, 200
Wm. D. Stewart, 60, 215, 687, 60, 519
John Matthews, 60, Public Land, -, 12, 187
Nathan Alsobrook, 14, Public Land, -, 10, 95
Henry Y. Toney, 18, Public Land, -, 10, 179
Daniel Walters, 20, Public Land, -, 10, 350
Jesse G. Crecelius, 20, Public Land, -, 5, 160
George J. Graham, 12, 28, 150, 6, 245
John Delashouet, 120, 280, 1200, 115, 590
John W. Thomas, 50, 500, 1400, 85, 361
George W. McCabe, 110, 490, 3000, 610, 700
John J. Smith, 460, 600, 3000, 300, 2710
Landon C. Butler, 150, 400, 2000, 150, 1448
Benj. Butler, 24, 56, 400, 5, 215
John H. Butler, 30, Rented Land, 150, 10, 348

Wm. Herrington, 65, 235, 1500, 125, 675
Thos. Warren, 20, Public Land, -, 5, 200
Wiley A. Pullen, 20, Public Land, -, 10, 250
Jacob Rushing, 30, Public Land, -, 10, 104
John Walters, 60, 66, 180, 100, 945
Bishop Platt, 23, Public Land, -, 10, 345
George Summers, 20, Public Land, -, 5, 160
James Smith, 15, Public Land, -, 25, 380
Thos. Bailey, 13, Public Land, -, 5, 110
Jesse Little, 25, 33, 200, 6, 195
Anthony H. Metcalf, 100, 100, 1500, 125, 633
Stephen Lewis, 125, 400, 650, 95, 642
John Hickerson, 30, Public Land, -, 65, 220
John S. Evans, 80, 320, 1235, 50, 325
Alfred Eastlands, 70, 50, 400, 150, 250
Abraham Carr, 130, 70, 1000, 150, 484
James J. Chambers, 64, 120, 900, 150, 365
Wm. Harvistone, 15, Public Land, -, 5, 85
David R. Jones, 120, 80, 1300, 65, 640
Moses C. Thomas, 25, Public Land, -, 125, 372
Meshack Patrick, 150, 250, 1500, 200, 1557
Smith Summers, 30, 130, 640, 30, 305
James Hilliard, 45, 20, 180, 20, 287
Thos. Harris, 100, 200, 1500, 100, 720
Danl. McLarine, 125, Rented Land, 500, 150, 1000
James Spiers, 60, 180, 850, 50, 193
Silas G. Corley, 30, Public Land, -, 25, 325
Wiche Brewer, 40, 150, 300, 10, 510
A. G. Petty, 35, Public Land, -, 100, 175
John W. Petty, 18, Public Land, -, 5, 118
Thomas M. Petty, 60, 750, 1000, 80, 300
Martha Amos, 70, 250, 400, 80, 370
Henry Pullin, 18, Public Land,-, 10, 229
Carolinus Boyd, 180, 420, 750, 125, 1170
Hiram Wallar, 20, Public Land, -, 5, 60
Joseph Hunt, 40, None, 500, 70, 310
James Hunt, 16, 65, 160, 15, 260
Sarah Summers, 45, 115, 200, 8, 293
Thomas Buckhanon, 65, 200, 400, 10, 210
George A. Gordon, 30, 130, 200, 10, 120
John Pullin, 20, 100, 150, 65, 495
Lindsey Harvy, 50, 110, 560, 65, 450
Charles Warren, 12, 568, 100, 10, 242
Elisha B. Garner, 25, Public Land, -, 10, 250
John Warren, 28, Public Land, -, 5, 167
William Harvy, 100, 60, 600, 105, 505
John Cavenah, 20, 60, 500, 10, 115
William Harrel, 20, 140, 400, 6, 116
Henry Hinds, 60, 180, 600, 100, 525
James Brassell, 35, 285, 1000, 25, 320
Lodwick Mathews, 20, 60, 100, 10, 50
William Robertson, 45, 80, 500, 80, 754
Prior T. Berry, 20, 20, 700, 300, 376

Wesley McLemore, 20, 60, 300, 5, 150
Hanse H. Moore, 115, 285, 1000, 115, 470
Tilmon Loggins, 95, 145, 1200, 100, 860
William Lindsey, 40, 40, 375, 65, 342
Frank S. Smith, 50, 310, 2000, 90, 550
William C. Tibbs, 100, 3360, 2000, 100, 875
Joseph Bishop, 15, 65, 100, 10, 160
Phebia Hindley, 13, 147, 200, 35, 398
Allen Smith, 70, 90, 500, 45, 492
William A. Gatewood, 100, 320, 2000, 100, 815
Samuel Weams, 25, 15, 120, 16, 582
Joseph Weams, 30, Public Land, -, 25, 547
William McWhirter, 16, Public Land, -, 10, 80
Lewis J. Meadow, 35, Rented Land, 150, 10, 170

Simpson County, Mississippi
1850 Agricultural Census

The University of North Carolina at Chapel Hill filmed the 1850 agricultural census for Simpson County from originals at the Mississippi State Department of Archives and History under a grant from the National Science Foundation in 1963.

Columns 1, 2, 3, 4, 5, and 13 represent the following information on the census:
1. Name of Owner, Agent or Manager of Farm
2. Acres of Improved Land
3. Acres of Unimproved Land
4. Cash Value of the Farm
5. Value of Farming Implements and Machinery
13. Value of Livestock

The words Public Land are shown with a comma (Public, Land) as they are displayed over two columns and also to maintain proper column alignment. This is also true for Rented Land (Rented, Land).

John W. Byrd, 15, Public, Land, 5, 135
Thomas J. Smith, 25, Public, Land, 5, 140
William Upton, 30, 50, 100, 5, 188
John Upton, 20, Public, Land, 5, 120
Eli Smith, 35, 155, 437, 130, 611
Stephenson Smith, 12, 308, 400, 30, 340
Riley Whitehead, 12, Public, Land, 7, 62
Elias Runnels, 40, Public, Land, 5, 190
Ezekiel Bishop, 12, Public, Land, 5, 60
James H. Floyd, 25, 15, 50, 5, 150
Samuel Floyd, 65, 95, 200, 100, 365
John R. Little, 75, 1045, 1000, 690, 1526
Duncan McCollum, 30, Public, Land, 50, 300
Archibald Hughs, 40, 200, 500, 160, 540
Daniel Currie, 15, 284, 200, 5, 228
Edward Currie, 30, Public, Land, 100, 300
James Butler, 30, Public, Land, 75, 562
Josiah Allen, 20, Public, Land, 50, 148
John McLehany, 40, None, 150, 75, 474
William McLehany, 20, Public, Land, 5, 137
Thomas Rowell, 25, Public, Land, 10, 120
James Henderson, 12, Public, Land, 3, 72
Henry H. Thornhill, 15, Public, Land, 3, 58
Richard Oldham, 50, Public, Land, 105, 740
Solomon Thornhill, 50, Public, Land, 25, 235
Miles Cook, 15, Public, Land, 3, 110
John Oldham, 40, 40, 150, 40, 96
William McKay, 15, Rented, -, 4, 70
George W. Oversby, 31, 49, 160, 10, 280

William Thomas, 15, Public, Land, 35, 20
Peter Oversby, 25, Public, Land, 8, 500
Eggleston Oversby, 32, 128, 200, 30, 290
James W. Oversby, 20, Rented, -, 5, 115
John G. Gates, 10, 70, 400, 50, 380
Morgan Gates, 15, Public, Land, 5, 210
Collier B. Gates, 12, 68, 200, 30, 141
R. Kennedy, 60, 180, 300, 570, 1032
W. & H. Brown, 25, 535, 200, 25, 455
William F. Smith, 20, Public, Land, 85, 95
Flemming Rondu, 30, Public, Land, 10, 310
John Fletcher, 60, 180, 300, 80, 695
Miles McWilliams, 25, Public, Land, 5, 130
David Womack, 150, 250, 500, 325, 1150
John L. White, 12, Public, Land, 3, 20
Matthew Thomas, 45, 65, 100, 70, 331
Thomas Williams, 20, Public, Land, 8, 89
Charles Thomas, 25, Public, Land, 50, 269
Moses Laten, 20 Public, Land, 5, 63
Charles Laten, 35, Public, Land, 8, 205
Richard Womack, 20, 60, 100, 58, 748
David Kennedy, 30, Public, Land, 15, 647
James McNair, 70, 570, 600, 200, 725
James J. Mangum, 16, 24, 200, 70, 588
Jackson Patterson, 15, Public, Land, 5, 20
Josiah Bishop, 30, 50, 200, 30, 156
Josiah Roberts, 40, Public, Land, 75, 267
Linear Rankin, 48, 72, 250, 80, 277
John H. Baugh, 15, Public, Land, 3, 120
Andrew Womack, 25, Public, Land, 10, 100
Nathan Bush, 35, Public, Land, 5, 120
John Gregory, 100, 220, 700, 130, 575
David Womack Jr., 20, Public, Land, 10, 100
William Watkins, 30, 210, 600, 95, 415
James Rankin, 84, 156, 800, 510, 685
Alexander Kennedy, 49, 251, 1000, 150, 402
John Thomas, 20, Public, Land, 5, 197
T. M. Thomas, 35, 50, 225, 4, 200
Jared Snowden, 20, Public, Land, 2, 260
Manuel M. K. Lucas, 20, Public, Land, 25, 235
S. B. Thomas, 15, Public, Land, 3, 208
John Turner, 20, Public, Land, 8, 135
Lewis Turner, 20, 420, 1500, 105, 446
Hamilton Turner, 15, Public, Land, 50, 338
William Gregory, 50, Public, Land, 3, 263
John Stuckey, 20, Public, Land, 8, 158
James R. Thomas, 40, Public, Land, 6, 210
Hester Rankin, 45, 355, 500, 50, 480
Martha Warren, 45, 75, 500, 20, 415
James H. Warren, 35, 85, 400, 25, 275
William P. Clark, 50, Public, Land, 50, 330

William H. Patterson, 25, Public, Land, 35, 117
William D. Stubbs, 30, 10, 120, 40, 450
Samuel E. Mangum, 65, 249, 441, 100, 835
T. D. Magee, 360, 400, 2500, 600, 2587
Jesse Williamson, 50, 30, 300, 25, 402
John Hays, 5, 75, 50, 50, 484
David Hays, 60, 100, 300, 150, 615
Richard Womack, 20, 40, 50, 2, 965
William Hays, 50, 190, 500, 120, 500
William Thomas, 50, 430, 300, 55, 400
James H. Patterson, 50, Public, Land, 100, 485
Patrick Spradley, 25, Public, Land, 5, 177
William Williamson, 30, 130, 200, 90, 335
John P. Brown, 50, Public, Land, 75, 620
Alfred Brown, 31, 9, 150, 4, 189
Isham Brown, 250, 70, 1000, 120, 1200
James _. Irby, 50, Public, Land, 25, 326
William T. Brown, 120, 248, 2000, 1000, 841
Felix G. Brown, 40, 80, 300, 75, 396
Solomon C. Brown, 50, Public, Land, 10, 285
James A. Smith, 30, Public, Land, 90, 233
Thomas Hutson, 70, 50, 1000, 234, 907
James B. Clark, 90, 120, 700, 150, 640
Zachariah Welch, 25, 55, 150, 4,160
John Graves, 35, 45, 1000, 15, 142
Benjamin Valentine, 31, Public, Land, 5, 90
Zilpha Butler, 20, Public, Land, 8, 20
Mary Magee, 35, 5,100, 20, 206
John Tullis, 30, Public, Land, 8, 70
John Fortenberry, 20, 20, 250, 6, 177
William Percer, 15, Rented, Land, -, 75
Arthur Mangum, 80, 360, 610, 100, 652
Malcom G. Wilkinson, 35, 125, 500, 55, 300
Andrew J. Alexander, 15, Rented, Land, 5, -, 85
Nancy Wilkinson, 4, 75, 125, -, 83
Allen Wilkinson, 100, 660, 1000, 200, 755
Jehugh Magee, 100, 140, 500, 50, 930
Richard Tullis, 30, Public, Land, 20, 97
Jacob Gruby, 50, Public, Land, 100, 502
Archibald McCollum, 136, 584, 3000, 600, 970
Duncan McLaurin, 120, 293, 2800, 350, 750
John McIntyre, 25, 115, 500, 117, 221
H. W. Lee, 40, Rented, Land, 10, 230
Hugh C. McLaurin, 62, 75, 1400, 130, 737
Needham Lee, 60, 100, 800, 100, 413
John C. McLaurin, 50, 268, 820, 60, 564
John D. McLaurin, 550, 1550, 8000, 1500, 2150
Eli Lee, 40, Rented, Land, 10, 217
James Lee, 15, Rented, Land, 5, 50
John Bethea, 50, 65, 280, 40, 114
Pipkin Smith, 70, 55, 400, 60, 490
William H. Easterling, 200, 300, 2000, 300, 1273
Owen Weathersby, 150, 380, 1050, 750, 1261
Joseph A. Wood, 35, Public, Land, 10, 200

William L. Bogers, 50, 50, 400, 10, 242
John Norwood, 100, 260, 2000, 575, 950
Elizabeth Walker, 100, 600, 1000, 12, 439
William R. Shivers, 100, 300, 800, 100, 440
Hery Clark, 16, Rented, Land, 15, 100
Joseph Boggan, 200, 400, 1200, 315, 1008
German H. Gardener, 180, 30, 700, 125, 468
Asa Walker, 35, 165, 500, 50, 250
Michael Durr, 250, 110, 1500, 600, 1300
Peter B. Hubbard, 35, 95, 350, 5, 175
Agnes Pledger, 20, 20, 100, 10, 142
Peter Hubbard, 150, 970, 1400, 400, 820
Thomas Hubbard, 70, 250, 400, 50, 388
Alexander NcNair, 40, 160, 400, 80, 270
John E. McNair, 15, 225, 400, 10, 277
Jesse Yelverton, 40, Public, Land, 20, 335
Joseph Carr, 200, 400, 4800, 500, 1100
William C. Brown, 35, 14, 150, 50, 312
William McLendon, 45, 75, 400, 15, 488
Mary Abanathy, 24, 6, 100, 20, 276
Mary Boggan, 40, 40, 500, 80, 372
Annice Walker, 40, Public, Land, 10, 188
John M. Brown, 35, Public, Land, 10, 80
William King, 30, Public, Land, 5, 150
Enoch Parrot, 20, 60, 300, 60, 557
Edmund Moore, 50, Public, Land, 15, 330

Green Fenn, 15, 100, 600, 60, 365
James B. Mendenhall, 500, 1130, 3000, 6040, 3000
Jesse Boswell, 15, Rented, Land, 5, 2
Francis M. Young, 100, 140, 1000, 100, 550
Patience Powell, 3, 37, 200, 60, 364
James Benton, 4, 75, 200, -, 68
Nancy Gowen, 60, 260, 200, 75, 427
John Bishop, 40, 60, 400, 60, 230
Lewis C. Gibson, 80, 320, 600, 1500, 1045
William W. Carter, 50, Rented, Land, 25, 150
John J. Brown, 10, 30, 200, 40, 286
Jesse J. Brown, 20, Public, Land, 7, 60
Francis Grubbs, 35, 45,300, 100, 603
Silas Hails, 20, Public, Land, 6, 80
Peter Grubbs, 30, 14, 400, 10, 398
William May, 30, 130, 500, 110, 731
Greenberry Hays, 25, 55, 200, 5,198
Nancy May, 50, 30, 400, 100, 432
Wiloby T. May, 40, Public, Land, 25, 434
Richard May, 25, Public, Land, 12, 100
Joseph May, 16, 24, 200, 60, 541
William Laten, 40, Public, Land, 15, 157
Phillip May, 20, 20, 800, 50, 606
James H. Thompson, 15, Rented, Land, -, 20
John J. Ponder, 20, Public, Land, 7, 181
Thomas Ponder, 15, 25, 100, 100, 472
David Wamack, 60, 420, 1000, 500, 679
Harry J. Powel, 30, 10, 250, 8, 300
William Walker, 40, 200, 400, 80, 223
Thomas E. Hutson, 23, Public, Land, 5, 285
Aaron Hutson, 18, 62, 300, 5, 185

Abraham Wamack, 8, 32, 250, 60, 371
Eli Mathes, 3, 47, 200, 10, 100
Thomas Ross, 65, 45, 400, 65, 447
Lemuel Parker, 40, Public, Land, 60, 142
Richard Burch, 35, Public, Land, 60, 302
James Ponder, 25, Public, Land, 5, 365
Rueben Ponder, 20, 20, 400, 100, 436
Abner Ponder, 20, Public, Land, 8, 190
Archibald Calhoun, 12, 68, 500, 125, 720
Peter Sinclair, 5, 74, 500, 15, 280
Richard Smith, 15, Public, Land, 30, 95
Caleb Burch, 30, Public, Land, 90, 250
Reuben B. Fales, 20, 220, 500, 60, 290
Edwin Harper, 60, 220, 1000, 112, 837
Zachariah Bullock, 45, 112, 1000, 125, 570
Sara A. Harper, 60, 100, 1000, 80, 460
James L. Hemphill, 28, 92, 840, 11, 314
Samuel Harper, 14, 26, 400, 20, 237
George Craddock, 40, 120, 600, 10, 529
Richard P. Everett, 35, 285, 800, 100, 718
John Gullage, 30, 170, 400, 135, 222
Lewis Harper, 75, 325, 1500, 100, 559
Solomon Harper, 20, Public, Land, 5, 185
Robert Elliot, 30, Public, Land, 5, 48
Martin Crane, 8, 73, 200, 10, 372
Naomi Miles, 15, 65, 100, 6, 167
Needham King, 35, Public, Land, 10, 275
Jackson Everett, 40, Public, Land, 75, 510
Allen Mathews, 40, 200, 300, 50, 532
George G. Jones, 25, 55, 300, 75, 348
Lewis Hall, 6, 34, 100, 5, 173
Thomas J. Perkins, 90, 570, 1000, 500, 195
Paul Jones, 50, 270, 1000, 100, 865
Thomas Ennis, 15, Public, Land, 15, 100
James J. Pruitt, 60, 300, 200, 100, 260
Thomas Everett, 13, 27, 185, 50, 242
Henry Keen, 30, Public, Land, 15, 65
William Estes, -, 160, 250, 300, 385
William Varnell, 15, Public, Land, 15, 182
Kinian Meeks, 30, 205, 300, 40, 363
John Chandler, 20, Public, Land, 50, 230
Joseph L. Chandler, 17, Public, Land, 10, 157
William S. Chandler, 16, Public, Land, 10, 113
Wiatt Hall, 110, 210, 700, 95, 611
Roland Hall, 9, Public, Land, 10, 300
Henry Hall, 15, 65, 175, 15, 175
Sara Pierce, 25, Public, Land, 15, 320
William Toler, 45, Public Land, 75, 403
Michael H. Strickland, 100, 1000, 2000, 200, 730
John Peacock, 100, 220, 800, 150, 775
Elbert Bishop, 20, 139, 400, 20, 260
Elisha Bishop, 18, 22, 250, 10, 269
Elisha Albritton, 34, 186, 495, 10, 325
Martha Allbritton, 60, 100, 350, 75, 442
John Allbritton, 28, 135, 360, 45, 214

G. W. Williams, 85, 115, 600, 125, 65
Martha Bishop, 55, 225, 1000, 40, 266
William Bishop, 40, 119, 600, 80, 306
Elijah Bishop, 60, 210, 1000, 80, 533
George Allbritton, 30, Rented, Land, 6, 112
Lemuel Benton, 30, Rented, Land, 6, 50
Mercy Ruffin, 25, Public, Land, 6, 120
James Lee, 33, Rented, Land, -, 85
Milton Sikes, 33, Rented, Land, -, 95
Bryant Bush, 33, Rented, Land, -, 75
Stephen Gardener, 30, 27, 180, 30, 401
John Griffith, 50, 43, 300, 10, 268
L. A. & A. B. Hooks, 50, 270, 560, 85, 433
William B. Easterling, 300, 1000, 6000, 300, 1575
Lewis Till, 75, 157, 500, 8, -
John Phillips, 120, 195, 1000, 50, 465
James McCaskill, 80, 280, 1500, 125, 554
James Hilton, 25, 15, 250, 20, 295
J. D. Waldrop, 50, 140, 700, 100, 544
David Williamson, 12, 250, 350, 5, 200
Robert Bridges, 70, 300, 800, 315, 538
Eliza Bridges, 30, 130, 600, 6, 171
James C. Robinson, 60, Rented, Land, 125, 287
Wych Whatley, 15, Public, Land, 6, 65
Wilson E. Whatley, 15, 105, 900, 3000, 410
Elbert Kelly, 7, 33, 125, 6, 95
Mary McCaskill, 20, 60, 100, 52, 240
Benjamin Richardson, 45, 35, 500, 15, 415
George K. Harper, 30, 10, 200, 10, 350
James Rogers, 70, 90, 500, 10, 165
Spencer J. Garret, 30, Public, Land, 455, 330
Alexander Harper, 35, Public, Land, 15, 240
Felix M. Meeks, 15, Public, Land, 10, 197
Loyd Kelly, 50, 60, 137, 5, 66
Isiah Kelly, 10, 10, 25, 10, 58
Ashley Mahaffey, 30, 10, 350, 60, 205
James P. Nealy, 12, 41, 100, 12, 153
Jesse Chandler, 20, Public, Land, 40, 190
David W. Walker, 70, 50, 300, 15, 512
Jacob Lamb, 12, Public, Land, 5, 45
Eliza Shell, 40, 40, 800, 10, 838
Thomas Shorter, 17, Public, Land, 6, 198
Samuel Shilliards, 15, Public, Land, 5, 80
S. W. Jennings, 20, 59, 125, 5, 140
John Guynes, 30, 55, 400, 85, 519
William Mahaffey, 40, -, 200, 20, 415
George Guynes, 40, 80, 600, 15, 586
David Ainsworth, 40, 9, None, 35, 410
Jeremiah Millican, 150, 250, 600, 50, 410
Isaac Ainsworth, 25, 55, 200, 60, 415
James Hall, 40, 80, 800, 60, 280
____ Touchstone, 15, 40, 50, 2, 150
Thomas N. Hilton, 20, 40, 250, 15, 167
John M. Taylor, 45, Public, Land, 15, 100
William Hilton, 4, Public, Land, 5, 16
William Taylor, 15, 65, 75, 15, 240

Sara Taylor, 9, 31, 50, 15, 112
William Loper, 10, 30, 100, 60, 340
William McFerren, 25, 15, 150, 12, 160
Phebe Hilton, 80, 120, 500, 10, 263
Robert Mahaffey, 90, 300, 1000, 100, 589
Moses Keen, 40, 40, 300, 100, 390
John Berry, 250, 400, 3000, 1000, 2070
William Massey, 380, 1110, 8000, 200, 1875
Stephen D. Dampier, 40, 120, 800, 20, 325
Martin Vanzandt, 50, 230, 1500, 80, 335
Nancy Chandler, 70, 200, 700, 40, 280
John Keen, 60, 125, 200, 60, 270
Harvey Powell, 10, Rented, Land, 6, 105
Allen J. Keen, 20, 28, 100, 6, 166
Alexander J. Wilcox, 60, Rented, Land, 6, 105
George W. Briley, 55, 305, 1000, 100, 429
Edmund H. Chandler, 30, 68, 200, 15, 146
William Chandler, 90, 270, 1200, 300, 507
Moses H. Chandler, 20, Rented, Land, 5, 181
Richard Ainsworth, 100, 446, 2000, 125, 470
Jonathan Ainsworth, 25, 75, 600, 15, 167
Mary Pope, 60, 100, 400, 100, 390
William B. Chandler, 80, 220, 1500, 100, 1055
Jesse Dear, 41, 120, 400, 100, 307
William H. Davis, 80, 440, 1500, 100, 555
Ez. B. Bass, 10, Public, Land, 6, 40
William Bass, 100, 42, 800, 100, 895
Daniel Thompson, 75, 105, 550, 140, 490
Prudence Davis, 12, 40, 100, 6, 145
Richard Bennett, 125, 255, 1000, 350, 735
G. C. Gates, 15, 25, 500, 12, 253
Estate of Gates, 100, 230, 2000, 125, 472
Lorenzo T. Forbis, 60, 120, 800, 30, 665
Edmund Barron, 180, 460, 3000, 1300, 1145
Hermon P. Mathews, 30, 10, 250, 50, 286
David Welch, 42, 38, 500, 50, 366
A____ Barron, 60, 276, 363, 100, 390
Samuel Sistrunk, 30, Public, Land, 25, 200
Reuben Knight, 35, Public, Land, 15, 322
Absolom Sandifer, 200, 40, 100, 40, 155
Jacob Bennet, 20, Rented, Land, 5, 86
William N. Sandifer, 20, 20, 170, 6, 135
William Garrett, 45, 35, 500, 125, 219
Robert D. Middleton, 20, Public, Land, 15, 196
William C. Sikes, 20, Public, Land, 5, 110
Wiett Sandifer, 70, 50, 500, 75, 380
Samuel Miller, 40, 40, 800, 100, 357
John B. Butler, 40, -, 40, 75, 465
Walden Lewis, 40, 90, 300, 110, 400
Jacob J. Sandifer, 10, Public, Land, 7, 92
Mary A. Thomas, 82, 178, 1200, 85, 424
Frederick Raines, 9, Public, Land, 5, 100
James M. Strathorne, 25, Rented, Land, 10, 75
Adison Subtle, 20, 120, 125, 50, 185
Joshua B. Butler, 20, 100, 150, 6, 120

William Walker, 9, Public, Land, 6, 110
Martin Courtney, 25, 135, 200, 50, 185
Mark Forest, 30, 130, 200, 15, 160
William T. Byrd, 9, 30, 100, 10, 216
Calvin J. Brinson, 20, 140, 200, 10, 282
Jeremiah Willingham, 16, Public, Land, 10, 28
William Rogers, 30, 50, 150, 5, 115
George W. Lebren, 12, Public, Land, 10, 28
Richard Lebren, 40, 40, 150, 25, 165
Joseph Tucker, 50, 150, 300, 105, 340
John S. Touchstone, 15, Rented, Land, 30, 112
William _. Byrd, 120, 280, 900, 105, 950
Samuel Miles, 30, 110, 300, 25, 290
John Drummons, 30, Public, Land, 10, 120
Green W. Barlow, 100, 200, 600, 125, 765
Norvel Barlow, 25, 80, 300, 70, 244
Crawford Dear, 20, Public, Land, 6, 110
Nanthaniel Goff, 150, 347, 1200, 650, 1172
William T. Kelly, 4, 76, 50, 10, 140
William Buckley, 40, 120, 300, 15, 250
Isaac Bell, 55, 287, 400, 125, 480
James McFerren, 30, Rented, Land, 75, 276
Green P. Touchstone, 25, Public, Land, 10, 145
Wilson Goff, 25, Public, Land, 80, 435
Daniel C. Broomfield, 25, Public Land, 6, 135
William Brook, 15, Public, Land, -, 157
James Brook, 45, Public, Land, 75, 445

Samuel W. Griffin, 60, Public, Land, -, 250
Daniel Cline, 13, Rented, Land, 8, 90
Dempsey Touchstone, 100, 140, 1000, 300, 530
Larkin M. Hilton, 9, Public, Land, 6, 35
Nelson S. Butler, 30, Public, Land, 8, 100
John J. Hilton, 22, 18, 20, 6, 100
Theophilus P. Shows, 15, Rented, Land, 5, 180
John Thompson, 20, 60, 100, 5, 150
John P. Shows, 16, Public, Land, 6, 91
James M. Shows, 14, Public, Land, 8, 135
Benjamin A. Buckley, 30, 10, 200, 6, 232
William P. A. Rane, 22, Public, Land, 6, 110
John J. Gates, 60, 60, 400, 15, 240
Pleasant P. Bridges, 30, 17, 500, 10, 180
Samuel Courtney, 50, 110, 350, 185, 381
John Neally, 50, Public, Land, 100, 488
John Mahaffey, 47, 63, 250, 10, 250
James A. Hilton, 10, 10, 50, 75, 205
William Williamson, 70, 130, 1000, 125, 462
William Williams, 40, 117, 300, 10, 335
Nathan Traylor, 50, 250, 600, 105, 360
Michael Lee, 50, 250, 480, 10, 120
Solomon Lee, 10, 60, 120, 30, 214
Robert Shell, 18, Rented, Land, 6, 60
Andrew J. Mullins, 25, 15, 230, 30, 215
Ossman J. Dye, 110, 50, 800, 100, 633
Isaac Bush, 50, 110, 600, 100, 467
Moses W. Barber, 40, 40, 500, 150, 270

Willis Berry, 45, 75, 200, 10, 200
Charles B. Banks, 55, 265, 700, 10, 198
David Bishop, 35, 85, 500, 6, 190
William H. Berry, 15, 25, 100, 40, 135
William Graves, 20, Public, Land, 100, 140
John Millis, 18, 23, 50, 30, 110
Elias Beasley, 25, Rented, Land, 10, 320
Daniel Beasley, 60, 60, 100, 10, 307
Thompson Beasley, 35, Rented, Land, 5, 240
Lewis Holyfield, 50, 110, 300, 100, 460
Henry Beasley, 30, 250, 600, 100, 567
Charles McNair, 250, 250, 1000, 600, 2145
Daniel Smith, 50, 190, 500, 135, 370
Willis Walker, 160, 300, 1100, 465, 1153
Berry Walker, 35, 325, 500, 100, 216
Richmond Walker, 20, 300, 650, 20, 245
James Murry, 180, 180, 1600, 300, 1017
Russel Murry, 14, 26, 200, 50, 222
Wilson Magee, 35, 65, 350, 100, 349
Henry Berry, 100, 312, 1000, 100, 555
Hugh Therman, 50, 131, 350, 30, 290
Isaac Fortinberry, 100, 220, 1500, 100, 895
Charles S. Crawley, 25, Public, Land, 6, 137
James Fortinberry, 40, 40, 200, 100, 506
Gilbert Shivers, 50, 65, 600, 75, 394
John P. Toler, 50, 78, 500, 100, 352
Eli Myres, 50, 110, 240, 95, 355
Edward Wattman, 30, 320, 400, 40, 348
Henry Drummons, 35, Public, Land, 10, 210
Pheriby Shivers, 100, 502, 1000, 125, 431
Eldred Owen, 250, 415, 3500, 115, 745
James M. Dampier, 200, 320, 2000, 300, 1227
James Drummons, 100, 40, 600, 120, 705
William Drummons, 150, 90, 1000, 120, 1115
Joseph Lane, 140, 60, 400, 60, 389
Samuel Lee, 30, 50, 300, 30, 140
Celia Moore, 20, Public, Land, 5, 125
Anthony Moore, 20, 20, 60, 5, 112
Thomas Peacok, 30, Public, Land, 6, 30
James Powell, 40, 40, 400, 125, 930
John Biggs, 100, 323, 2000, 125, 725
Benjamin F. Kenedy, 50, 30, 1000, 500, 320
William E. Little, 50, 100, 500, 60, 330
John McIntosh, 40, 80, 200, 15, 368
Hardie Crump(Crunp), 100, 400, 5000, 750, 590
Henry W. Moore, 60, 60, 800, 15, 252
Alfred Little, 40, 120, 300, 10, 290
Blackburn Bridges, 26, 134, 350, 80, 229
William Kean, 5, 35, 70, 5, 85
Lewis U. Geigar, 15, Rented, Land, 6, 110
Jefferson M. Norman, 50, 190, 310, 90, 325
Turner Wilson, 225, 340, 2500, 650, 1175
Adison Whitsworth, 60, 340, 1000, 120, 437
Jefferson Merry, 30, 10, 300, 50, 232
Samuel J. Norwood, 35, 45, 300, 75, 410

Edward N. Talley, 100, 650, 1480, 350, 1025
Jesse Smith, 15, Rented, Land, 50, 200
John W. Jones, 19, Rented, Land, 18, 165
Clemmon Powell, 70, 1131, 1500, 105, 345
William Childers, 5, Public, Land, 3, 47
Allen M. Smith, 12, Public, Land, 6, 156
William Therman, 12, Public, Land, 6, 142
Elijah Therman, 13, 67, 80, 20, 320
John Waldrop, 25, Rented, Land, 15, 171

Smith County, Mississippi
1850 Agricultural Census

The University of North Carolina at Chapel Hill filmed the 1850 agricultural census for Smith County from originals at the Mississippi State Department of Archives and History under a grant from the National Science Foundation in 1963.

Columns 1, 2, 3, 4, 5, and 13 represent the following information on the census:
1. Name of Owner, Agent or Manager of Farm
2. Acres of Improved Land
3. Acres of Unimproved Land
4. Cash Value of the Farm
5. Value of Farming Implements and Machinery
13. Value of Livestock

Zylphia Yelieston, 20, 20, 200, 10, 195
William Hill, 30, 10, 200, 15, 175
Richard Gowen, -, 160, 300, 6, 1358
J. W. Blackwall, 30, 130, 200, 25, 700
Thomas Sullivan, -, -, -, 15, 200
Ebenezer Hays, 30, 20, 50, 70, 200
Lodrick Sullivan, 20, 25, 200, 10, 100
Neil Little, 60, 80, 400, 100, 550
James Sullivan, -, -, -, 50, 200
Gideon Royalds, -, -, -, 20, 155
M. C. Cockrell, -, -, -, 5, 140
W. W. Blackwell, -, -, -, 10, 300
Leroy Snellgraves, -, -, -, 10, 125
James Anderson, -, -, -, 10, 175
J. C. Duckworth, 90, 200, 500, 50, 500
S. C. Deen, -, -, -, 10, 300
B. F. Reynolds, -, 2, -, -, 160
William Lane, 20, -, 150, 10, 200
Henry Barrow, 30, 130, 300, 20, 220
Isaac Hodges, 30, 50, 400, 20, 155
Lewis Crook, 80, 480, 350, 50, 576
George Purvis, 10, -, 100, 10, 170
Charles Allen, 20, -, 100, 10, 210
James Rasberry, 25, -, 150, 25, 185
William Raspberry, 10, -, 50, 5, 3

Nancy Pucket, 50, 70, 150, 10, 400
Ann Pucket, 35, -, 100, 50, 300
John Dukes, 20, 20, 150, 10, 200
Jesse Puckett, 130, 510, 1000, 400, 800
William Franklin, 20, 60, 100, 15, 285
Philip Shearly, 15, -, 100, 10, 200
Wesley Lawrence, 25, -, 200, 10, 160
Joseph Strong, 35, 45, 300, 70, 400
William Reddin, 15, -, 150, 30, 220
Henry Hailes, 30, -, 150, 25, 150
John Barlow, -, -, -, -, 125
John Hailes, 10, -, 100, 5, 80
John W. Hailes, 30, -, 250, 20, 150
Alexander Hailes, 50, -, 300, 15, 150
Bartholomew Bough, 30, -, 300, 60, 500
William Rhodes, 40, 120, 250, 20, 400
James Richardson, 40, -, 500, 12, 95
Jordan Walker, 20, -, 50, 10, 120
James Parker, 20, -, 150, 10, 60
Nancy Easterling, -, -, -, -, 9
Ingram Wiggins, 70, 10, 500, 20, 370
Joseph Regions, 5, -, 100, 5, 37
Barney Bradshaw, 25, -, 300, 10, 140

Samuel Ainsworth, 20, -, 300, 6, 60
Jonathan Hughs, 100, 100, 700, 100, 1100
Parmelia Dunford, 35, -, 300, 20, 240
Nazareth Thorn, 40, 12, 300, 10, 250
Charles Dunnigan, 60, -, 250, 55, 340
Alex. Easterling, -, -, -, -, 20
James Morse, 20, -, 125, 5, 15
Pela Stubbs, 30, 130, 300, 20, 325
Jesse Lard, 27, -, 200, 6, 120
__sh Jennings, 12, -, 100, 15, 400
John Jackson, 30, -, 200, 10, 300
Abraham Lard, 20, -, 100, 10, 160
Alexander Dunn, 6, -, 50, 5, 75
James Miller, 75, -, 300, 75, 300
Paul Davis, 40, -, 500, 10, 200
David Single, 20, -, 150, 60, 110
Anguish Gunn, 10, 30, 50, 400, 50
Martin Files, 12,-, 100, 10, 30
Susana Varner, 30, 50, 50, 10, 260
Joseph Pullos (Tullos), 70, 50, 200, 20, 280
James Gunn, 8, -, 100, 5, 200
Henry Casper, 25, -, 150, 60, 335
Bennet Edwards, 40, -, 200, 40, 285
Henry Lutrick, 50, 30, 600, 60, 375
C. D. Austin, 35, -, 300, 10, 245
Jonathan Price, 48, -, 600, 15, 368
Daniel Lutrick, 35, -, 350, 6, 65
Noah Lamberth, 24, -, 300, 5, 111
William Bradfoot, 40, 500, 600, 13, 560
William Cox, 100, 220, 1200, 125, 800
George Goodman, -, -, -, -, 200
Thomas Husbands, 70, 500, 600, 95, 1400
James Cooper, 13, -, 150, 10, 250
Daniel Coggins, 25, 15, 200, 10, 190
John Hardy, 80, 240, 800, 20, 286
Richard Walters, 15, 145, 150, 75, 200
John Hawkins, 15, -, 155, 10, 150
John Smith, 60, 120, 500, 525, 600
John Bough, 30, 50, 150, 10, 320
Thomas Young, 100, 200, 850, 5, 368
William Tullos, 200, 1600, 2000, 390, 1200
John Windham, 15, -, 250, 10, 110
George Barney, 10, -, 200, -, 70
Page Windham, 150, 210, 1500, 490, 485
Willson Parker, 11, -, 225, 8, 80
James McNeal, -, -, -, 100, 55
James Bates, -, -, -, -, 175
William Baker, 20, -, 200, 10, 255
John Reeves, 20, 60, 150, 12, 15
Lewis Cook, 50, 190, 350, 10, 300
Samuel Summers, 75, 138, 200, 77, 400
Newson Tullos, 25, 160, 125, 60, 545
Daniel Miley, 70, 120, 800, 80, 500
Jno. D. Finch, Public Land, -, -, -, 22
C. B. Smith, Public Land, -, -, 10, 200
John Crook, Public Land, -, -, -, 50
Wiley Hailes, 20, 20, 200, 12, 100
E. A. Amerson, 60, 320, 1000, 150, 300
Benjamin Hawkins, 30, 210, 640, 12, 385
A. G. Anderson, 40, 170, 750, 80, 240
N. Watkins, 150, 250, 1500, 100, 700
Alexander Chisholm, 80, 360, 600, 25, 332
John Spinks, 20, 65, 150, 10, 275
William Slurly, 100, 60, 1000, 50, 400
J. W. Russum, 40, 120, 600, 30, 375
James Hill, Public Land, -, -, 15, 400
A. M. Shockly, Public Land, -, -, 15, 400
Fred Carr, 400, 800, 320, 500, 3557
D. W. Wiggins, 40, -, 500, 35, 340
R. H. Bates, 50, 150, 600, 8, 436

Jackson Flowers, 100, 90, 500, 400, 1000
F. F. Flowers, 100, 30, 300, 70, 800
Jno. Carr, Public Land, -, -, -, 175
J. S. Weems Jr., 10, -, 100, 10, 200
Francis Guthrie, 20, 20 100, 77, 359
John Gurtney, -, -, -, -, 125
Sam Nobles, 120, 200, 1000, 100, 1000
E. G. Tullos, 65, -, 650, 50, 900
Abel Coward, Public Land, -, -, -, -
Wiley Beaver, 28, 32, 300, 3, 60
Robert Sims, 20, 115, 100, 10, 44
Lovena Westbrook, 11, 41, 100, 10, 100
Frank Wormack, 50, 110, 500, 20, 835
Saml. Stone, 15, 265, 150, 10, 420
William Vanzant, Public Land, -, -, 10, 700
William Thornton, Public Land, -, -, 12, 380
Mary Huchison, Public Land, -, -, -, 100
Richard Thornton, Public Land, -, -, 10, 90
Catherine Lee, 15, 185, 350, -, 265
Elizabeth Jamieson, 9, 40, 100, 6, 90
Ranson Thornton, Public Land, -, -, 20, 180
G. H. Westbrook, 20, 56, 200, 2, 250
William Westbrook, Public Land, -, -, -, 30
J. H. Westbrook, 16, 96, 150, 5, 175
Washington Westbrook, 50, 352, 300, 5, 300
Jacob Beaver, 50, 510, 300, 20, 260
Lauchlin McLaurin, 75, 440, 250, 20, 500
Alexander Little, Public Land, -, -, 3, 200
Julius Mulder, 20, 80, 225, 10, 212
William Thomas, 90, 400, 2500, 500, 500
Tristram Stubbs, 70, 150, 1000, 100, 865

Joshua Eliott, 12, 38, 50, 5, 300
Sarah Bowen, Public Land, -, -, 50, 550
A. J. Hall, 25, 200, 150, 20,800
William Heter, Public Land, -, -, 20, 77
Levi Volentine, Public Land, -, -, 5, 75
Derrol Volentine, 16, 40, 100, 10, 75
F. M. Hartley, Public Land, -, -, 10, 300
Moses Baldwin, 16, 300, 100, 8, 150
William Thomas, -, -, -, 5, 25
Benj. Stuart, 40, 40, 300, 8, 300
Joseph Tullos, Public Land, -, -, 20, 600
Thomas Fletcher, 43, 80, 400, 20, 500
David Cook, 25, 160, 200, 10, 270
Henry Warren, 23, 80, 175, 10, 250
James Miley, -, -, -, -, 31
Enoch McWilliams, Public Land, -, -, 40, 225
James Holbrooks, 25, 40, 200, 10, 200
William Purvis, 60, 160, 300, 70, 420
Thomas Franklin, Public Land, -, -, 35, 470
Joseph Dukes, 27, 40, 300, 12, 390
Samuel Wall, -, -, -, -, 190
Pleasant Cook, Public Land, -, -, 10, 200
Flem. Hollbrook, 40, 40, 550, 10, 300
Wellaby Tullos, Public Land, -, -, 12, 300
Thomas Garratt, Public Land, -, -, 5, 50
John Baldwin, 14, 80, 150, 6, 300
Abram Cook, Public Land, -, -, 80, 300
Oliver Miley, Public Land, -, -, 5, 150
Jackson Tullos, 70, 300, 800, 15, 1100

Soloman Pearce, 40, 80, 250, 8, 100
William Jones, -, -, -, 75, 300
Wiley Mitchel, Public Land, -, -, 5, 85
Edward Vinzant, 15, 145, 150, 7, 100
Henry Baley, Public Land, -, -, 10, 170
Michael Harvey, 50, 62, 200, 8, 200
James Harvey, Rent, -, -, 5, 50
William McCallum, Public Land,-, -, 3, 150
Jonathan Cooper, Public Land, -, -, 25, 220
John Boykin, 120, 410, 800, 500, 778
William Boykin, 20, 60, 200, 10, 115
James Graves, Public Land, -, -, 5, 180
N. B. Royalds, Public Land, -, -, 75, 385
S. R. Boykin, Public Land, -, -, 10, 331
Abram Powel, Public Land, -, -, 10, 85
James McMaster, Public Land, -, -, 5, 100
Frank Boykin, 60, -, 800, 550, 650
Hackley Warren, 50, -, 150, 10, 300
Gipson Bryant, 33, 8, 200, 6, 400
Christopher Blackwell, Public Land, -, -, 5, 60
Rankin Reynalds, Public Land,-, -, 10, 340
H. J. Thornton, Public Land, -, -, -, 67
Jesse Craft, Public Land, -, -, -, 120
Eli Upton, Public Land, -, -, -, 60
William Warren, -, -, -, 100, 300
Bales Gill, Public Land, -, -, 5, 100
Loven Glisson, Public Land, -, -, 10, 80
Joy McCraer, Public Land, -, -, 10, 280
Daniel Rather, Public land, -, -, 10, 360

Benjamin Drummons, 30, 15, 250, 20, 1120
Henry Morris, Public Land, -, -, 60, 160
Jolly Roberson, Public Land, -, -, 90, 85
James Thornton, Public Land, -, -, 25, 1100
Alex. Smith, Public Land, -, -, 10, 485
William Henderson, Public Land, -, -, 5, 40
John Owens, 100, 60, 800, 130, 327
Stephen Owens, Public Land, -, -, 10, 125
Edmund Smith, Public Land, -, -, 125, 360
Thomas Thornton, Public Land, -, -, 10, 80
James Thornton, Public Land, -, -, 100, 72
John Thornton, 50, 430, 300, 450, 560
William Ballard, -, -, -, 30, 120
Daniel Henderson, 40, 80, 350, 10, 360
W. T. Boler, 50, 350, 400, 150, 300
John Vinzant, 9, 150, 50, 50, 780
Whitmel Craft, 240, 2200, 4000, 1000, 2475
Edward Rippy, -, -, -, -, 4
Hardin Taylor, Public Land, -, -, 10, 70
George Moore, Public Land, -, -, 15, 210
James Farrlow, Public Land, -, -, 100, 380
Sanford McCollum, Public Land, -, -, -, 20
Reubin Rogers, 30, 610, 900, 100, 388
D. N. Smith, 25, 130, 150, 125, 175
Leroy Smith, 35, 80, 200, 60, 275
Reubin Craft, 70, 250, 700, 170, 975
James Craft, Public Land, -, -, 5, 235
David Craft, -, -, -, 5, 295

James Dupuy, 30, 40, 100, 3, 155
James Pelt, Public Land, -, -, 3, 70
Moses Lewis, 38, 10, 400, 200, 300
John Rogers, 57, 60, 300, 10, 297
Walton Wilcox, Public Land, -, -, 40, 308
Mary Bonham, 50, 30, 150, 70, 370
Rankin Walker, Public Land, -, -, 5, 125
Daniel Curry, 35, 530, 175, 30, 490
James Merchant, 80, 80, 400, 100, 1100
William Dickerson, Public Land, -, -, 5, 24
James Craft, 12, 38, 150, 600, 460
James Smith, 60, 20, 200, 35, 900
Joel Sims, 40, 40, 100, 80, 563
Clema Lucas, Public Land, -, -, 50, 165
Labin Walker, Public Land, -, -, 5, 135
Jesse Tanner, Public Land, -, -, 10, 120
Oliver Mathews, -, -, -, 5, 30
Elizabeth Wingate, Public Land, -, -, 10, 145
Arlow Ainsworth, Public Land, -, -, 100, 304
W. B. Jones, Public Land, -, -, 55, 159
Isaac Jones, Public Land, -, -, 5, 17
John M. Long, Public Land, -, -, 15, 340
Beverly Hester, Public Land, -, -, 100, 275
Ellis Hester, Public Land, -, -, 5, 170
S. B. Pellefield, 35, 45, 250, 25, 423
Bright Williamson, 60, 60, 360, 60, 370
Thomas Eubanks, -, -, -, 200, 350
George Benison, Public Land, -, -, 10, 180
John Briant, -, -, -, 10, -
John Martin, 100, 7, 1200, 250, 2000
Benj. Briant, 30, 50, 300, 200, 445
John Shelly, 45, -, 575, 10, 180
Joseph Martin, 70, 50, 600, 20, 721
Martin Owens, Public Land, -, -, 50, 465
Thomas Knight, Public Land, -, -, 8, 210
James Anderson, 35, 120, 350, 25, 350
Brittain Jones, 50, 190, 100, 185, 577
Lenora Huff, -, -, -, -, 138
Briant Croft, 110, 160, 1500, 1500, 1025
John Holton, Public Land, -, -, -, 180
Charles Norris, 50, 30, 400, 100, 460
Henry Anderson, -, -, -, 10, 271
William Duckworth, 20, 20, 150, 10, 446
John Benison, 60, 340, 150, 70, 706
William McNate, Public Land, -, -, 10, 125
A. J. Buckalou, Public Land, -, -, 15, 200
Jackson Benison, 26, 16, 150, 10, 422
P. B. Smith, 30, 40, 100, 60, 400
A. J. Nichols, 60, 120, 300, 15, 392
Wm. L. Smith, Public Land, -, -, 15, 200
Rachael McCrimm, Public Land, -, -, 90, 485
Ben Nubby, Public Land, -, -, -, 275
Fanning Shelton, Public Land, -, -, 9, 120
William Parrott, -, -, -, -, 45
John Boykin, Public Land, -, -, 15, 100
James Long, Public Land, -, -, 25, 300
Henry Bird, 70, 83, 300, 185, 250
J. P. Parker, -, -, -, -, 100
Neddy Meadows, 30, 10, 360, 80, 535
Elokiel Walker, 40, -, 360, 266, 365
John Thornton, Public Land, -, -, 50, 360

Thomas Long, Public Land, -, -, 10, 135
B. C. Thornton, Public Land, -, -, 10, 90
Thomas Dupuy, Public Land, -, -, 10, 210
Albert Dupuy, Public Land, -, -, 15, 120
Doswell Meadows, Public Land, -, -, 15, 200
Doswell Stephens, Public Land, -, -, 10, 150
Timothy Jones, Public Land,-, -, 10, 150
_. G. Eubanks, Public Land, -, -, 15, 145
Saml. Hopkins, Public Land, -, -, 70, 548
Dennis S. Hopkins, -, -, -, -, -
John Thomas, Public Land, -, -, 50, 584
Andrew Watts, -, 40, 100, 10, 140
Peter Watts, Public Land, -, -, 25, 295
Wilson Jordan, Public Land, -, -, 15, 500
R. T. Bryant, Public Land,-, -, 15, 200
Wm. V. Tanner, Public Land, -, -, -, 65
John Merchants, Public Land, -, -, 50, 600
Daniel McKay, -, -, -, 5, 48
C. Currie, Public Land, -, -, 200, 600
John Anderson, Public Land, -, -, 12, 143
Zachariah Chubb, -, 40, 100, 10, 260
James Easterling, 40, 40, 200, 15, 570
Mary Anderson, 100, 600, 850, 50, 800
Persemiah Coster, Public Land, -, -, 10, 80
John Knight, Public Land, -, -, 10, 160
Josiah Simpson, Public Land, -, -, 15, 280
Polly Simpson, 30, 10, 100, 15, 380
Nathan Simpson, Public Land, -, -, 70, 482
Josiah Tullos, Public Land, -, -, 15, 170
Thomas Tullos, 22, 160, 300, 90, 427
James Ford, Public land, -, -, 70, 305
John Ford, Public Land, -, -, 7, 150
Newton Willson, -, -, -, 10, 120
John McKinley, Public Land, -, -, 10, 200
Mathew Stringer, Public Land, -, -, 80, 360
Mathew Stephens, 45, 160, 200, 20, 195
Dobias Smith, 40, 80, 150, 70, 400
Barksdale Staten, 20, 180, 150, 35, 130
Samuel Cook (Esh), -, -, -, -, -
S. D. Stringer, Public Land, -, -, 10, 220
Thomas Stringer, 50, 30, 200, 25, 300
Levi Allen, -, -, -, 110, 640
Simpson Ainsworth, 85, 125, 250, 90, 1118
Jacob Blakeman, Public Land, -, -, 10, 135
Keziah Jonakin, 20, 60, 200, 10, 215
Levi Coleman, 115, 85, 800, 100, 1462
Arick Coleman, Public Land, -, -, 10, 105
John Gowen, Public Land, -, -, 125, 867
Jesse E. Miers, Public Land, -, -, 15, 335
Hardy Rawler, Public Land, -, -, 10, 330
John Rawler(Rawles), -, 120, 250, 40, 300
John M. Rawles, Public Land, -, -, 10, 184

Jesse Rauls, 65, 100, 200, 50, 200
M. Sharboro, 115, 165, 350, 100, 600
Elisha Nichols, 200, 1040, 800, 575, 1714
Elias Nichols, 65, -, 600, 30, 450
Thomas C. Clark, Public Land, -, -, 15, 505
James Miller, Public Land, -, -, 115, 400
John Nelson, Public Land, -, -, 20, 150
Henry Hickman, Public Land, -, -, 115, 205
John A. Campbell, Public Land, -, -, 15, 120
James Mears, Public Land, -, -, 15, 70
Joel Lewis, Public Land, -, -, 70, 200
Jonathan Parker, Public Land, -, -, 17, 86
J. G. Chrisman, 30, 50, 300, 115, 1048
Elias Hays, Public Land, -, -, 10, 100
Lewis Gill, 35, 15, 200, 10, 270
Joshua Woolly, -, -, -, -, 20
L. B. Wilkins, 65, 15, 500, 75, 1104
E. L. Pitman, 30, 130, 250, 100, 440
John Ellis, Public Land, -, -, 15, 200
Jas. Adams, Public Land, -, -, 150, 525
Frank Ellis, Public Land, -, -, 25, 350
Dempsy Russel, Public Land, -, -, 100, 170
L. M. Russel, Public Land, -, -, 25, 200
William Flowers, 80, 760, 1500, 120, 1160
Harvy Flowers, Public Land, -, -, 25, 550
Richmond Sanders, 30, 610, 360, 100, 750
Robert M. Davis, 110, 530, 800, 170, 725
Allen J. Floyd, Public Land, -, -, 60, 260
Richard Galiovant, Public Land, -, -, 10, 450
Richard Walker, Public Land, -, -, 10, 50
Francis Floyd, Public Land, -, -, 25, 580
W. G. Barnes, 60, 60, 300, 150, 530
R. L. Keown, -, -, -, -, 75
Claiborne Peacock, 15, 40, 100, 50, 60
Samuel Keown, 100, 220, 200, 310, 500
W. L. Smith, 80, -, 300, 50, 300
Levi Volentine, 20, 100, 200, 10, 250
J. D. Duckworth, -, 480, 900, 90, 204
James Weems, 240, 500, 600, 300, 800
John Turnbow, Public Land, -, -, 50, 200
R. Lowrey, -, -, -, -, 165
James Lowrey, 8, 260, 400, 8, 350
W. P. Walker, 40, -, 150, 10, 130
Stephen Tullos, 150, 1000, 500, 175, 1380
Richard Cooper, -, 3, -, -, 125
W. J. Ward, 100, 20, 200, 100, 400
David Ward, 30, 50, 325, 40, 530
Samuel Floyd, -, -, -, 10, 328
John Weems, 10, 70, 100, 10, 195
Joseph Jones, 140, 20, 600, 65, 325
Andrew Jones, -, -, -, 5, 60
Felix Barnes, 40, 80, 300, 30, 460
Wilson Flowers, 90, -, 600, 150, 1025
Mahala Flowers, 200, -, 2000, 150, 1863
John Brown, Public Land, -, -, 175, 505
Hugh Blakeney, Public Land,-, -, 10, 300
Thomas Blakeney, Public Land, -, -, 15, 183
Wiley Keyes, 160, 100, 800, 150, 1195
Gideon Cargill, 15, 65, 150, 15, 275

Allen Gunter, Public Land, -, -, 150, 100
Americus Gunter, Public Land, -, -, 20, 310
Joseph Duckworth, 70, 30, 300, 440, 1345
John McNeil, Public Land, -, -, 15, 350
Henry McNeil, Public Land, -, -, 15, 124
Nancy Davis, Public Land, -, -, 10, 160
J. W. Sims, 20, 60, 200, 20, 325
John Finley, Public Land, -, -, 10, 85
Young Johnson, Public Land, -, -, 11, 200
F. M. Williamson, Public Land, -, -, -, 100
George C. Andrews, -, 160, 150, -, 200
John Morris, Public Land, -, -, -, 60
John Hancock, -, -, -, 15, 140
James Martin, 40, -, 400, 20, 208
John Stringer, 35, 45, 400, 100, 904
Elbert McKinley, -, -, -, 6, 125
B. C. Duckworth, 100, 300, 500, 500, 750
Margaret East, -, -, -, 10, 225
Michael Eubanks, -, -, -, -, 12
Elizabeth Page, 200, 1000, 2000, 100, 1506
Ann Ainsworth, 13, 67, 75, -, 80
Thomas Franklin, 25, -, 200, 10, 266
J. D. Foster, 100, 540, 800, 350, 550
Isaac Edwards, 50, -, 200, 10, 345
Allen S. Lindsey, 20, -, 150, 10, 315
James Purvis, Public Land, -, -, -, -
John McKay, Public Land, -, -, 10, 205
Thomas McKay, 10, 70, 150, 10, 100
Elizabeth Campbell, 40, -, 400, 60, 525
George Wyndham, Public Land, -, -, 20, 122
Robert McIntyre, Public Land, -, -, -, 80
Thomas Jones, Public Land, -, -, -, 80
Henry Cocke, 15, -, 150, 15, 175
John Wood, Public Land, -, -, 150, 250
Thomas Williamson, 20, 600, 200, 70, 530
Lafayette Sack, Public Land, -, -, 65, 10
Josiah Blackwell, 40, 120, 300, 15, 235
Arthur Mangum, Public Land, -, -, -, -
Joseph Thomas, 18, 60, 225, 5, 215
Joseph Hays, 90, 240, 500, 30, 340
J. M. Floyd, Public Land, -, -, 112, 290
W. C. Floyd, Public Land, -, -, -, -, 75
James Anderson, Public Land, 2, 10, 50, 100
John McNair, Public Land, -, -, 5, 70
C. Putnam, 5, 85, 150, 8, 38
Robert Huey, Public Land, 1, 5, 6, 440
Thomas Long, Public land, 1, 5, -, 60
John Cantwell, Public Land, -, -, 10, 115
John Blackwell, -, 520, 520, -, 600
Thomas Coleman, -, 280, 280, 15, 600
William Kline, -, 16, 16, 160, 140
John Walker, Public Land, -, -, 10, 140
Carter Martin, Public Land, -, -, 10, 300
Robert Gardner, Public Land, -, -, 90, 860
George Cockrell, Public Land, -, -, 5, 50
Samuel Butler, Public Land, -, -, 100, 200
Isaac Turnbow, Public Land, -, -, 15, 200
Elizabeth McAlpin, -, -, -, -, 25

John H. Williams, 20, 40, 150, 80, 650
James Little, 38, 15, 250, 20, 344
William C. White, 13, -, 100, 10, 175
John S. Evans, Public Land, -, -, 10, 150
Malcolm Little, Public Land, -, -, -, 345
Robert Lucas, Public Land, -, -, 10, 85
William Thomas, Public Land, -, -, 10, 30
James Willson, Public Land, -, -, 10, 175
William Aaron, Public Land, -, -, 20, 300
William Keys, 150, 50, 1000, 150, 215
Henry Owens, Public Land, -, -, 20, 250
Loden Davis, 100, -, 800, 225, 800
Mark Cole, 65, 215, 400, 475, 480
George Patterson, 20, 20, 150, 10, 140
Hiram Miller, 75, -, 600, 10, 351
Benjamin Keyes, Public Land, -, -, 15, 550
John Swor, 50, 30, 400, 100, 420
Simeon Clark, Public Land, -, -, 15, 170
Joseph Turnbow, Public Land, -, -, -, 100
Ewin A. Smith, 50, 30, 300, 20, 375
Fed. Sullivan, 40, 20, 500, 25, 700
Thomas Sullivan, 100, 60, 600, 100, 860
Henderson Sullivan, Public Land, -, -, 20, 350
Joseph Sullivan, 35, 45, 300, 15, 300
E. J. Yew, -, -, -, -, 60
James McGill, 100, -, 800, 120, 850
Mary McNair, Public Land, -, -, 80, 550
Lorenzo Willson, Public Land, -, -, 10, 30
James Hinton, Public Land, -, -, 15, 300
Josiah Gentry, Public Land, -, -, 15, 230
John Esha, Public Land, -, -, 10, 50
A. H. Chapman, 10, 150, 500, 20, 250
Robert Desha, 150, 650, 4000, 500, 2000
Joshua Graves, 30, 10, 200, 100, 300
Robert Noblin, 70, 90, 420, 100, 700
Bird Griffin, Public Land, -, -, 10, 75
Will Rather, 45, 60, 400, 80, 550
Samuel Rather, Public Land,-, -, 10, 155
Richard Wilkins, 60, 230, 650, 70, 340
Jesse Harrelson, Public Land, -, -, -, 65
F. M. Elliott, 50, 70, 600, 100, 860
B. V. Clark, Public Land, -, -, 30, 281

Sunflower County, Mississippi
1850 Agricultural Census

The University of North Carolina at Chapel Hill filmed the 1850 agricultural census for Sunflower County from originals at the Mississippi State Department of Archives and History under a grant from the National Science Foundation in 1963.

Columns 1, 2, 3, 4, 5, and 13 represent the following information on the census:
1. Name of Owner, Agent or Manager of Farm
2. Acres of Improved Land
3. Acres of Unimproved Land
4. Cash Value of the Farm
5. Value of Farming Implements and Machinery
13. Value of Livestock

_. H. Bott, 350, 350, 11500, 400, 2000
M. A. Bott, 400, 900, 2000, 400, 1750
James T. Barr, 30, 30, 800, 20, 500
William _. Barr, 620, 540, 12250, 20, 2000
Samuel Moffit, 15, 65, 1000, 20, 300
Caswell Stancel, 100, 1000, 16500, 200, 700
Margaret Hargrove, 25, 125, 1650, 20, 620
W. Robinson, 16, -, 80, 10, 300
J. C. Mitchell, 2, 2, 20, -, 20
S. H. Jhonston, 10, 40, 200, 20, 200
E. S. Watson, 50, 275, 2750, 100, 350
Jehu Stokely, 20, 10, 400, 50, 250
Thomas Hardester, 15, 80, 1500, 200, 40
Isac Welch, 100, 60, 2460, 100, 150
Joseph Buir, 60, 100, 3000, 100, 500
James Collins, 50, 725, 3000, 50, 900
Alexander Hinson, 65, 25, 350, 10, 350
Ely Wates, 40, 200, 2000, 100, 510
Benjamin Hinson, 60, -, 1300, 10, 150

Felix G. Hiat, 12, 98, 200, 10, 350
W. D. Parker, 15, 285, 300, 30, 300
D. W. Henry, 230, 500, 2300, 1400, 1050
Fremon Henry, 250, 1455, 600, 1200, 1100
J. B. Willis, 150, 900, 3000, 1400, 800
J. Y. McNeil, 460, 1200, 4600, 2500, 2000
Alfred Murdock, 440, 3000, 48000, 1000, 300
Duncan McCloud, 200, 500, 5400, 200, 800
James Crane, 500, 2200, 10000, 1200, 2520
W. Reese, 150, 1150, 3000, 50, 500
J. D. Browning, 28, 31, 1000, 25, 500
J. J. Chewning, 600, 1500, 12000, 600, 2000
Noe Tyson, 30, 100, 150, 5, 300
Henry Hall, 4, -, 80, 1, 300
D. W. Ball, 225, 75, 4500, 200, 50
W. B. Prince, 450, 700, 11250, 300, 2000
C. Smith, 225, 1340, 1225, 300, 1600
A. Estes, 12, 165, 800, 18, 400

S. Garver, 4, 130, 500, 10, -
Daniel Pond, 25, 50, 350, 10, 250
Nervil Wilder, 20, 140, 400, 10, 250
C. Gillispie, 120, 40, 3000, 400, 1700
W. G. Huckabee, 16, 60, 1000, 10, 200
J. N. Heathman, 7, 70, 1500, 10, 150
R. H. Burns, 30, 130, 1500, 10, 100
J. C. Walker, 15, 160, 400, 20, 500
D. Sapp, 7, -, 35, 10, 300
Reubin Marshall, 25, -, 125, 500, 600
George Marshall, 3, -, 15, 10, 200
Washington Marshall, -, -, -, -, 100
Berry Marshall, 15, 115, 1000, 20, 50
Thomas Ellsbery, 8, 93, 1000, 20, 300
E. McNabb, 50, 400, 500, 500, 1550
O. F. Bledsoe, 90, 690, 10000, 1000, 1000
Young McNabb, 1, 300, 1000, 50, 400
James Blythe, 6, -, 1000, 100, 30
Benjamin Jones, 15, 110, 300, 10, 18

Tippah County, Mississippi
1850 Agricultural Census

The University of North Carolina at Chapel Hill filmed the 1850 agricultural census for Tippah County from originals at the Mississippi State Department of Archives and History under a grant from the National Science Foundation in 1963.

Columns 1, 2, 3, 4, 5, and 13 represent the following information on the census:
1. Name of Owner, Agent or Manager of Farm
2. Acres of Improved Land
3. Acres of Unimproved Land
4. Cash Value of the Farm
5. Value of Farming Implements and Machinery
13. Value of Livestock

John W. Hopkins, 80, 80, 700, 200, 800
L. S. Holcomb, 75, 85, 1800, 250, 500
A. B. Barnett, 100, 120, 1300, 350, 340
Wm. Bell, 80, 80, 800, 200, 300
William H. Cotnam, 40, 120, 450, 100, 300
Richard Primce, 120, 500, 1500, 100, 400
Nathan Brewer, 18, 142, 350, 25, 155
Henry Zimerly, 15, 145, 200, 15, 150
David W. Armer, 50, 270, 600, 100, 425
Benjamon Booker, 40, 120, 800, 25, 260
Robert A. May, 30, 130, 500, 10, 145
John Cole, 36, 126, 1500, 75, 185
J. W. Parr, 30, 50, 100, 15, 240
Madison Smith, 34, 110, 700, 12, 201
James R. Thompson, 65, 315, 2000, 100, 500
George Booker, 16, 71, 200, 20, 125
William Bullock, 25, 135, 300, 20, 200

J. D. Crump, 65, 94, 300, 15, 225
J. Rourk, 12, 148, 350, 45, 101
_. E. Ross, 225, 575, 2000, 500, 1674
Elias Garrison, 80, 240, 850, 30, 267
John P. Dunn, 70, 250, 600, 30, 322
David Howel, 30, 170, 700, 150, 400
R__ Howel, 35, 125, 300, 60, 205
William N. McKeller, 50, 110, 700, 150, 400
_. A. May, 8, -, 80, 5, 100
N. C. Gillum, 30, 50, 1000, 10, 139
J. D. Pealer, 56, 434, 1500, 105, 365
James Nabb, 15, -, 150, 10, 175
Zadock Brewer, 30, 130, 200, 100, 200
John Thompson, 140, 450, 2500, 500, 1018
R. Henson, 25, 135, 150, 10, 100
C. B. Messer, 35, 125, 500, 75, 300
J. J. Cooper, 200, 380, 3500, 100, 610
_. A. Gray, 125, 355, 4000, 500, 835
James E. Daniel, 55, 466, 700, 135, 632
J. C. Stephenson, 25, 135, 400, 15, 150
J. W. Pool, 125, 900, 2000, 200, 565
T. B. Nichols, 24, 135, 800, 120, 180

Joseph Roberson, 20, -, -, 10, 105
_. P. Dickson, 60, 30, 200, 10, 377
George Green, 60, 150, 800, 25, 253
Samuel McAlister, 95, 390, 1600, 400, 400
James W. Nealey, 12, -, 200, 10, 100
James Walker, 150, 170, 2000, 200, 800
A. R. Johnson, 110, 210, 1600, 250, 575
James Colston, 20, 140, 150, 6, 200
Moses Parker, 40, 120, 300, 25, 250
Samuel W. Echols, 90, 280, 1200, 250, 1000
Warner Hubbard, 125, 230, 600, 200, 500
John A. Tedwell, 60, 140, 600, 100, 300
Silas Brooks, 80, 240, 1000, 80, 321
J. L. Biggs, 47, -, 470, 50, 275
Alexander Rhoads, 20, -, 200, 10, 100
Milton Jamison, 60, 180, 600, 75, 300
James F. McCord, 9, 153, 150, 7, 80
John Murry, 40, 107, 300, 10, 180
W. W. Murry, 30, 50, 400, 10, 200
A. R. McCord, 30, 50, 200, 15, 200
Robert H. Hammon, 16, 144, 200, 25, 129
Stephen Wilson, 30, 130, 500, 25, 300
James Kinney, 200, 200, 1700, 400, 530
Berry Webb, 46, -, 460, 180, 400
William Roberson, 80, 160, 500, 60, 150
Levi Wood, 10, -, 25, 10, 100
John Malone, 60, 100, 500, 130, 500
William Miles, 65, 34, 500, 30, 250
Samuel H. Davis, 30, 290, 1300, 80, 240
Rubin Sutles (Renter), 10, -, 50, 10, 125
John Nabours, 12, 148, 2000, 75, 200

Logan H. McCorkle, 35, 125, 500, 50, 200
James M. Tucker, 55, 185, 800, 100, 600
James Ragan, 100, 140, 1200, 100, 587
M. G. L. McCarley, 85, 75, 1200, 350, 545
Mrs. Deborah White, 100, 540, 1700, 150, 650
Richard White, 30, -, 300, 25, 350
W. T. Flemings, 250, 70, 2500, 315, 995
William Moody, 150, 90, 1200, 200, 560
Benjamin Bumpas, 25, 45, 400, 80, 385
James Reynolds, 20, 60, 350, 40, 238
C. A. Green, 300, 660, 7000, 650, 2230
William Edgerton, 60, 100, 1500, 100, 450
William Briant, 75, 85, 600, 25, 200
John B. Cowan, 55, -, 440, 125, 350
B. W. Alexander, 15, 150, 10, -, 150
James H. Cole (Renter), 6, -, 30, 5, 65
V. D. Gossett, 100, 225, 3500, 120, 600
G. S. Walker, 90, 100, 1200, 200, 500
Levi S. Wells, 70, 456, 1500, 125, 551
Robert Chism, 15, 145, 250, 6, 100
Robert Park, 80, 240, 800, 150, 150
Madison Cotnam (Renter), 40, 5, 90, 50, 150
William McKee, 60, 100, 500, 120, 655
B. B. Rutherford, 90, 150, 960, 125, 565
John Coombs, 30, 180, 1000, 60, 450
Jackson Park, (Renter), 20, -, 100, 50, 275
Joseph F. Park (Renter), 18, -, 90, 25, 150

Samuel Barclay, 80, 400, 1200, 20, 700
M. H. Hoskins (Renter), 25, -, 125, 75, 150
W. H. Pratin(Prater), 50, 190, 500, 100, 450
Melvin Prater, 20, 60, 200, 5, 150
W. G. Davies (Renter), 25, -, 125, 10, 250
John Fryer, 75, 245, 1000, 150, 800
Thos. A. Avin (Renter), 40, -, 200, 20, 200
John Carpenter, 60, 100, 600, 60, 400
Jesse Brown, 21, 13, 2600, 150, 230
Daniel Griffin, 225, 255, 4000, 700, 1080
P. W. Hopper, 22, 58, 250, 20, 175
Edmon Grissom, 17, -, 85, 15, 180
Robert McAlister, 110, 210, 1250, 120, 541
Wiley Shackleford, 24, 56, 160, 40, 105
Leroy Austin, 24, 56, 100, 75, 115
William Roberson, 30, 130, 200, 20, 150
Isom Hobbs, 40, 280, 400, 100, 185
William Nealey, 25, 55, 200, 60, 194
M. E. Brock (Renter), 25, -, 135, 15, 127
A. P. Cobb, 100, 1020, 1500, 600, 630
Milton Glenn, 100, 60, 800, 50, 345
Wiloby Roberson, 50, 350, 500, 10, 165
Elijah Collins, 130, 350, 1500, 290, 668
Benjamin Johnson, 22, 58, 400, 10, 260
Carter Brock, 60, 100, 500, 50, 267
William E. Brock, 30, 80, 250, 50, 140
John Walace, 15, -, 80, 5, 105
John H. Suggs, 80, 80, 1000, 125, 2095

Benjamin Collins, 200, 513, 4000, 300, 1300
John Johnson, 45, 35, 400, 20, 65
W. A. Spradling, 75, 375, 1200, 100, 400
Jesse Downen, 14, 36, 160, 15, 129
John Barnett, 50, 570, 800, 150, 375
E. C. Brinkley, 40, 120, 400, 50, 310
William Green, 35, -, 175, 15, 115
John Grissom, 50, 270, 700, 20, 467
Duncan McCay, 100, 130, 600, 100, 210
A. J. Suggs, 60, 120, 600, 90, 370
Ervin Smith, 6, 154, 200, 10, 100
William F. Hopkins, 80, 80, 400, 50, 331
Sumuel B. Wilson, 12, 4, 1000, 10, 175
Henry Clary, 40, 180, 750, 60, 477
W. R. Mask, 30, 370, 700, 10, 168
C. H. Wilborn, 70, 90, 1000, 225, 500
William Dorerty, 35, 205, 150, 5, 50
William Carlock, 20, 60, 150, 10, 80
William Earnes, 65, 95, 300, 10, 140
James Box, 190, 540, 1200, 150, 728
William Gibson, 150, 650, 2000, 250, 865
John Gibson, 60, 100, 1000, 50, 450
James McIlhaney, 50, 170, 600, 75, 450
Michael Merical, 12, -, 60, 5, 60
Booker Pate, 20, 60, 1000, 100, 460
George Dees, 10, 70, 85, 10, 120
L. D. Dees, 15, 65, 135, 10, 100
Jesse Dees, 15, 65, 160, 15, 85
Mark Dees, 85, 240, 600, 100, 400
James M. Pool, 20, 140, 200, 15, 160
Abraham Stewart, 20, 140, 500, 20, 175
Elbert Philips, 15, 145, 350, 25, 150
Joseph Smart, 30, 290, 250, 25, 200
J. D. Smart, 12, 308, 600, 85, 85
David R. Mitchel, 18, 52, 1000, 10, 95
Jesse McDonnel, 15, 65, 300, 10, 70

James Hudson, 50, 260, 500, 50, 400
Willis Green, 20, 140, 300, 50, 250
William Pool, 10, 150, 200, 15, 150
Elizabeth Anderson, 20, 140, 200, 10, 200
Dial Bridges, 60, 260, 450, 50, 200
E. D. Bridges, 7, 63, 70, 10, 70
Henry Robins, 20, 40, 160, 10, 110
John Colston, 55, 385, 1000, 20, 425
John Raines, 15, 145, 800, 5, 200
Archibal Fagan, 13, 67, 300, 15, 165
Daniel Fagan, 30, 130, 700, 100, 400
Martin Jackson, 25, 135, 500, 65, 290
Robert Deen, 23, 57, 250, 15, 180
Henry Carpenter, 100, 100, 800, 125, 530
William Roberson, 15, 145, 200, 25, 200
T. B. Wean, 12, 128, 500, 75, 380
William Adair, 25, 55, 400, 10, 270
Thomas Roberson, 60, 140, 1200, 20, 430
David Michaels, 15, 145, 350, 100, 160
James Bradey, 25, 145, 400, 10, 210
John R. Green, 20, 60, 400, 10, 1654
William Patterson, 15, 305, 700, 70, 235
James Akin, 40, 80, 500, 15, 360
Elisha Adair, 60, 100, 500, 80, 375
John Carpenter, 90, 710, 1000, 125, 350
David Measles, 30, 50, 160, 15, 165
Jesse Scruggs, 25, 135, 300, 10, 330
Arthur McFall, 40, 120, 300, 25, 300
Andrew Gray, 16, 84, 100, 10, 100
Alexander Johnson, 50, 250, 350, 80, 325
Mrs. Hines, 40, 108, 350, 40, 160
Peyton Pool, 20, 140, 150, 15, 140
J. M. Gray, 22, 58, 150, 15, 100
Silas W. Mask, 25, 30, 150, 15, 125
Geo. W. Mask, 12, 40, 150, 10, 100
Littleberry Taylor, 35, 125, 200, 25, 160

Henry Willis, 30, 130, 300, 20, 125
J. R. Rogers, 40, 120, 400, 150, 400
John Evans, 20, 140, 150, 50, 200
G. B. Carter, 30, 130, 500, 80, 600
W. F. McCord, 30, 130, 400, 35, 350
John Siddle, 30, 250, 400, 100, 350
John P. Bradley, 15, 165, 200, 75, 280
J. Fitzpatrick, 18, 132, 200, 15, 90
Randolph Williams, 18, 142, 150, 15, 100
Thomas Welch, 27, 138, 400, 25, 180
Joseph Hughey, 15, 65, 100, 10, 95
Wilson Brown, 25, 135, 400, 15, 65
John McCartey, 50, 110, 300, 15, 230
Mark T. Nolen, 15, 145, 160, 10, 90
James Anderson, 75, 245, 1600, 100, 600
Thomas Tigert, 25, 45, 300, 15, 115
H. Butler, 60, 100, 300, 20, 260
John H. Hawkins, 14, 146, 700, 15, 110
Elias Carpenter, 60, 180, 700, 200, 400
Theodore Gillaird Sr., 70, 150, 500, 100, 350
Benjamin Gillaird, 30, 50, 300, 65, 250
Morris Good, 40, 120, 300, 35, 165
Jno. W. Shackleford, 40, 120, 250, 20, 125
C. Bradbury, 15, 145, 150, 10, 110
John J. Shackleford, 35, 125, 300, 15, 175
Thos. J. Nealey, 25, 55, 150, 400, 100
William U. Roberson, 50, 110, 200, 15, 165
Harris B. Roberson, 23, 77, 250, 10, 135
J. Evans, 15, 145, 150, 15, 160
John Perry, 18, 142, 100, 5, 130
Jackson Perry, 10, 150, 100, 5, 100

Elijah Hemrick, 40, 180, 350, 15, 175
Henry Roberson, 28, 74, 300, 10, 175
John Thomas, 50, 270, 450, 65, 325
W. P. Thomas, 15, 65, 100, 5, 100
Andrew Story, 100, 60, 400, 250, 700
Francis Roberson, 40, 120, 350, 80, 350
James Roberson, 20, 60, 100, 15, 250
Mary Johnson, 45, 115, 900, 25, 350
S. P. Parks, 100, 1180, 3000, 100, 400
Jesse Williams, 40, 450, 500, 50, 325
Mrs. F. Jackson, 80, 80, 700, 65, 300
William Walace, 50, 110, 700, 40, 160
Mathew Boyd, 50, 110, 500, 10, 150
John Walker, 60, 100, 800, 75, 650
Wm. C. Lewellen, 120, 200, 1400, 300, 845
W. R. Grissom, 20, 60, 160, 15, 180
James Carter, 30, 50, 200, 15, 175
William Holaday, 35, 125, 250, 60, 200
James Thompson, 40, 120, 800, 75, 330
Zack Smith, 65, 95, 400, 75, 387
William Aldrige, 20, 60, 150, 15, 95
William Burton, 100, 60, 400, 75, 450
Thomas Fryer, 100, 60, 300, 260, 450
Lorenzo Adams, 80, 80, 500, 50, 235
James Nichols, 20, 140, 400, 50, 225
Joshua Adams, 20, 40, 160, 15, 130
W. W. Hargroves, 43, 117, 800, 20, 280
R. N. Philips, 30, 50, 80, 5, 70
Jacob Nabours, 16, 54, 100, 5, 45
James Clark, 60, 160, 900, 80, 300
James H. Finley, 100, 60, 400, 10, 150
James Lokey, 80, 80, 400, 15, 185

A. R. Harden, 10, 40, 100, 10, 130
John Carter, 55, 105, 350, 30, 200
Samuel Batey, 30, 130, 400, 125, 400
Mrs. Sarina Sweeton, 30, 130, 400, 25, 175
Emire Bales, 95, 65, 350, 50, 730
O. Carpenter, 60, 100, 600, 100, 400
J. C. Pickens, 40, 120, 500, 50, 210
G. L. Perkins, 25, 135, 200, 10, 140
John McElroy, 100, 60, 1600, 50, 790
J. J. Plummer, 16, -, 80, 50, 148
John Martindale, 30, 70, 200, 15, 125
J. D. Spain, 75, 350, 2000, 100, 500
Strother Lea, 60, 180, 400, 100, 335
William Lencar, 25, 156, 300, 10, 285
John Gray, 25, 353, 200, 10, 170
John Moore, 30, 50, 160, 75, 310
H. C. Lyles, 30, 50, 200, 15, 130
Jesse Dunning, 19, -, 95, 5, 120
Laz Dunning, 30, -, 150, 10, 210
James Conn, 25, 135, 300, 10, 110
James M. Davis, 17, -, 85, 10, 85
James Danson, 12,-, 60, 10, 165
Wiley B. Moore, 15, 145, 200, 5,140
John Wier, 70, -, 1000, 110, 370
Josiah Prater, 20, -, 100, 5, 155
Newton Moore, 30, 160, 800, 15,200
George Moore, 25, 135, 400, 10, 275
Thos. B. Bounds, 18, 62, 300, 10, 90
W. McGill, 65, 815, 1400, 120, 500
James McGill, 15, 145, 150, 10, 80
Thos. B. Stubbs, 600, 1000, 10000, 660, 4570
Samuel McGee, 35, 125, 300, 10, 275
Thos. Owens, 60, 420, 800, 100, 450
James Davis, 20, 60, 100, 80, 300
Thomas Nicholas, 40, 120, 400, 25, 250
P. C. Adams, 60, 100, 400, 60, 300
Elias McCarly, 30, 50, 200, 125, 250

Samuel McCarly, 30, 50, 250, 150, 500
R. G. McElroy, 30, 130, 250, 15, 300
James Hardy, 25, 55, 200, 10, 100
Mathew McCray, 50, 110, 400, 100, 350
Welbourn Moore, 15, 60, 100, 10, 200
Asa Walters, 20, 60, 200, 20, 100
Mary Hardin, 15, 65, 150, 10, 200
Jacob Elliott, 30, 130, 300, 20, 75
W. H. Nales, 15, 155, 300, 25, 200
Ephraim Stricklin, 35, 125, 300, 75, 250
S. Ham, 15, 65, 100, 20, 65
Briely Ham, 15, 65, 150, 10, 55
William Conn, 40, 120, 40, 25, 260
B. F. Price, 30, 130, 600, 125, 250
Washington Price, 15, 145, 250, 10, 125
Newton Williams, 35, 125, 300, 25, 375
John B. Dugless, 30, 90, 300, 40, 150
W. H. Goober, 30, 50, 150, 20, 200
C. C. Potts, 35, 125, 350, 75, 100
Henry Wigington, 50, 170, 220, 100, 300
George W. Carter, 20, 60, 150, 15, 250
J. B. Gambell, 70, 90, 800, 150, 450
G. B. Gambell, 50, 110, 600, 35, 375
George Wages, 30, 130, 300, 75, 260
William Corder, 25, 195, 200, 25, 100
J. Worthey, 12, 148, 130, 10, 25
Benjamin Hambler, 14, 145, 125, 15, 250
Everet Ritter, 20, 140, 200, 15, 150
James McCowan, 25, 295, 180, 60, 175
William Tolerson, 15, 65, 100, 10, 125
R. N. Carter, 20, 60, 85, 5, 100
Malcomb Hogue, 25, 137, 300, 25, 100
Wiley Young, 20, 300, 200, 20, 125
Vincent Wagers (Wagen), 30, 290, 320, 40, 300
Thomas Pannell, 50, 270, 300, 75, 360
W. J. Young, 15, 145, 200, 15, 130
J. C. Julian, 18, 142, 400, 20, 200
Jacob Laudermilk, 12, 148, 400, 15, 80
Willis Squires, 50, 110, 600, 120, 450
George Willhite, 20, 40, 150, 25, 75
James Haithcock, 15, 45, 100, 10, 50
W. J. Saint, 13, 67, 160, 20, 150
J. W. Walker, 6, 154, 230, 10, 100
James Floid, 60, 250, 300, 100, 350
J.C. Burnes, 8,-, 40, 5, 80
G. C. Lytle, 10, 70, 150, 15, 75
James Hodges, 35, 165, 250, 5, 200
James Roach, 30, 20, 200, 20, 350
Mathew Willhite, 100, 220, 600, 300, 500
R. P. Bills, 30, 50, 350, 150, 550
B. R. Elder, 20, 60, 400, 10, 350
J. M. Frazier, 20, 60, 150, 10, 10
Jacob Taylor, 16, -, 80, 20, 80
Enoch Massey, 18, -, 90, 15, 160
W. J. Morris, 30, 40, 150, 5, 175
Jacob Duck, 40, 120, 350, 20, 600
O. E. Carpenter, 40, 120, 450, 80, 550
Josiah Danels, 40, 40, 200, 25, 275
William Jennings, 15, 145, 150, 20, 150
George W. Frazier, 22, -, 1110, 15, 200
Lebern Haithcock, 35, 125, 225, 15, 100
Silas Gillum, 25, 135, 200, 20, 125
T. W. Itey, 75, 185, 700, 80, 350
J. E. Guyton, 50, 180, 500, 75, 500
John Spencer, 50, 110, 600, 100, 400
James Ticer, 40, 120, 600, 100, 375
Benjamin Roach, 60, 240, 2000, 125, 580
John E. Mills, 12, -, 60, 15, 100

A. J. Scott, 15, -, 75, 10, 160
Robert Coker, 50, 30, 500, 75, 300
John Lytle, 100, 60, 500, 50, 225
H. P. Berry, 75, 85, 1000, 150, 476
James F. Berry, 30, 130, 500, 100, 250
M. F. Berry, 65, 685, 2000, 30, 550
W. Berry, 25, 135, 250, 20, 600
J. C. Hiatt, 30, 50, 200, 50, 250
William Dunn, 20, 60, 300, 25, 100
W. H. Moody, 10, 70, 250, 10, 100
William West, 40, 120, 250, 25, 230
H. M. Heading, 20, 60, 200, 20, 700
William Waid, 14, 56, 350, 10, 90
William Gillum, 16, 54, 200, 10, 85
Philip Waid, 80, 160, 500, 50, 600
John Harris, 70, 170, 600, 75, 275
John L. Moore, 25, 135, 300, 15, 150
Maston Stringfellow, 90, 250, 1304, 30, 400
Pleasant Randolph, -, 160, 300, 5, 90
Jeremiah Stokes, 80, 85, 1000, 100, 600
Solomon Curtis, 25, 55, 400, 150, 200
Saml. Armstrong, 16, 140, 200, 10, -
William Welch, 20, -, 100, 10, 80
W. C. Bennett, 15, -, 75, 5, 200
J. H. Berry, 140, 900, 3000, 250, 1000
N. G. Drummon, 94, 165, 400, 20, 100
Ralph Hatfield, 5, -, 25, 10, 85
John A. Simpson, 50, 100, 500, 100, 650
W. R. H. Moseley, 90, 710, 2000, 100, 675
Mary Sigman, 20, 140, 200, 15, 120
Henry Marchman, 75, 565, 2000, 125, 700
John Wall, 20, 140, 500, 25, 130
James Watson, 30, 130, 400, 25, 550
John R. Glasgo, 20, 60, 200, 15, 90
E. _. Carlile, 12, 148, 350, 25, 110
Freman Dickson, 30, 50, 400, 50, 200
H. F. Berry, 40, 120, 600, 25, 150
John C. Livingston, 30, 130, 600, 25, 130
_. R. Livingston, 20, -, 100, 10, 110
R. W. Roberson, 35, 125, 600, 20, 160
M. D. McShan, 70, 90, 1000, 75, 275
Thomas Marshal, 20, 60, 250, 50, 150
John Marshal, 40, 120, 350, 100, 200
James Turner, 65, 95, 240, 100, 400
H. McGee, 20, 120, 200, 15, 125
John Watt, 45, 135, 1000, 100, 450
Mary Cook, 180, 400, 1200, 150, 600
Thomas Holmes, 12, 68, 300, 15, 130
Bennett Wallace, 100, 220, 1000, 75, 600
James H. Kenneday, 75, 230, 1000, 80, 450
James W. Rimmer, 30, 50, 300, 75, 375
James O. Nelson, 100, 700, 2000, 175, 460
Isaac S. Sansum, 25, 135, 150, 20, 75
Isom Wallace, 35, 125, 400, 25, 355
H. S. Neadem, 25, 155, 200, 15, 150
Thomas Owen, 15, 65, 100, 14, 165
W. A. Davis, 36, 124, 200, 75, 200
James Sailes, 13, 47, 200, 25, 160
Mary Birns, 5, -, 10, 5, 60
F. M. Hughs, 17, 62, 100, 10, 30
Sarah Wenter, 75, 175, 1000, 250, 650
William Anderson, 20, 140, 200, 20, 60
B. B. Colston, 17, 153, 150, 10, 200
Jas. B. Bullret, 15, -, 75, 10, 125
Joseph Colston, 40, 180, 300, 25, 800
James Yancy, 20, 140, 200, 15, 175
Jacob Morgan, 40, 120, 600, 85, 350
James Morgan, 30, 130, 300, 25, 175
Jesse Williams, 30, 130, 350, 50, 260

William Grisson, 30, 130, 300, 20, 150
John Grisson, 30, 130, 300, 15, 130
John Shelton, 25, 55, 300, 15, 400
Samuel Green, 25, 80, 200, 10, 275
Sarah Fryer, 25, 135, 200, 15, 200
James H. Davis, 15, 145, 200, 15, 100
Joel McClendin, 50, 110, 400, 25, 325
David Armer, 25, 135, 100, 115, 350
W. Harris, 15, 145, 100, 15, 150
James M. Brock, 40, 170, 400, 20, 235
J. C. Jackson, 70, 90, 800, 25, 290
A. Brian, 350, 270, 6500, 500, 634
Eli Crocket, 75, 85, 1000, 75, 275
Thomas P. Mullins, 25, 55, 250, 50, 210
Wm. B. Garrison, 60, 20, 250, 50, 200
Thomas Woods, 100, 220, 2500, 100, 450
Aaron A. Wagers, 10, 90, 300, 5, 100
L. E. Laird, 90, 70, 1200, 30, 600
A. G. Frazier, 50, 70, 300, 25, 298
Nathaniel Harbin, 250, 390, 3850, 387, 1090
William Foot, 130, 270, 1500, 250, 1076
Jesse H. Thornton, 30, 130, 1100, 60, 300
Geo. Brooton, 90, 100, 1200, 65, 843
W. J. Riddle, 175, 210, 2500, 355, 1061
N. J. Thornton, 100, 60, 1000, 75, 350
Henry Adkins, 25, 135, 800, 85, 230
Robert McBride, 65, 95, 700, 25, 225
William McBride, 20, 60, 1000, 25, 150
Robert McBride Sr., 70, 170, 1500, 70, 275
Alexander McBride, 18, 104, 400, 15, 185
Andrew James, 80, 80, 150, 200, 250
Allen Halsell, 20, 60, 350, 5, 100
James Henderson, 25, 55, 400, 20, 160
Geo. Johnson, 60, 100, 1200, 125, 425
John Johnson, 40, 120, 1400, 50, 225
J. B. C. McAlister, 90, 240, 1500, 120, 670
Benjamin Haws, 130, 350, 2500, 515, 835
John White, 25, 155, 650, 10, 234
Wesley McShann, 14, 66, 200, 10, 200
Allen McShann, 35, 45, 700, 10, 225
James Basdon, 110, 1250, 4000, 100, 953
Marion Hoper, 10, 70, 150, 10, 160
Irvin Collins, 105, 55, 1500, 25, 330
Michael Pitman, 20, 140, 500, 25, 160
Alexander Walker, 50, 110, 1000, 50, 150
Thos. P. Martin, 30, 130, 500, 50, 265
Moses Collins, 500, 1240, 8000, 600, 4500
William Nicholson, 32, 128, 300, 15, 150
Everett Keil, 18, -, 90, 10, 25
Hugh Walker, 70, 250, 1300, 75, 450
Robert Orr, 13, -, 65, 10, 130
John Orr, 5, -, 25, 10, 150
R. H. Dansby, 80, Renter, -, 100, 250
Booker Foster, 450, 2900, 15000, 1000, 3895
W. O. Russell, 15, -, 75, 15, 200
Thomas Newton, 100, 220, 1500, 100, 775
James Newton, 100, 220, 1500, 350, 550
Samuel Newton, 60, 100, 1000, 125, 650

William Walker, 40, 120, 700, 50, 525
Elizabeth Miller, 25, 135, 400, 50, 300
John Davis, 15, 20, 200, 10, 250
David Shell, 25, 35, 400, 10, 260
Alfred Shell, 20, 40, 300, 15, 125
James Bert, 13, 57, 300, 15, 110
James Liddle, 80, 240, 1000, 75, 500
Nelson Norris, 25, 135, 500, 25, 175
John F. Norris, 50, 110, 1000, 100, 365
John Cole, 150, 300, 1500, 350, 860
Danel Gaseway, 125, 355, 3500, 350, 805
Lucy Roberson, 100, 140, 150, 75, 425
Thomas Pearce, 20, 60, 500, 20, 150
Thomas Stokes, 40, 10, 400, 80, 300
James Stewart, 25, 135, 500, 100, 430
David A. Black, 70, 130, 1000, 100, 275
John Norris, 24, -, 120, 10, 250
James Ray, 50, 110, 1000, 80, 230
W. H. Ray, 16, 54, 400, 10, 185
W. F. Worsham, 25, 35, 400, 15, 190
John Hunt, 150, 100, 1500, 200, 810
Andrew McCain, 140, 20, 1300, 250, 585
Alexander Hardin, 100, 380, 1000, 100, 530
Elijah Lamberson, 12, -, 60, 10, 125
A. M. Crawford, 20, 60, 200, 15, 80
Ezekeal Walker, 80, 240, 500, 100, 460
James B. Smith, 25, 130, 400, 25, 185
Jane McIntire, 10, 430, 120, 10, 190
Thomas Brady, 15, 65, 100, 5, 78
William S. Carnal, 65, 95, 400, 75, 680
William Gowdy, 60, 100, 300, 100, 374
Anderson Sadler, 40, 120, 300, 60, 480
James Martin, 21, 59, 150, 15, 100
Nancy Downen, 17, 153, 400, 10, 200
Andrew Blythe, 35, 45, 500, 258, 300
Thomas Ford, 23, 137, 200, 15, 250
Joseph Walker, 35, 125, 400, 25, 350
Thomas Rutherford, 60, 100, 400, 45, 275
John N. Dickerson, 25, 135, 300, 15, 200
Joseph Wells, 80, 240, 1200, 100, 580
James Miller, 130, 350, 2500, 50, 160
Talbert Smalwood, 30, 210, 800, 50, 285
Martin Smalwood, 20, 85, 300, 20, 190
William Nichols, 40, 120, 400, 20, 350
N. M. Lesley, 15, 30, 135, 5,100
Samuel Stewart, 45, 115, 600, 75, 350
Moses Liddle, 20, 60, 300, 50,115
Geo. W. Downs, 30, 30, 160, 15, 90
Edward James, 14, 45, 80, 5, 35
W. H. Barry, 30, 130, 800, 100, 250
G. W. Worthey, 40, 120, 300, 25, 120
Elijah Bennett, 60, 248, 500, 50, 490
Lemuel Snider, 18, 62, 300, 10, 100
William Sanford, 20, 140, 300, 15, 175
William Jarvis, 25, 135, 250, 25, 200
Robert Livingston, 40, 120, 500, 20, 85
Thomas Abbott, 16, 58, 300, 5, 175
Mary Abbott, 16, 40, 250, 5, 40
John A. Fry, 25, 135, 200, 10, 190
Abraham Fry, 40, 120, 300, 15, 255
John F. Ellis, 15, 65, 100, 5,185
Butler Abbott, 80, 80, 400, 65, 345
Marlan Lancaster, 30, 50, 250, 15, 225
John Oaks, 65, 95, 325, 10, 265

John Gamble, 15, 145, 160, 5, 130
Alexander T. Brown, 50, 495, 1500, 100, 565
Thomas Bottom, 18, 202, 220, 18, 190
James Kelley, 25, 135, 1500, 100, 475
W. H. Hathcock, 12, 148, 200, 15, 130
Larkin Hill, 55, 105, 300, 15, 300
Wm. Cunningham, 100, 60, 350, 25, 310
Alexander McAlister, 30, 130, 300, 50, 100
William McAlister, 100, 220, 600, 100, 450
W. H. Mills, 15, 145, 300, 10, 85
Rutherford Prater, 30, 80, 250, 60, 200
Thomas Prater, 25, 135, 250, 15, 40
James W. Kent, 25, 135, 200, 15, 85
Allen Lenear (Lincar), 13, 57, 150, 15, 120
Mark Kent, 60, 100, 300, 15,150
William Kent, 30, 50, 150, 10, 125
Lawson Harris, 40, 120, 300, 25, 460
Franklin Lytle, 25, 135, 200, 20, 150
William Hull, 48, 112, 400, 40, 460
James Roach, 16, 64, 150, 20, 180
William Knox, 150, 510, 3000, 100, 980
Pleasant R. Thomas, 100, 60, 800, 230, 680
N. G. Drummonds, 50, 110, 400, 50, 180
David Pannell, 120, 305, 1500, 50, 500
James Dickerson, 23, 57, 200, 10, 190
Stephen Ford, 40, 120, 250, 20, 250
A. J. Hunt, 100, 103, 2000, 150, 600
George Miller, 30, 87, 600, 20, 200
George Thomas, 24, 135, 600, 15, 100
Samuel K, Clayton, 20, 140, 200, 20, 130

A. K. Barry, 12, -, 60, 5, 50
Nancy Bumpas, 40, 60, 800, 20, 350
John King, 70, 90, 800, 50, 450
Thomas Guest, 12, 168, 500, 20, 135
Joseph Jamison, 20, 140, 1200, 600, 800
Wiley Turner, 50, 110, 500, 50, 530
James Turner, 15, 65, 400, 20, 120
William Moore, 20, 140, 260, 25, 190
Thomas Moore, 30, 50, 300, 25, 175
Francis Geno, 30, 70, 300, 15, 230
Jesse Elliott, 20, 140, 350, 125, 475
Hinson Parnell, 60, 260, 320, 50, 560
Josiah Smith, 60, 100, 700, 150, 600
John Donelson, 50, 110, 1000, 25, 450
James Donelson, 40, 120, 600, 100, 420
John Medlin, 75, 245, 1000, 75, 650
Joseph F. Donelson, 45, 35, 250, 20, 135
Howel L. Nabours, 20, 140, 500, 100, 300
James L. Wathrall, 70, 90, 1000, 50, 250
M. C. Bell, 15,-, 75, 10, 115
Gabrael Edings, 50, 30, 500, 15, 350
William Wear, 90, 230, 1200, 30, 275
Thos. Walker, 75, 85, 500, 15, 300
Jefferson Weldman, 20, 60, 150, 10, 120
Ephraim Ashcraft, 15, 145, 200, 15, 190
Mary Locker, 50, 110, 300, 15, 185
James Childress, 58, 102, 400, 80, 395
Andrew Prater, 60, 100, 800, 25, 465
Malinda Stricklin, 20, 60, 300, 15, 295
John Evans, 40, 120, 380, 20, 385
Wm. S. Sanders, 77, 53, 300, 15, 150
Joseph Clark, 60, 20, 350, 25, 200
Samuel Blythe, 60, 20, 500, 50, 350
Micagy Clark, 27, 53, 300, 20, 195

John McGee, 20, 60, 200, 10, 100
Elijah Ward, 35, 125, 300, 10, 280
Samuel Ward, 25, 135, 500, 80, 130
Mathew Paterson, 40, 40, 200, 15, 230
Randolph Palmer, 300, 340, 10000, 490, 1675
Joseph Pearce, 70, 93, 1000, 40, 375
John May, 40, 120, 300, 15, 365
Saml. N. Pryor, 100, 470, 3600, 200, 650
Burrell Gossett, 35, 125, 800, 50, 250
H. W. Stricklin, 180, 140, 4000, 150, 1292
N. S. Price, 70, 90, 1800, 125, 370
A. Bard, 10, 50, 150, 80, 160
Michael Cox, 65, 115, 1500, 50, 350
Elijah Thornton, 100, 220, 2000, 100, 530
Jas. P. Rogers, 100, 220, 2500, 125, 550
George Tucker, 40, 120, 500, 20, 135
Wm. E. Owen, 25, 28, 350, 75, 227
Jesse F. Owen, 15, 38, 350, 10, 115
John E. Owen, 32, 138, 1000, 10, 249
Margaret Owen, 80, 80, 1000, 10, 155
Larkin Owen, 25, 29, 350, 20, 279
William Owen, 16, 144, 300, 25, 130
Wm. S. Johnson, 20, -, 100, 10, 250
Michael Sanders, 35, 125, 600, 50, 475
Bird Owen, 7, 33, 250, 10, 155
John White, 30, 90, 500, 35, 365
James Hellums, 33, 127, 800, 20, 251
Silas B. Owen, 15, -, 75, 10, 100
John B. Jeffrey, 15, 167, 900, 10, 205
John Hellums, 100, 120, 1500, 75, 825
Jesse Jeffrey, 100, 60, 800, 70, 579
Andrew Stewart, 30, 50, 300, 75, 225
Richard Cole, 50, 110, 500, 125, 800
Edward Halsey, 30, 130, 350, 25, 325
Mathew Jeffrey, 65, 115, 1000, 75, 420
Eppa Hellums, 40, 40, 500, 20, 330
Daniel Tucker, 50, 110, 250, 10, 275
Sanders Tucker, 24, 136, 205, 10, 190
Abner Tucker, 50, 110, 250, 12, 295
A. D. White, 20, 140, 1000, 100, 375
Robert D. Owen, 23, 130, 600, 10, 175
T. C. Maddox, 100, 180, 1000, 75, 300
William Rowen, 90, 230, 1500, 130, 795
Elisha Clay, 20, 140, 500, 15, 135
Jacob Hellums, 50, 270, 1200, 100, 765
Hugh Rowen, 12, 28, 500, 25, 105
Austin L. Mayfield, 21, 50, 400, 20, 250
Wilbourn Whitington, 50, 200, 800, 100, 485
Connel Whitington, 50, 110, 250, 20, 310
Levi Roden, 90, 510, 3000, 250, 650
James Majors, 75, 95, 1000, 100, 210
Theophalis Goodwin, 15, 155, 100, 20, 95
Elizabeth Barnes, 40, 120, 300, 15,185
Alexander Majors, 40, 120, 150, 18, 85
W. H. Denton, 40, 120, 250, 15, 200
Samuel Keller, 25, 135, 200, 10, 90
Bailey Rogers, 30, 130, 160, 75, 375
B. F. Denton, 50, 110, 800, 75, 280
James Abney, 35, 45, 300, 75, 375
Wm. J. Baker, 25, 55, 300, 90, 350
Epps Malden, 10, 150, 350, 25, 210
W. G. Dowthett, 25, 135, 350, 20, 95

Alexander Dowthett, 27, 133, 800, 15, 75
N. A. McCallum, 45, 115, 500, 15, 250
Elisha Keal, 10, 70, 250, 15, 65
Zachariah Collins, 16, 54, 200, 15, 83
William Collins, 100, 220, 1200, 100, 960
Jazoax Collins, 18, 142, 500, 15, 140
Arch. Collins, 80, 240, 2500, 150, 580
John Orr, 40, 120, 400, 25, 265
Robert Orr, 12, 68, 200, 20, 180
Thomas Tucker, 22, -, 110, 10, 150
Parthena Pace, 20, -, 100, 5, 165
Wiley Hargroves, 50, 110, 500, 25, 385
B. F. Hargroves, 17, -, 85, 10, 180
Adkin Stephens, 50, 110, 400, 125, 460
Sutton Beck, 80, 80, 700, 50, 200
Thomas Hearn, 37, 123, 400, 10, 420
Harrmon Thompson, 32, 168, 800, 10, 200
James M. Hambrick, 20, 60, 150, 15, 225
John Hambrick, 100, 320, 1000, 75, 380
Allen Hambrick, 20, 60, 400, 10, 135
Isaac Hambrick, 30, 130, 500, 80, 160
Robert Brown, 30, -, 150, 10, 120
Reptha Day, 20, 120, 300, 15, 160
John Hamilton, 35, 125, 800, 10, 200
Thomas Hamilton, 35, 125, 1000, 125, 450
E. C. Thompson, 45, -, 225, 10, 400
William McGraw, 115, 205, 1000, 165, 565
J. T. Wilks, 25, 125, 250, 10, 100
Isaac Everett, 15, -, 75, 10, 65
W. G. Mihan, 90, 40, 1000, 70, 425
A. H. Sanders, 90, 230, 1500, 50, 500
Allen Earley, 32, -, 160, 10, 240
Beverly Brownlee, 26, -, 130, 40, 180
Henry Johnson, 40, 200, 500, 100, 200
Benj. Crum, 250, 555, 5500, 600, 1000
Simon Johnson, 75, 565, 1600, 100, 480
Archibal McNair, 20, 140, 200, 10, 100
Armstrong Butler, 50, 430, 1000, 60, 465
Milton McCay, 70, 220, 800, 150, 550
Evander McCay, 70, 220, 800, 125, 500
John Wilks, 50, 48, 500, 150, 125
Joseph Morman, 125, 195, 1600, 250, 800
Wm. Cochran, 150, 490, 2500, 300, 635
Thos. G. Tucker, 50, 110, 400, 80, 700
C. C. Chamberlain, 45, 115, 800, 90, 300
J. D. Reno, 10, 150, 150, 10, 120
Daniel C. Talley, 25, 135, 300, 60, 300
John Foster, 16, 144, 300, 10, 165
Michal Boyl, 20, 140, 200, 3, 200
William Gailer, 16,-, 80, 10, 165
Thomas McKinny, 15, 145, 500, 40, 200
Aaron McClure, 24, 296, 240, 20, 190
John R. Colier, 80, 80, 1000, 90, 655
Sinson Johnson, 35, 125, 700, 30, 395
Henry Goodman, 20, 140, 250, 25, 130
F. Brougher, 400, 1000, 6000, 850, 1815
Thomas Good (Goad), 30, 130, 600, 25, 390
Robt. H. Hammonds, 15, 145, 100, 15, 75

W. K. Perkins, 35, 125, 600, 70, 165
Wm. Johnson, 30, 290, 300, 60, 320
James W. Bell, 35, 125, 150, 15, 285
Richard Morris, 21, -, 105, 10, 125
Allen Ayres, 160, 400, 1200, 200, 2500
L. E. Hewitt, 150, 270, 1200, 165, 550
Peter Bagget, 25, 25, 200, 10, 100
W. F. Rochester, 25, 135, 200, 10, 210
Susanah McBrown, 25, 135, 150, 10, 130
B. D. Nabours, 300, 500, 3000, 300, 1035
John Brownlee, 16, -, 80, 10, 15
Sherod Reynolds, 23, 137, 350, 10, 120
Ira E. Wilson, 30, -, 150, 15, 135
Morgan Wells, 40, 40, 600, 80, 310
Dalton Pender, 40, 120, 600, 35, 195
Mrs. A. R. Johnson, 6, 84, 150, 10, 145
C. G. Baker, 60, 100, 350, 25, 285
Elias Oneal, 45, 90, 250, 35, 135
James Oneal, 25, 135, 150, 10, 85
Elijah McCawley, 40, 140, 200, 75, 280
Iredle Bird, 175, 430, 2500, 100, 750
John R. Boatner, 50, 110, 700, 15, 250
John Boatner, 170, 490, 3000, 325, 1265
John P. Roark, 6, -, 30, 5, 40
D. J. Smith, 20, -, 100, 8, 100
Geo. E. Boatner, 30, 130, 300, 10, 250
John L. Boatner, 24, 135, 350, 8, 300
David Egner, 10, -, 50, 10, 60
Samuel G. McCawley, 45, 115, 400, 15, 220
Thos. J. Murry, 40, 120, 300, 15, 320
Sarah Boatner, 55, 105, 450, 25, 285
H. Shepherd, 27, 133, 600, 50, 350
Mathew McCawley, 45, 115, 300, 10, 325
Kitchen M. Gray, 20, 140, 320, 15, 220
George Harris, 25, -, 125, 10, 130
J. B. Nelson, 30, 50, 300, 15, 200
William Nelson, 40, 120, 600, 20, 150
J. T. Nelson, 125, 155, 2000, 400, 1200
Samuel Johnson, 12, -, 60, 50, 225
Joseph Bludworth, 50, 110, 6500, 20, 325
Hugh Pepkins, 25, 135, 300, 15, 190
George Nelson, 100, 720, 2000, 250, 375
John McKinney, 70, 225, 600, 60, 260
Elijah Majors, 40, 120, 450, 55, 320
Hester Fanden, 15, 145, 400, 10, 185
Silas Meeks, 80, 80, 600, 20, 285
Josander W. Garrison, 50, 110, 300, 25, 150
James A. Garrison, 50, 90, 350, 50, 200
Z. P. Fowler, 10, 150, 200, 60, 450
Abner Wilks, 30, 50, 200, 75, 355
W. Ford, 450, 810, 10000, 500, 1700
James R. Mitchel, 17, 63, 100, 10, 95
Julis Ford, 30, 50, 200, 60, 250
Dickson Crain, 40, 40, 400, 20, 250
John Meritt, 18, -, 90, 10, 125
Bethel Crane, 60, 100, 600, 25, 390
Allen Meritt, 80, 80, 600, 25, 285
William Crane, 25, 135, 450, 80, 325
James R. Grissom, 40, 120, 500, 50, 295
Calaway Goodwin, 11, -, 55, 10, 210
Nathan Lock, 85, 600, 1600, 70, 375
John J. Wells, 55, 105, 800, 75, 400
Benj. Johnson, 20, 60, 500, 20, 350
Samuel B. Carson, 35, 125, 500, 10, 275
A. G. Barnet, 15, -, 75, 10, 60
A. Scott, 40, 200, 500, 25, 350
Jesse Pratt, 40, 120, 400, 10, 400
Thomas Barnes, 20, 140, 600, 50, 200

Alexander Rhea, 80, 80, 500, 500, 550
James K. Martin, 35, 45, 300, 25, 230
John Briggs, 40, 120, 450, 80, 565
Wm. Anderson, 50, 110, 360, 20, 275
H. B. Briggs, 35, 125, 200, 10, 160
Daniel Mann, 50, 110, 500, 25, 350
William Briggs, 100, 220, 800, 50, 600
Nancy Oliver, 60, 100, 320, 25, 325
Robert Briggers, 35, 125, 250, 15, 175
Alvy Perry, 60, 100, 1250, 95, 450
Richard Morman, 120, 250, 2500, 100, 525
Eli Crum, 100, 101, 2000, 370, 680
Abington Hewitt, 34, 70, 600, 75, 220
A. C. Pritchell, 17, 143, 300, 100, 120
Arthur Johnson, 50, 110, 300, 25, 250
V. M. Johnson, 150, 450, 2000, 150, 850
John Duncan, 50, 270, 200, 50, 180
John Barker, 160, 320, 3000, 350, 1150
Elijah Newman, 25, 127, 300, 15, 175
John Hearn, 30, 160, 250, 20, 135
A. Dunbar, 100, 540, 1500, 200, 480
Harrison Dunbar, 20, 300, 300, 10, 240
William Bussit, 50, 110, 300, 20, 180
William Butler, 50, 110, 300, 10, 120
Jacob Palk, 40, 120, 1500, 120, 420
David Bass, 40, 120, 400, 20, 250
John Gordan, 35, 285, 500, 5, 240
Ira Griffin, 50, 110, 1000, 80, 200
William Griffin, 30, 50, 300, 10, 245
James Shankles, 20, 140, 150, 50, 260
Jefferson Denton, 45, 119, 400, 65, 375
Eli Sweeton, 30, 120, 200, 20, 255
Jesse Sweeton, 45, 275, 250, 45, 275
Gruf (Grief) Johnson, 20, 140, 250, 100, 325
Jordan M. Tedwell, 20, 140, 350, 15, 160
Thomas Goodwin, 24, 136, 250, 5, 37
S. B. Houston, 15, 145, 120, 10, 130
Cary Howard, 30, 130, 400, 10, 150
F. M. Stringfellow, 10, 70, 125, 5, 65
John Howard, 15, -, -, 10, 100
Alford Younger, 15, 145, 150, 5, 120
Chesly D. Wood, 30, 130, 200, 10, 110
Samuel Duncan, 20, -, -, 25, 350
Thomas Collins, 22, 138, 175, 25, 250
Felix Holland, 16, -, -, 5, 175
Wiley Shankles, 60, 180, 800, 10, 175
Fed. Collins, 15, -, -, 40, 350
John Berge, 10, -, -, 10, 120
Thomas D. Johnson, 35, 125, 300, 10, 185
John Crawford, 50, 110, 500, 100, 450
Robert Nutt, 40, 280, 500, 120, 560
Elizabeth Tucker, 40, 120, 400, 15, 175
Shelby Smith, 20, 128, 100, 10, 120
George Shankles, 50, 110, 400, 15, 210
Hyram Howell, 65, 95, 350, 150, 235
Jesse Sweadon, 80, 80, 500, 75, 380
George Vance, 25, 135, 300, 15,165
John Smith, 60, 260, 1600, 100, 580
Thomas Roberson, 50, 110, 1000, 50, 420
Mary Tate, 50, 110, 400, 40, 265
E. G. Hawthorn, 20, 140, 150, 20, 180
G. B. Rogers, 25, 135, 150, 10, 85
Malettis Gunter, 30, -, -, 10, 175

Thomas Maxey, 50, 110, 600, 25, 210
A. F. Thompson, 30, 215, 600, 80, 290
David May, 20, 140, 800, 10, 200
Thomas McCorkle, 100, 160, 1200, 50, 500
T. G. Gailaird, 80, 80, 700, 100, 700
J. G. Kendrick, 160, 150, 2500, 350, 380
John H. Brian, 60, -, -, 20, 200
Samuel Alexander, 65, 75, 1000, 150, 550
Jefferson Jerman, 85, 75, 2000, 120, 700
Mathew Miller, 120, 200, 2500, 100, 565
Jeremiah Pickens, 128, 700, 2500, 450, 945
J. D. Callicott, 70, 250, 2200, 100, 450
Shedrick Downs, 60, 100, 800, 75, 375
James H. Blair, 25, 135, 280, 10, 110
Walker Carrington, 62, 100, 1200, 80, 475
W.W. Kennedy, 40, -, -, 25, 230
H. Spencer, 60, 240, 100, 50, 364
Jesse Embrey, 407, 1060, 8500, 700, 2783
Wm. F. Dodson, 20, -, -, 10, 200
George Green, 200, 760, 5000, 1000, 1690
R. P. Harrison, 50, 590, 1000, 50, 350
Susan May, 60, 280, 1000, 25, 225
James Callicott, 25, 68, 100, 10, 185
Allen Godwin, 120, 1000, 3000, 300, 900
Jacob Godwin, 35, 125, 500, 10, 300
John Bibb, 18, 162, 300, 15, 150
N. A. Montgomery, 16, 144, 300, 25, 180
William Neil, 12, 148, 100, 10, 165
William Hudgeons, 35, 125, 300, 50, 225
R. C. Hill, 35, 55, 500, 75, 340
Nathaniel Hobson, 150, 170, 2000, 100, 420
John Hobson, 15, 150, 400, 10, 90
G. W. Bates, 25, 55, 400, 10, 125
E. Malory, 110, 50, 1000, 55, 700
N. B. Hobson, 20, 140, 400, 15, 155
Jacob Gray, 40, 120, 300, 20, 265
T. E. Bratton, 25, -, -, 15, 175
John Kelly, 50, 170, 500, 50, 125
S. T. Hopkins, 85, 75, 1000, 200, 650
William Thorn, 60, 260, 1500, 150, 450
Zina Ford, 40, 120, 400, 20, 225
M. W. James, 80, 80, 800, 20, 175
J. J. Persons, 200, 600, 2000, 250, 600
Josiah Rainey, 30, 290, 800, 20, 235
Joel Wethers, 40, 120, 400, 25, 130
Elizabeth Owens, 40, 120, 350, 75, 560
James Todd, 30, 130, 300, 100, 265
E. P. Richmond, 70, 570, 1500, 25, 800
P. Jenkins, 40, 180, 500, 15, 425
Samuel Simpson, 95, 1005, 2000, 200, 925
T. J. Sartin, 25, 125, 300, 10, 185
J. B. Fuller, 30, 130, 300, 60, 138
Thos. Shankles, 10, 70, 200, 15, 115
John Orsborn, 60, 100, 500, 60, 540
Isaah Bright, 50, 110, 600, 25, 290
J. A. Grissom, 40, 120, 200, 65, 229
James Autry, 15, 145, 350, 10, 160
K. S. Howard, 30, 130, 500, 15, 130
Jacob Ayres, 20, 60, 300, 10, 180
Martin Ayres, 35, 125, 400, 10, 185
Isaah Houston, 20, 140, 250, 45, 220
Lemuel Johnson, 30, 210, 400, 25, 145
H. G. Spencer, 300, 600, 3000, 150, 1000
O. Beck, 700, 1200, 6000, 500, 3000
E. Cok, 100, 200, 2000, 100, 400
Lemuel Autry, 70, 90, 500, 50, 290

Benj. Stewart, 40, 120, 400, 25, 500
Johnson Westbrook, 60, 100, 2000, 220, 630
John Yeacum(Yoacum), 40, 120, 500, 40, 225
Rutha Thomas, 65, 95, 400, 140, 320
Sarah Job, 60, 100, 500, 125, 450
Jacob Poff, 50, 110, 500, 15, 350
Joseph Poff, 14, 66, 200, 40, 80
Nathan Nuner, 200, 440, 2000, 100, 495
John Brown, 27, -, -, 75, 180
James Linch, 25, 135, 200, 75, 300
Willis Casey, 100, 120, 1000, 50, 430
N. J. Bowen, 35, 125, 400, 10, 120
Winnoford Terry, 150, 350, 2500, 250, 1205
A. W. Sladen, 80, 100, 800, 25, 290
Joseph R. Jordan, 20, 140, 250, 10, 300
J. W. Casey, 60, 180, 1200, 200, 390
William Casey, 15, -, -, 10, 18
James Anderson, 40, 100, 400, 20, 150
Nancy Anderson, 15, 65, 200, 15, 200
Thomas Elliott, 200, 460, 3000, 300, 1260
Wiley Kilgore, 16, 64, 150, 10, 80
John Rhoads, 25, 135, 100, 5, 212
James Rennco, 18, 142, 300, 15, 130
M. W. Ham, 40, 120, 150, 10, 490
Stephen Wilkerson, 25, 135, 300, 20, 125
James M. Champion, 40, 280, 400, 50, 260
William West, 60, 100, 400, 25, 168
James Roak, 70, 90, 250, 30, 310
Able Embrey, 40, 120, 1200, 50, 290
Allen Embrey, 50, 110, 2000, 250, 680
Jesse Wihbourn, 30, 50, 400, 25, 490
S. B. Lowry, 55, 25, 350, 100, 340
J. S. Merrille, 70, 90, 600, 100, 535
Simeon Rhoads, 20, 60, 400, 50, 190

James Swanford, 50, 110, 200, 10, 80
William Slut, 27, -, 800, 25,150
Hardy Daniel, 100, 420, 1000, 100, 450
James W. Casey, 60, 220, 500, 10, 360
Nathan Williams, 175, 350, 1500, 200, 1050
William Burgess, 50, 110, 1200, 100, 600
L. L. Nabors, 40, 120, 500, 50, 375
William Dickerson, 25, 75, 350, 5, 260
Joseph Brown, 75, 225, 700, 60, 735
Aaron Gibson, 60, 100, 500, 20, 250
Wiley Paul, 15, 145, 150, 10, 105
Martin Meeks, 30, -, -, 120, 375
James F. Tapp, 25, -, -, 15, 307
Byrd Hill, 40, 100, 400, 100, 215
Edward Norton, 70, 170, 720, 100, 405
Nicholas A. Whitton, -, -, 700, -, 100
James Hightower, -, -, -, -, 22
John F. Abernathy, 25, 135, 133, 10, 48
Henry Wilson, 20, 140, 250, 30, 272
J. Waldrip, 32, 128, 300, 125, 350
David Clemmer, 100, 220, 1000, 500, 293
M. W. Sanders, 30, 210, 500, 25, 130
James Childress, 50, 590, 600, 160, 500
Thomas Haley, 100, 380, 1400, 35, 343
William Ketchum, 20, 140, 400, 10, 169
William J. K. Rucker, 120, 120, 1000, 700, 530
Hempley Hurt, 60, 180, 1000, 120, 550
William Carr, 15, 145, 150, 4, 100
Thomas Carr, 30, 130, 300, 20, 265
Sterling Daniel, 50, 270, 600, 62, 470

James M. Spight, 100, 220, 600, 120, 505
William Norton, 60, 140, 700, 115, 354
Ezekiel Graham, 45, 115, 300, 20, 296
Charles Allen, 30, 130, 200, 10, 180
A. J. Hovis, 15, 65, 200, 10, 58
George M. Whilow, 120, 40, 1000, 290, 600
Jesse C. Neill, 45, 240, 285, 15, 115
Thomas A. Matthews, 70, 90, 200, 15, 430
Richard Smith, 80, 250, 600, 25, 410
Ezekiel Wall, 200, 280, 2240, 500, 1025
Thomas C. H. Wall, 50, 110, 1000, 125, 220
Paschal W. Morton, 70, 110, 900, 100, 386
John Aldridge, 120, 200, 700, 85, 446
Elisha Aldridge, 12, -, 60, 5, 105
Hezekiah Manning, 30, 130, 300, 5, 110
Alston Moffatt, 30, 20, 250, 8, 208
James Cargile, 50, 233, 600, 75, 370
Isaac G. McBride, 30, 290, 360, 12, 175
Jesse Ketchum, 50, 270, 700, 100, 456
James Rhimer, 45, 85, 550, 10, 125
Robert W. Virdell, 30, 160, 500, 15, 125
H. F. Morrison, -, 8, 200, 2, 79
James Kenin, 30, 130, 320, 75, 172
John M. Watson, 120, 72, 800, 150, 418
Jacob W. Peeler, 40, 120, 200, 25, 316
William McCarty, 30, 50, 200, 15, 200
Andrew P. McCarty, 50, 110, 750, 10, 183
Benjamin Hutson, 40, 40, 350, 15, 160
Thomas M. Wallace, 70, 90, 350, 15, 207
Richard Northcross, 100, 400, 1200, 175, 1235
Seth Moore, 13, 47, 300, 5, 90
Drury Smith, 20, 140, 150, 60, 100
Daniel May, -, -, 2, 5, 50
Charles C. Rucker, 6, 54, 600, 5, 195
William T. Young, 90, 201, 1800, 145, 540
John H. Norton, 130, 512, 2500, 100, 630
Benjamin Smith, 80, 240, 700, 72, 369
Abner McCoy, 80, 80, 450, 125, 437
Lewis D. Viser, 130, 90, 1500, 100, 634
John W. Hightower, -, 160, 250, 10, 157
Stephen B. Jones, 120, 200, 1600, 300, 717
Hugh B. McCarty, 40, 115, 500, 12, 255
Marion Sweeton, 125, 335, 2500, 150, 841
James H. Name, 100, 220, 2000, 325, 564
Homer Raney, 80, 560, 4000, 100, 515
S. J. White, 40, 20, 600, 75, 223
Archibald W. T. Murray, 30, 50, 200, 75, 175
Byrd B. Smith, 110, 380, 2000, 410, 735
Edward Lumley, 110, 330, 1750, 150, 558
John C. Mellon, 60, 100, 500, 500, 219
Thomas D. Mohundro, 65, 575, 530, 100, 457
Peter Crume, 75, 245, 650, 150, 837
John Graham, 20, 460, 650, 55, 139
John W. Haley, 16, 144, 180, 60, 140
Thomas Waldrep, 1, 9, 100, 4, 126
L. D. Alexander, 160, 250, 990, 500, 746

John W. Kendrick, 80, 84, 700, 125, 608
K. M. Dodds, 15, 65, 200, 3, 166
Edward D. Sullivan, 90, 77, 600, 125, 540
Jonathan Montgomery, 60, 260, 600, 52, 225
W. R. Rogers, 100, 700, 500, 55, 437
William Carson, 70, 300, 1250, 65, 385
John J. More, 24, 136, 250, 15, 170
Elihu C. Grace, 50, 110, 300, 15, 400
Matthew Cartwright, 35, -, 175, 15, 136
Pleasant Fortune, 6, 165, 125, 10, 90
Jeremiah Gray, 20, 140, 300, 55, 300
Jonathan Richardson, -, 80, 100, 8, 73
J. W. Oakes, 50, 50, 300, 20, 175
Joseph Greer, 25, 215, 800, 15, 300
Daniel Cutburth, 40, 120, 300, 15, 167
John Drummon, 40, 120, 400, 10, 308
Luther Littlefield, 18, 62, 200, 10, 197
Robert H. Wolverton, -, 80, 200, 10, 117
David Burgess, 30, 130, 300, -, 20
William C. Goldsby, 25, 43, 125, 190, 308
James O. Mohandro, 25, 215, 300, -, 117
Joseph C. Spight, 40, 280, 1200, 80, 624
John Campbell, 35, 125, 6540, 105, 415
William W. Elliott, 100, 760, 1448, 150, 574
Shaderick Stephens, 25, 15, 150, 55, 298
Greenberry W. James, 68, 122, 580, 20, 195
Henry Chambers, 60, -, 300, 50, 290
Claudius G. Blount, 13, -, 65, 210, 300

William N. Walker, 33, 127, 300, 10, 292
Joseph F. Wright, 21, -, 105, 40, 85
James Morgan, 40, -, 200, 10, 177
William C. Rhodes, 25, 135, 300, 120, 244
James Goodrich, 25, 55, 500, 20, 100
A. L. McNeil, 90, 20, 800, 115, 540
Noah Vernor, 40, 125, 579, 20, 260
N. B. Leatherwood, 100, 380, 1000, 110, 675
W. W. Kavenaugh, -, -, -, 125, 355
John P. Peeler, -, -, -, -, 125
John Garrett, 120, 200, 1200, 150, 695
Hiram Raney, 45, 195, 300, 10, 125
Carroll Morgan, 30, 130, 400, 10, 140
John T. Childress, 60, 100, 700, 70, 224
M. C. Neill, 15, -, 75, 8, 50
Thomas Macon, 40, 40, 500, 80, 314
Obadiah Richardson, 22, -, 110, 12, 254
Mills H. Norton, 16, 144, 337, 8, 152
Hugh Strut (Street), 60, 260, 320, 20, 428
William Stinson, 25, 138, 175, 20, 145
William Box, 20, 140, 200, 30, 372
J. J. Medford, 25, 135, 200, 10, 377
R. A. Stewart, 15, -, 75, 15, 160
Josiah Rogers, 15, -, 75, 10, 65
Mezra Norton, 25, 135, 200, 12, 170
N. H. Norton, 40, 110, 300, 12, 150
Pinkney K. Norton, 40, 205, 300, 65, 281
John M. Northcross, 100, 300, 2500, 100, 1047
Elijah Lee, 18, -, 90, 10, 195
Thomas B. Wilson, 100, 860, 1500, 260, 250
Solomon Bostin, 35, 125, 200, 45, 112
Wiley B. Nance, 30, 80, 400, 40, 130
Hiram Oney, 30, 130, 125, 10, 156

John Coleman, 63, -, 315, 10, 171
Elijah Reid, 120, 440, 1000, 150, 668
B. M. Singleton, 20, 262, 525, 15, 233
Jeremiah Braddock, 70, 210, 750, 175, 414
T. E. Bishop, 30, 90, 375, 10, 190
M. S. Jackson, 13, -, 65, 8, 138
W. M. Nellums, 30, 130, 250, 15, 195
Madison Burgiss, 17, 63, 350, 10, 104
L. T. McKinzie, 240, 760, 10000, 300, 1295
James M. Robinson, 20, 140, 250, 12, 190
Perry H. Singleton, 13, 34, 112, 10, 106
Andrew F. Jones, 40, 200, 1000, 15, 191
John Brown, 15, 145, 150, 12, 106
Newton Coleman, 31, 129, 450, 15, 125
Jacob Trease, 30, 80, 130, 10, 160
Barnwel Morris, 23, -, 115, 15, 165
William Simpson, 55, 105, 400, 20, 202
Tristram Patton, 60, 100, 2000, 70, 160
Henry T. Rucker, 80, 90, 600, 55, 520
John Floyd, 90, 100, 750, 72, 307
William J. Floyd, 18, -, 90, 8, 119
John D. Chisholm, 35, 125, 350, 75, 341
Joseph Hill, 65, 95, 300, 40, 265
John Derrebery, 50, 118, 300, 80, 1114
Charles W. Humphreys, 65, 95, 1000, 85, 454
Thomas Spights, 120, 520, 2000, 250, 581
William Norton, 40, 120, 400, 140, 372
John Whitley, 40, 120, 125, 10, 173
Thomas Dean, 40, 120, 500, 65, 362
Obadiah Townsend, 55, 203, 550, 35, 297
William H. White, 50, 270, 800, 55, 295
Thomas S. Beatty, 35, 125, 300, 25, 190
W. J. Brotherton, 45, -, 225, 10, 107
Pleasant Childress, 35, 125, 160, 15, 246
Edmond Loving, 65, 255, 800, 90, 485
Elias Hovis, 30, 130, 200, 15, 163
Robert White, 72, 262, 600, 120, 290
David Pugh, 16,-, 80, 10, 83
Worley Linville, 30, 370, 300, 50, 165
Richard Linville, 22, -, 110, 6, 60
John Shephard, 18, 142, 100, 8, 46
Jonathan Davis, 15, -, 75, 5, 88
John J. Medlock, 25, 75, 250, 20, 139
Paschal W. Sanders, 80, 380, 1500, 100, 673
Joshua G. Frederick, 80, 230, 600, 25, 131
Vincent Brock, 45, 115, 250, 55, 173
Terrill Brock, 65, 175, 225, 15, 287
Layton Elliott, 18, -, 90, 8, 53
James M. Harrison, 50, 110, 480, 30, 113
Rebeckah Hatcher, 40, 120, 300, 10, 75
Judith Mask (Mark), 17, 143, 150, 70, 145
William Livingston, 25, 135, 100, 15, 158
Mary Adams, 35, 285, 500, 20, 388
Wesley Dew, 12, -, 65, 12, 64
James L. Skillman, 100, 380, 2000, 200, 465
Elijah Skillman, 40, 120, 500, 20, 231
Asa Weaver, 16, 144, 275, 10, 85
William P. Marracle, 15, -, 75, 5, 125

Istma Kellam, 150, 3370, 4060, 160, 1010
Abel Kellam, 25, 135, 200, 60, 385
James Murray, 30, 130, 100, 15, 430
Hiram Crume, 55, 1355, 840, 58, 280
Joseph Kennedy, 20, 460, 140, 6, 104
John Murray, 27, 293, 400, 10, 75
John Berryman, 18, 318, 200, 10, 145
Joseph Smith, 25, 135, 200, 23, 234
Miles Moss, 25, 135, 150, 10, 229
John Moss, 12, 148, 50, 5, 68
Lewis Barron(Barrow), 18, 142, 100, 6, 185
William McCulloh, 25, 109, 300, 10, 70
Matthew Henson, 25, 125, 100, 8, 138
Warren W. Muse, 20, 140, 200, 10, 162
Newell England, 10, 150, 100, 10, 72
Mathias Nellums, 40, 600, 600, 20, 266
Lovett Carter, 10, 150, 50, 5, 104
Ishmael Barron, 95, 865, 750, 95, 432
John Esray, 16, 144, 150, 10, 89
Joseph M. Dodds, 18, 144, 250, 10, 105
Sarah Nabers, 8, 152, 100, 5, 85
Wm. Graham, 100, 480, 600, 50, 358
Mary W. Mohundro, 30, 670, 600, 45, 185
Josephus Meeks, 12, 148, 150, 12, 206
Rolley M. White, 35, 285, 200, 10, 435
Archibald Craft, 8, 152, 50, 5, 46
William Irby, 40, 280, 500, 20, 317
James M. Rogers, 40, 120, 1000, 101, 325
Wm. Turner, 50, 115, 500, 25, 262
Wm. H. Goforth, 30, 130, 300, 15, 155

Jno. Mullins, 35, 125, 400, 15, 225
Jacob Peeler, 30, 130, 300, 15, 244
Isaac Joiner, 80, 720, 1000, 80, 405
Thomas G. Dodds, 20, -, 100, 7, 20
Wm. B. Norvell, 50, 190, 500, 15, 346
Henderson C. Wallace, 20, 60, 280, 5, 215
Robert Box, 65, 415, 900, 70, 875
Thomas Hopper, 75, 405, 1000, 62, 310
D. S. Simpson, 20, 140, 250, 5, 115
Wm. Brooks, 47, 113, 200, 10, 138
Jno. D. Simpson, 40, 120, 400, 60, 204
John Box, 90, 390, 1500, 70, 650
John Austin, 40, 200, 600, 65, 307
James J. Jones, 15,-, 175, 10, 180
Jonathan Jones, 20, 140, 400, 5, 186
Davis Williams, 20, 60, 200, 5, 97
Ashley H. Wilson, 50, 138, 752, 12, 348
Wm. L. Barron (Barrow), 18, 142, 160, 10, 321
John R. Jones, 15, 155, 200, 10, 179
James Ingle, 80, 149, 600, 75, 369
Nathan Meeks, 100, 380, 1600, 250, 836
Thomas J. Hughes, -, -, -, -, 289
John W. Meeks, 20, -, 100, 70, 119
Reubin Philips, 15,-, 75, 5, 140
David Turner, 30, 130, 250, 10, 185
William Tepler (Lepler), 150, 170, 1000, 30, 365
Bannister Glidewell, 50, 270, 400, 25, 173
Martha Richardson, 40, 40, 300, 10, 13
Samuel Lynch, 150, 110, 400, 25, 398
James R. Lynch, 40, 120, 320, 10, 203
Madison Claxton, 40, 120, 300, 20, 183
James M. Bass, 12, -, 60, 5, 200
J. G. Tuder, 60, 260, 800, 125, 509

W. A. Crook, 70, 270, 1100, 100, 481
Hiram Rogers, 20, 140, 100, 10, 110
John Hopper, 15, -, 75, 6, 60
Jno. H. Glidewell, 5, -, 25, -, 60
Stephen Jones, 30, 438, 400, 15, 258
Charlotte Meeks, 20, 140, 300, 10, 35
S. G. Briley, 21,-, 105, 16, 125
Wyatt Matthews, 35,-, 175, 20, 255
Robert Carson, 10, -, 50, -, 25
Ford Matthews, 30, 130, 300, 195, 297
Afrey B. Bass, 45, 105, 400, 65, 291
William C. Nix, 13, -, 65, 15, 128
James Turner, 45, 435, 500, 65, 345
James K. Kyle, 25, -, 125, 10, 530
John T. Forsythe, 17, 63, 150, 7, 169
John C. Goforth, 7, 73, 150, 10, 98
Harriett McCarty, 25, 135, 150, 12, 107
Nancy Noland, 20, 140, 350, 10, 230
Samuel Stormant, 40, 120, 500, 10, 190
Jas. M. Stormant, 30, 290, 600, 45, 160
Thomas Wallace, 30, 130, 200, 10, 166
Danl. McCulloh, 22, 138, 325, 10, 133
Reuben Moore, 35, 125, 360, 100, 288
Sterling Y. Keith, 40, 120, 1200, 50, 372
Jacob Davis, 10, -, 50, 10, 167
Robert Turner, 25, 135, 350, 15, 148
Saml. Nellums, 34, 465, 1300, 100, 635
John Hutson, 14, -, 170, 10, 127
Zadoc Hutson, 100, 60, 500, 65, 480
Abel Overton, 30, -, 150, 15, 144
Anual Hutson, 28 52, 150, 10, 108
Eduard Dotey, 25, -, 125, 10, 102
Gillis Prince, 35, 125, 350, 80, 472
Bennett C. Ragan, 86, 75, 750, 106, 406
James C. May, 27, 130, 250, 10, 112
Jeremiah Dial, 15, 145, 230, 10, 105
Harriet McCulloh, 17, 143, 400, 10, 90
Wm. H. Perkins, 14, -, 70, 8, 150
Richd. Perkins, 28, 132, 500, 55, 135
Saml. Y. Ragan, 100, 350, 1500, 100, 785
Isaac Ralf, 15,-, 75, 10, 115
William Nellums, 54, 106, 600, 15, 193
William West, 30, 130, 300, 10, 128
William Richardson, 22, 58, 200, 10, 140
George Faris, 25, 135, 175, 8, 61
Saml. Q. Renfroe, 11, -, 55, 5, 50
Nathan Gatlan, 30, 130, 500, 10, 260
Levi Bark, 90, 390, 1500, 150, 371
Priscilla Garrett, 75, 245, 1500, 95, 440
Thos. L. McGee, 25, 55, 300, 8, 280
Andw. L. Gatlan, 75, 245, 1500, 65, 322
Simeon Bright, 20, -, 100, 15, 127
John N. Bell, 45, 115, 400, 15, 230
Gyles Matthews, 27, -, 135, 85, 374
James Milstead, 20, -, 100, 8, 55
Mary A. Johnston, 60, 260, 300, 15, 239
Mark Miller, 50, 110, 200, 25, 298
Leonard J. Jones, 30, 130, 200, 65, 240
Milton Miller, 17, -, 85, 70, 106
Jonathan Medford, 75, 245, 300, 20, 484
Aaron M. Williams, 25, 53, 250, 10, 108
Vincent Tapp, 20, -, 100, 8, 130
Matthew Miller, 150, 410, 2000, 450, 701
Emery German, 25, 135, 400, 10, 111
Elliott F. Shackleford, 70, 250, 600, 120, 470
John Barnett, 10, 60, 100, 10, 178
William Pool, 75, 405, 1300, 20, 168

Sion Holley, 60, 100, 300, 100, 394
Richd. Holden, 35, 47, 300, 10, 93
Josiah Smith, 40, 138, 300, 75, 134
Thomas King, 70, 410, 1600, 100, 831
Sarah Y. Colyer, 55, 265, 160, 10, 116
Nathan M. Gatlan, 30, 50, 300, 10, 129
Vines L. Matthews, 21, -, 105, 15, 128
Thomas Matthews, 35, 125, 150, 5, 170
Elias Tapp, 20, 60, 300, 10, 100
Thomas Dodds, 50, 110, 400, 10, 230
Lewis Williams, 17, 143, 150, 10, 55
Isaac Lorance, 30, 130, 400, 15, 209
Alexr. Milstead, 40, -, 200, 20, 165
Robt. Templeton, 18, 142, 150, 10, 104
George Medford, 20, 140, 400, 45, 300
Albert G. Gatlan, 50, 110, 480, 20, 257
Wiley Merritt, 20, 60, 375, 20, 228
Edwin Clifton, 20, -, 100, 10, 125
Joseph Hubbard, 84, 76, 550, 30, 160
John M. Finger, 15, 145, 500, 10, 105
Thomas Jones, 11, 49, 200, 10, 105
Baden Singleton, 35, 455, 200, 79, 210
Jacob Heddin, 65, 95, 700, 75, 349
Joseph Hynes, 30, 50, 200, 110, 270
Solomon Chapman, 30, 169, 800, 8, 162
Elias Crume, 100, 540, 1500, 150, 329
James H. Robinson, 60, 90, 250, 80, 200
Jesse Box, 35, 125, 200, 8, 215
Geo. W. Rogers, 18, -, 90, 10, 75
Ninian Steel, 40, 120, 400, 10, 198
Aulden Hall, 70, 250, 320, 55, 351

Washington Ray, 35, 205, 370, 15, 88
Joseph Ray, 35, 285, 400, 15, 303
William P. Cotton, 45, 275, 500, 100, 495
Isaiah R. Lowrey, 35, 125, 400, 60, 95
John Tatum, 30, -, 150, 10, 235
Cornelius Rogers, 20, -, 100, 10, 135
Thomas Cartright, 30, 290, 400, 50, 182
David Settlemires, 20, 140, 200, 10, 185
James Cartright, 15, 145, 150, 7, 110
Amos James, 30, 290, 400, 10, 140
John S. West, 16, 144, 300, 10, 57
Pleasant Hopper, 60, 260, 600, 10, 216
Saml. Williams, 10, -, 50, 7, 47
Henry Dooley, 30, 130, 200, 15, 56
Simpson Blackwood, 14, -, 70, 12, 89
Peter J. Cotton, 30, 130, 200, 60, 298
William Hoppar, 25, 445, 600, 20, 254
Simpson G. Ayres, 30, 140, 300, 5, 143
Jonathan Crook, 100, 380, 1500, 12, 660
Geo. W. Braddock, 70, 90, 500, 85, 305
Alfred Shackleford, 20, -, 100, 110, 301
Isaac Timmons, 20, -, 100, 40, 115
Danl. Timmons, 21,-, 105, 10, 75
John Timmons, 25, 135, 150, 10, 60
Jno. W. Skinner, 32, 128, 350, 80, 197
John J. Smith, 20, 140, 500, 40, 182
Hardin H. Hoppar, 55, 265, 500, 70, 250
George W. Garrett, 20, 140, 200, 12, 288
Nacey M. Childs, 18, 142, 300, 10, 69
John Leopard, 50, 150, 1000, 15, 173

Thomas C. Nance, 30, 60, 400, 30, 295
James M. Braddock, 23, 137, 350, 10, 260
Rachel Stark, 45, 115, 400, 70, 378
John C. Goodner, 50, 270, 800, 105, 390
Henry D. Jones, 30, 176, 600, 60, 220
John H. Jones, 11, 69, 200, 10, 82
John Cox, 60, 100, 500, 65, 383
Isaac Cox, 50, 110, 310, 10, 392
Thomas Stephens, 16, -, 80, 10, 82
James Stephens, 65, 95, 350, 50, 173
Asa Rolinson, 80, 80, 1000, 190, 300
Thomas W. Starke, 45, 115, 600, 15, 221
Mary Nance, 65, 95, 325 80, 279
Mary Riddlesperger, 70, 290, 819, 25, 437
James M. Blake, 55, 425, 750, 100, 512
Joshua H. Siddle, 60, 100, 700, 120, 488
Henry Cappleman, 19, 141, 400, 7, 100
John Polock, 58, 252, 440, 100, 608
John H. Norton, 20, 70, 113, 15, 66
Adam Braddock, 125, 355, 2500, 120, 357
James H. Lampkins, 16, -, 80, 10, 105
Alfred McCown, 30, 70, 500, 10, 220
Eli Moore, 18, -, 90, 10, 51
Irvin Roland, 25, 55, 200, 15, 95
Andrew Holley, 35, 125, 250, 52, 166
Pleasant Holley, 28, 58, 150, 10, 157
Martha Conner, 60, 100, 400, 55, 271
Samuel Merritt, 18, 62, 320, 15, 108
John Conner, 24, 136, 250, 15, 210
John Thomas, 60, 20, 300, 100, 775
John Drury, 25, 135, 600, 15, 205
Andrew Drury, 20, 140, 350, 65, 230

Tucker Earley (Easley), 30, 50, 150, 10, 179
Presley Drury, 100, 220, 600, 50, 436
William McCarver, 12, 148, 610, 10, 170
George Wilhite, 100, 380, 1200, 280, 435
William Holley, 20, -, 100, 10, 93
Timothy Rich, 20, -, 100, 10, 120
John G. Summers, 15, -, 75, 10, 93
Harmon Cox, 35, -, 175, 12, 125
Thomas J. Martindale, 35, 125, 300, 55, 421
David Shelton, 50, 110, 600, 25, 218
Blackman Thornton, 45, 115, 400, 45, 424
Jonathan Howell, 30, -, 150, 10, 146
Doctor Raney, 25, 55, 240, 55, 222
Nathan M. Mitchell, 65, 95, 600, 60, 320
James H. Moore, 100, 540, 1600, 360, 630
James Horton, 60, 100, 400, 15, 190
Christopher Robinson, 20, -, 100, 10, 185
Olliver C. May, 40, 40, 250, 15, 318
Daniel W. Vale, 50, 110, 200, 15, 254
James D. James, 30, 130, 300, 12, 135
Ezekiel Z. Alexander, 17, -, 85, 10, 165
Joel B. Alexander, 60, 100, 600, 40, 500
John B. Huddleston, 36, 124, 200, 10, 184
John S. Looney, 75, 405, 1600, 25, 526
John M. Parks, 30, 130, 500, 15, 165
Wm. J. Gatlan, 35, 255, 1000, 100, 204
Richd. Proctor, 30, 130 700, 30, 137
Thomas O. Proctor, 25, 135, 500, 25, 150

Nelson Gutthrie, 45, 275, 1000, 75, 210
Danl. Gutthrie, 20, 140, 400, 10, 100
Philip Whitener, 50, 430, 800, 20, 230
William M. Baker, 16, 144, 300, 10, 145
Winston F. Blalock, 30, 130, 160, 50, 82
Matchet (Matchel) Williams, 40, 280, 500, 55, 302
James Prewit, 50, 270, 450, 10, 83
Joseph Prewit, 12, -, 60, 8, 101
Milas A. Fitzgerald, 35, 235, 400, 55, 120
Thomas M. Gutthrie, 35, 125, 200, 65, 150
James Petty, 65, 95, 600, 20, 385
James M. Petty, 10, 70, 212, 30, 131
Peter P. Stone, 18, 142, 600, 12, 154
John B. Wallace, 35, -, 175, 70, 146
Jackson Martindale, 20, 140, 550, 10, 82
James McCall, 26, 134, 200, 15, 131
Jane Carr, 20, 140, 200, 10, 330
David Reaves, 125, 195, 1250, 360, 790
David Quinn, 50, 110, 350, 105, 417
James M. Hackworth, 25, 55, 300, 25, 145
William Roland, 22, 218, 600, 45, 261
Owen Loyd, 20, 60, 200, 10, 67
Robert A. Dawson, 12, -, 60, 15, 122
Nathl. W. Laird, 26, -, 130, 20, 165
Wm. P. Johnson, 25, 135, 400, 15, 227
Riley Martindale, 35, 95, 300, 75, 345
Joseph W. Johnson, 22, 138, 512, 27, 235
John A. Orr, 15,-, 75, 10, 96
Mason Coker, 50, 110, 400, 85, 411
Washington J. Coker, 15, -, 75, 5, 55
Gideon Shands, 50, 110, 400, 15, 134
Winney Taylor, 25, 135, 200, 10, 142
George F. Reid, 15, 65, 250, 10, 134
William C. Holley, 19, 61, 250, 10, 155
John M. Hefley, 30, 130, 300, 5, 85
William F. Hefley, 40, 120, 500, 115, 540
Newberry Jones, 12, 68, 400, 10, 90
Nathl. H. Wright, 50, 30, 400, 10, 166
Joseph J. McMillen, 30, 50, 300, 8, 219
Abner D. Wright, 10, 70, 300, 8, 88
James B. Taylor, 18, 62, 400, 15, 150
William R. Walker, 30, 130, 750, 15, 103
Lewis Renfroe, 16, 144, 300, 10, 66
William Singleton, 12, -, 60, 8, 148
Robert S. Wilkins, 20, -, 100, 10, 62
Leroy Luker, 50, 110, 600, 45, 650
Ira Crunk, 30, 50, 250, 10, 755
Jonathan Robinson, 25, 55, 300, 10, 123
James H. Finch, 40, 70, 350, 65, 267
Peter Jackson, 40, 40, 500, 15, 327
Jesse Bradley, 15, 145, 624, 50, 195
Saml. Martin, 15, -, 75, 10, 161
Joseph Jackson, 70, 170, 800, 35, 230
James B. Hill, 23, 70, 100, 10, 147
Michael Reid, 20, 140, 500, 10, 417
David W. Hawkins, 12, -, 60, 5, 83
James Jackson, 30, 50, 240, 15, 154
Edwd. Hawkins, 50, 110, 1000, 50, 386
Rhoda Jackson, 35, 125, 650, 90, 353
James W. Payne, 20, 140, 560, 20, 287
William Singleton, 29, 131, 495, 75, 211
Lucretia Coaley, 35, 120, 500, 15, 238
Alexander Chapman, 15,-, 75, 10, 85

John D. Crunk, 33,-, 165, 45, 593
Francis Byrd, 25, 55, 60, 5, 148
Danl. May, 15,-, 65, 10, 50
John W. Eaves, 15, 65, 100, 10, 30
James Gully, 20, -, 100, 10, 100
Asa Jackson, 85, 75, 800, 25, 189
Shelton Renfroe, 120, 200, 1200, 130, 976
William Cotton, 17, 148, 400, 15, 54
James O. Carr, 35, 605, 650, 50, 229
Olvis Potete, 30, 130, 300, 45, 287
Thomas Dixon, 40, 280, 350, 80, 312
John Simpson, 80, 80, 800, 60, 500
James B. McCown, 36, 64, 800, 30, 267
George McCown, 65, 47, 500, 95, 309
Lindsey S. McCown, 32, -, 160, 10, 416
Wm. McLean, 26, 134, 200, 12, 57
Abel W. Hill, 30, 80, 500, 55, 275
Benjamin Malden, 18, 32, 200, 10, 198
John Jackson, 50, 110, 150, 45, 164
Nelson Jackson, 15, -, 75, 6, 55
Gabriel Jackson, 20, 140, 300, 30, 155
Richd. Carroway, 25, 135, 300, 150, 1190
Squire Robinson, 16, -, 80, 10, 90
John W. Jackson, 19, -, 95, 10, 105
John C. Craig, 175, 330, 3030, 125, 6654
James T. Craig, 75, 245, 800, 95, 193
Newberry James, 160, 160, 1280, 175, 475
Geo. W. Montgomery, 40, 160, 500, 49, 492
William Gallian, 20, 130, 150, 15, 174
Harrison Roland, 40, 110, 400, 55, 272
Joseph Kennedy, 40, 35, 370, 12, 243

David B. Roland, 35, 135, 250, 100, 205
William Perry, 25, 35, 400, 80, 255
Wm. Shannon, 28, 52, 200, 15, 165
Samuel Gray, 40, 120, 1000, 45, 394
William O. Barger, 21, 139, 200, 8, 120
Geo.W. Chisholm, 75, 85, 400, 90, 436
Elizabeth Smith, 15, 145, 150, 10, 134
Danl. Ferguson, 180, 460, 1280, 100, 565
Levi Busby, 25, -, 125, 15, 80
Alex. Campbell, 50, 110, 450, 90, 730
Archibald McKee, 35, 125, 500, 50, 294
Charles C. McCoy, 75, 232, 1000, 15 263
George W. McCoy, 14, -, 70, 10, 157
Isaac D. Currin, 35, -, 175, 15, 140
William Wilson, 15, -, 75, 60, 125
John Wilson, 10, -, 50, 5, 70
John C. Marler, 20, 140, 300, 10, 50
James Loven, 35, 285, 800, 20, 310
Matilda Cossett, 35, 125, 200, 10, 143
John Campbell, 15, 460, 600, 40 410
William Wadkins, 40, 120, 400, 12, 192
Thos. R. Blalock, 35, 125, 300, 15, 185
Flora Campbell, 25, 195, 500, 10, 391
Wm. A. Campbell, 20, 80, 200, 10, 136
James Glover, 60, 220, 400, 100, 490
Adam Cupp, 40, -, l200, 15, 150
Simpson Bryant, 40, 120, 500, 30, 290
Hiram Hines, 245, 758, 6000, 800, 1050
Levi Houston, 50, 20, 300, 95, 270
Jacob Neaver, 30, 130, 200, 60, 220
Henry Farr, 16, 24, 100, 10, 43

Andrew P. Sanders, 25, 35, 150, 10, 68
Thomas Archer, 50, 110, 400, 75, 200
John Mullins, 19, 21, 150, 12, 119
Parmelia L. Davis, 30, 20, 100, 45, 121
Thomas W. Beaty, 18, 67, 150, 10, 332
Zachariah Johnson, 45, 115, 600, 20, 155
Ephraim Daniel, 15, 45, 200, 10, 82
John C. Weltey, 25, 185, 860, 50, 115
James A. Hamilton, 40, 40, 300, 15, 168
Saml. W. Montgomery, 15, -, 75, 10, 105
Martin Hensley, 15, -, 75, 12, 96
Jeremiah Hensley, 90, 70, 400, 30, 412
Anderson B. Harris, 20, 140, 160, 5, 74
James Laird, 40, 120, 500, 40, 305
Thomas McCall, 50, 110, 400, 85, 578
Margaret Proctor, 20, 200, 200, 10, 96
Henry Trease, 2, 148, 250, 10, 194
Henry C. Shelly, 15, 65, 130, 8, 70
Jacob Trease, 17, -, 85, 6, 160
Lewis Glenn, 30, 128, 400, 10, 225
Thomas Whitehorn, 75, 245, 240, 75, 310
Benager Martin, 55, 105, 450, 93, 275
Sally Hines, 60, 100, 1000, 115, 543
Burwell Sauls, 100, -, 500, 80, 540
John Redferron, 120, 60, 1600, 130, 704
John H. Smith, 115, 365, 1500, 110, 649
Gilbert D. T. Malone, 280, 200, 5000, 760, 1295
Allen Dawkins, 50, -, 250, 105, 360
William G. Malone, 133, 347, 2000, 100, 554
William O. Simmons, 50, 270, 800, 15, 200
Richd. H. Malone, 200, 120, 3500, 410, 857
William E. Tomlinson, 380, 260, 5000, 580, 1078
Reubin W. Pegram, 30, -, 150, 15, 307
William B. Hardaway, 220, 460, 3400, 660, 1040
Mary Cheuris, 220, 270, 5000, 500, 590
John Woods, 170, 230, 500, 680, 850
Mark M. Harwell, 450, 230, 6000, 835, 2896
Stephen P. Sides, 20, -, 100, 10, 90
Lemuel N. Gibson, 50, -, 250, 20, 210
John H. Gatlan, 75, 125, 1000, 90, 520
Jonathan E. Woods, 90, 70, 1280, 250, 449
James Woods, 90, 70, 1600, 200, 395
Moses Gibson, 60, 90, 500, 80, 225
Wm. B. H. Galtan, 100, 256, 1500, 120, 520
Ralph L. Bowton, 30, 100, 250, 60, 400
Jams Collier, 55, 185, 500, 65, 228
Claibourne Harris, 300, 340, 5000, 460 1593
Richd. C. Royston, 400, 320, 6300, 600, 1587
Jeremiah A. Hood, 50, 110, 500, 10, 197
Tunis H. Hood, 35, 125, 500, 15, 253
Joel D. Nabers, 15, -, 75, 10, 125
Sion Smith, 70, 250, 1000, 100, 358
John S. Black, 20, -, 100, 90, 233
Samuel Lambert, 70, 90, 800, 35, 302
Thomas Brooks, 60, -, 300, 15, 365
Isaac I. Smith, 50, 110, 300, 10, 183

Lawson W. Brown, 35, 125, 400, 70, 444
David Brock, 16, -, 80, 10, 85
Andrew Smith, 65, 225, 300, 90, 420
Lunsford Looney, 70, 105, 500, 120, 409
Phineas Baker, 30, 170, 500, 20, 197
William Carpenter, 55, 145, 1200, 600, 450
Eli Milstead, 35, 125, 500, 45, 204
Clarky B. Blair, 28, 132, 500, 90, 208
Ira Herring, 40, -, 200, 20, 120
G W. Scallion, 12, 148, 200, 10, 88
Jacob Lindsey, 45, 260, 500, 105, 305
Madison Forsyth, 16, -, 80, 12, 88
David Harrison, 15, 145, 200, 8, 100
Vardy Shelton, 30, 100, 400, 15, 221
James Blakeney, 80, 105, 900, 85, 566
Joseph B. Morgan, 60, 250, 340, 40, 161
Joseph J. Street, 73, 177, 410, 15, 175
William Hamlin, 20, -, 100, 12, 205
Josiah Rogers, 15, -, 70, 10, 20
James McBride, 55, 105, 250, 60, 275
Anderson Street, 90, 230, 960, 145, 816
Daniel McBride, 45, 115, 600, 20, 332
William R. Harrison, 15, 145, 166, 12, 116
David Childress, 21, 139, 150, 15, 100
James J. Street, 35, 125, 500, 10, 245
Logan Brotherton, 30, -, 150, 10, 80
James Childress, 60, 160, 1000, 20, 411
Lorenzi H. Jammison, 25, 135, 300, 12, 162
Michael Crutzinger, 32, 128, 400, 10, 228
William Johnson, 15, 145, 150, 7, 101
Sion Hopkins, 20, 140, 50, 8, 87
Absolom Street, 20, 140, 400, 15, 156
Benjamin Hopkins, 50, 110, 450, 15, 110
Lewis Hopkins, 15,-, 75, 8, 78
Francis Robinson, 15, 144, 100, 6, 150
Alfred K. Thrasher, 10, 150, 125, 10, 115
Thomas Forsythe, 12, -, 60, 10, 84
Saml. Shelby, 12, 148, 200, 15, 62
Joseph W. Cox, 20, -, 100, 10, 135
Pinkney A. Norton, 27, 133, 300, 6, 235
John Brown, 16, 304, 160, 5, 55
William Cotton, 14, 146, 300, 5, 26
Loyd Ford, 25, 135, 250, 15, 132
Newton Wilkinson, 20, 130, 300, 15, 68
John H. Wooley, 30, -, 150, 12, 211
Henry Carter, 25, 135, 100, 8, 103
Thomas J. Marler, 35, 125, 160, 25, 140
Hugh B. Marler, 15, -, 75, 8, 60
Charles L. Street, 35, 125, 400, 10, 170
John Whitley, 15, 145, 200, 10, 78
Sandridge Arnett, 75, 245, 800, 200, 528
George Dammon, 17, 143, 400, 45, 165
Henry Lee, 25, 55, 125, 15, 175
Geo. W. Devenport, 45, 195, 500, 20, 366
Jesse Thrasher, 55, 75, 600, 30, 357
Anderson Morgan, 70, 119, 500, 25, 238
John Reid, 20, 300, 300, 5, 100
Francis A. Matthews, 35, -, 1075, 12, 203
Nancy Matthews, 35, 285, 400, 130
Henderson Lee, 17,-, 85, 6, 40

Benjamin F. Ford, 40, 120, 300, 10, 160
Charles J. Cox, 30, 125, 300, 10, 181
Elizabeth Morgan, 50, 155, 500, 45, 256
James L. Morgan, 90, 70, 1500, 100, 770
Zerril Mynor, 33, -, 165, 10, 157
Alvis C. Smith, 35, 45, 300, 20, 211
Richard Smith, 50, 190, 500, 70, 727
Lewis M. Denny, 75, 725, 800, 624, 545
David Robinson, 28, -, 140, 12, 192
William P. Crenshaw, 18, -, 90, 10, 143
Joshua Brizmar, 20, 140, 200, 10, 75
John O. Harris, 120, 490, 1000, 80, 162
William S. Carnes, 17, -, 85, 10, 82
Allison Cox, 50, 110, 600, 90, 332
Philip Brantley, 20, 140, 350, 30, 68
Ewell Reynolds, 75, 245, 800, 25, 259
John B. Shelby, 31, 129, 400, 15, 302
Barbary Ford, 25, 135, 200, 12, 304
Wm. J. T. Parker, 17, 143, 250, 15, 100
George Morgan, 16, 104, 300, 15, 187
Jesse Davis, 25, 135, 400, 20, 215
Peter D. Smith, 40, -, 200, 45, 315
Jackson Lumpkins, 18, 142, 100, 15, 272
James M. McDonald, 60, 108, 500, 15, 484
Jno. W. McDonald, 50, 80, 300, 40, 219
Lemuel Craig, 35, 125, 500, 20, 140
Anson Melton, 25, 135, 200, 8, 155
Benj. F. Nail, 100, 380, 1000, 90, 215
William S. Nail, 50, 110, 500, 10, 150
Alfred Freeman, 30,-, 150, 10, 202
James Philips, 30, 130, 300, 90, 92
John V. Leming, 14, -, 70, 10, 116
Joshua P. Clark, 10, -, 50, 10, 116
Thomas Medlock, 130, 190, 1800, 100, 415
William Burton, 50, 110, 480, 100, 252
David Scott, 20, 140, 300, 10, 75
Aron Lansdale, 10, -, 50, 25, 97
Smith C. Belote, 15, 145, 300, 15, 221
Samuel More, 40, 200, 500, 100, 270
Sarah Griffith, 18, 142, 500, 10, 230
James J. Cook, 38, 122, 380, 654, 117
David Riley, 12, 68, 100, 10, 75
James Smith, 33, 127, 500, 310, 528
Samuel Devenport, 27, 130, 250, 55, 164
Hubbard P. Scott, 21, -, 105, 10, 180
Claibourne Riley, 30, 130, 300, 5, 59
Alfred S. Landreth, 40, 120, 200, 95, 525
Charles Umbarger, 12, -, 60, 6, 73
Lewis S. Allen, 30, 130, 300, 8, 90
Elijah G. Coons, 30, 130, 400, 15, 165
James S. Leath, 30, 130, 350, 15, 140
Isaac Vandegriff, 17, 143, 200, 10, 140
Philip M. Smith, 60, 100, 500, 25, 541
Isaac M. Belote, 40, -, 200, 85, 440
Thomas Love, 13, -, 65, 10, 120
Lodewick Kidd, 50, 130, 500, 90, 389
George Kidd, 10, -, 50, 10, 132
William Kidd, 35, 125, 300, 100, 185
Abraham Lansdale, 25, 135, 360, 45, 215
William B. Bailey, 35, 128, 350, 35, 321
John Boothe, 30, 130, 400, 12, 131
William P. King, 75, 175, 900, 105, 402

Neely C. Dever, 40, 120, 320, 10, 169
James Bowden, 300, 272, 4500, 666, 500
William J. Spvy, 80, 68, 600, 65, 435
Henry H. Tomlinson, 15, -, 75, 15, 167
Calvin J. Hardey, 40, 40 720, 120, 425
Elizabeth Haney, 180, 140, 2500, 300, 925
Nathl. J. Creamer, 12, 68, 175, 10, 160
Hansford Arnett, 90, 230, 3200, 600, 685
Jonas Sparks, 16, -, 80, 10, 162
Joseph L. Kirby, 17, 143, 300, 12, 380
Willis Moran, 160, 170, 2560, 145, 710
William H. Rowlett, 60, 180, 1320, 45, 398
Wesley M. Mixen, 100, 260, 2880, 100, 620
Absolom W. McCauly, 100, 220, 1800, 325, 812
Nathl. Newsom, 85, -, 425, 25, 292
John S. Mitchell, 140, -, 2500, 40, 501(Note: Resides in VA and rents 140 Acres Improved land in MS.)
Thomas S. Hardaway, 400, 240, 6400, 720, 1044
Alexander C. Blair, 200, 120, 2500, 150, 1355
Chesley Wells, 12, -, 60, 8, 145
Rivenius B. Humphreys, 225, 175, 2240, 400, 1345
James Gibbon, 165, 11, 530, 150, 678
Jesee B. Cobb, 125, 355, 2120, 260, 791
Robert Bates, 75, 45, 1200, 30, 230
William Smith, 24, -, 120, 10, 154
Robert Hunt, 255, 545, 4000, 500, 972

Thomas J. Woodson, 150, 170, 3200, 225, 1043
George Rose, 200, 280, 1920, 150, 735
James C. Busby, 80, 80, 800, 115, 459
Samuel R. Astin, 70, 90, 650, 80, 198
Hugh Carpenter, 60, -, 300, 80, 489
Sterling Newsom, 70, 90, 1600, 140, 632
James Jones, 65, 95, 1280, 55, 402
George _. Peeler, 40, 120, 1700, 100, 410
Anderson A. Wall, 35, -, 175, 20, 136
Clemment R. Briggs, 100, 60, 640, 110, 400
Sterling H. Briggs, 30, 130, 400, 40, 205
John Hays, 18, -, 90, 15, 75
Gilbert Malone, 10, -, 50, 10, 25
John Walker, 25, 135, 400, 30, 143
Elizabeth Barger, 50, 110, 800, 12, 177
Thomas Cox, 75, 285, 500, 20, 498
Elias T. Street, 85, 242, 600, 30, 283
Caswell Tate, 125, 355, 800, 200, 418
William Brown, 12, -, 60, 8, 84
James L. Allen, 10, -, 50, 10, 78
Parker Sanders, 40, 120, 400, 15, 494
Danl. B. Wright, 190, 450, 9600, 505, 1040
John S. Burks, 25,-, 55, 15, 145
Andrew McAlister, 51, 101, 600, 15, 545
John Swain, 60, 250, 1000, 130, 452
William B. West, 22, 118, 500, 15, 185
Abraham K. Sanders, 8, 92, 100, 12, 93
John A. Cox, 50, 270, 350, 10, 201
Jacob H. Ormond, 20, -, 100, 15, 125
Thomas West, 18, 142, 250, 15, 240

Benj. L. Gunnells, 17, -, 85, 10, 130
James S. Nunnally, 12, 308, 1200, 30, 342
James W. Merritt, 60, -, 300, 20, 600
Thomas M. Hume, 45, 115, 1000, 15, 231
Dickerson Futrell, 50, 110, 600, 85, 283
Elijah A. Poff, 8, -, 40, 4, 77
Thomas McDurgold, 45, 195, 1500, 50, 297
Burwell C. Littleton, 210, 82, 1832, 499, 722
William J. Stewart, 65, 95, 1600, 65, 315
John Brooks, 20,-, 100, 5, 94
Turner Ward, 170, 70, 1200, 150, 775
Benjamin Gunnalls, 100, 60, 3200, 115, 400
John W. Jenkins, 31, -, 155, 15, 215
Charles G. Wilcox, 382, 578, 8000, 530, 1785
Danl. W. McKinzey, 125, 195, 3200, 485, 415
William Brown, 75, 85, 2000, 125, 335
James N. Gibson, 24, -, 120, 10, 128
William E. Overby, 15, 10, 175, 10, 118
Reuben B. Rogers, 21, -, 105, 62, 129
Elizabeth Ledbetter, 50, 110, 800, 20, 100
James T. Harris, 350, -, 1750, 600, 370
Thomas J. Sparks, 30, -, 150, 100, 240
Ephraim Sparks, 20, 140, 400, 15, 167
Powell E. Hogue, 175, 94, 3500, 725, 590
Samuel H. King, 42, 68, 2000, 75, 277
Archibald Richards, 100, 92, 1920, 100, 278
James G. Hamer, 300, 340, 8000, 725, 1045
James A. McDonald, 200, -, 1000, 100, 618
John D. Clifton, 14, -, 70, 10, 87
Benjamin Bickers, 60, 37, 970, 20, 115
Andrew D. Matthews, 25, 32, 360, 20, 435
James F. McKinzey, 10, -, 50, 7, 81
Matthew Lacy, 420, 380, 12000, 530, 1020
Wm. D. McCulloh, 28, -, 140, 20, 146
James A. Evans, 250, 550, 8000, 150, 535
Christopher Chappell, 70, 10, 450, 165, 334
Arthur Harris, 300, 400, 7000, 825, 1795
Hugh Watson, 23, 27, 500, 10, 117
Elam A. Thomas, 160, 127, 2875, 575, 552
James T. Wofford, 95, 45, 1400, 125, 356
Joseph Wofford, 75, 67, 730, 520, 643
Benj. Wofford, 384, 118, 2510, 200, 960
Nathan E. Davis, 36, -, 150, 15, 155
Melinda Davis, 35, -, 175, 34, 300
Isabella Wofford, 130, 61, 1910, 150, 456
Wm. R. Wofford, 18, 27, 450, 85, 274
Edward F. English, 150, 30, 1800, 625, 505
Alexander McKinzie, 135, 45, 1260, 165, 746
William H. Cheairs, 227, -, 1135, 256, 1075
Lemuel Smith, 45, -, 225, 125, 433
Harrison P. Maxwell, 550, 290, 10500, 1325, 2207
Troy E. Cheairs, 400, 240, 6400, 680, 1300

Thomas Haner, 1075, 845, 13000, 1130, 2265
Richard D. Owen, 130, -, 650, 164, 365
James M. Lewis, 200, 200, 5000, 600, 550
Joseph McDonald, 170, 470, 3840, 120, 772
William Gray, 20, 50, 200, 10, 85
George P. Tarrant, 25, 23, 300, 10, 63
Josiah Morton, 20, 140, 800, 60, 305
Caleb Brock, 200, 325, 7000, 115, 660
Andrew Gordon, 100, 600, 1500, 150, 630
Francis T. Leak, 900, 460, 16250, 1945, 2733
Merritt D. Floyd, 110, 50, 1200, 150, 634
George W. Hix, 40, -, 200, 92, 229
Samuel Scott, 180, 140, 1800, 155, 880
John B. Ayres, 260, 60, 3500, 674, 1080
John H. Machem, 170, 310, 1500, 220, 750
Robert Willis, 70, 260, 500, 20, 235
James L. McDonald, 300, 510, 6000, 684, 834
Lindsey R. Brimm, 13, -, 65, 10, 54
Henry Spurgeon, 20, 140, 250, 15 193
John Fowler, 200, 120, 1200, 150, 795
Arnold McDonald, 95, -, 475, 100, 412
John W. Crawford, 300, 140, 5000, 330, 875
Broadie H. Cozart, 25, -, 125, 10, 344
Barney Tarrant, 15, 28, 1200, 72, 295
James G. Spencer, 100, 140, 1700, 100, 535
William Smith, 60, 23, 800, 85, 450

Joseph Thomason, 45, -, 225, 60, 270
Robert McDonald, 603, 1000, 11000, 835, 1090
Samuel P. Pool, 350, 740, 4000, 380, 920
William M. Asberry, 125, 220, 3000, 100, 524
Richard Lee, 20, 140, 400, 10, 152
Robert Hefley, 21, 79, 300, 15, 191
John Hix, 20, 290, 600, 15, 300
Samuel B. Jones, 13, 147, 100, 8, 33
Pinkney Ormond, 25, 135, 400, 15, 135
Grabriel H. Hasher, 35, 125, 600, 110, 310
Richard Hix, 150, 300, 2250, 410, 475
Saml. D. Humphreys, 15, -, 75, 5, 92
George S. Mallory, 70, 90, 900, 105, 234
Joseph Hicks, 130, 510, 3000, 650, 429
John A. Medlock, 65, 95, 800, 100, 400
Nepolian B. Hix, 25, -, 125, 115, 547
Sally A. Perry, 50, 310, 1440, 100, 375
Marcus K. Bostick, 100, 220, 2500, 160, 525
Balaam D. Fields, 300, 140, 4000, 800, 1290
Alfred C. Garrett, 35, 40, 300, 40, 211
Benj. Brown, 40, 340, 800, 55, 256
John Fivash, 12, 88, 100, 10, 95
Samuel Ormond, 40, 120, 300, 20, 260
Phelix Norris, 60, 100, 700, 73, 277
James Dickinson, 30, 50, 500, 20, 285
James Ormond, 40, 120, 400, 60, 269
Matthew West, 100, 380, 600, 80, 498

Branson Bookout, 50, 110, 400, 110, 343
Frederick L. Foster, 15, -, 75, 10, 58
Allison Gray, 25, 295, 600, 20, 110
Charles Devenport, 62, 738, 2000, 90, 330
William Street, 26, 65, 160, 65, 234
Ebenezer Rogers, 60, 115, 1000, 85, 478
Henry Shuffield, 75, 265, 950, 75, 379
Nancy Rhodes, 40, 120, 400, 50, 225

James Blake, 23,-, 115, 10, 65
William Watson, 20, 60, 150, 12, 75
Lucy Hopkins, 30, 63, 300, 10, 272
James Vaughn, 35, 165, 400, 20, 213
James W. King, 15, -, 75, 80, 250
Judith C. Blount, 80, 60, 700, 8, 177
Daniel Hunt, 80, 80, 3000, 105, 545
Hugh B. Robinson, 36, -, 180, 15, 210
Thomas C. Hindman Jr., 180, 460, 4500, 165, 915

Tallahatchie County, Mississippi
1850 Agricultural Census

The University of North Carolina at Chapel Hill filmed the 1850 agricultural census for Tallahatchie County from originals at the Mississippi State Department of Archives and History under a grant from the National Science Foundation in 1963.

Columns 1, 2, 3, 4, 5, and 13 represent the following information on the census:
1. Name of Owner, Agent or Manager of Farm
2. Acres of Improved Land
3. Acres of Unimproved Land
4. Cash Value of the Farm
5. Value of Farming Implements and Machinery
13. Value of Livestock

E. E. Armstrong, 60, -, 300, 200, 300
M. Walton Watkins 60, -, 600, 100, 700
John B. Hunter, 400, 600, 5000, 200, 1000
David Sayers, 26, -, 700, 75, 500
Joseph P. Foree, 5, -, 60, 10, 200
James Alford, 300, 420, 4500, 700, 2500
Alexr. G. Murphey, 100, 220, 800, 200, 700
William A. Davison, 40, -, 500, 50, 200
Edmund A. Jenkins, 60, 60, 600, 125, 500
Robert Powers, 60, 500, 1000, 150, 500
D. Burkhalter, 34, -, 180, 100, 500
James W. Rhew, 25, 95, 800, 15, 350
Booker S. Terrell, 60, 1000, 1600, 150, 700
Anderson R. Brown, 300, 500, 2000, 200, 1000
Abram W. Davis, 250, 350, 2500, 140, 500
S. F. Dyer, 16, 144, 320, 50, 400
Wilson Holloway, 32, 128, 600, 50, 400

John Moore, 150, 410, 4000, 140, 1000
James Mayfield, 40, 40, 300, 100, 200
Robert H. Houston, 100, 120, 330, 150, 500
Banister S. Priddy, 33, -, 330, 75, 700
Thomas Gooch, 140, 560, 3500, 150, 1000
Thomas B. Parramore, 110, 50, 800, 75, 350
Isaac Doucherty, 80, 40, 500, 100, 200
Wm. Lee Ball, 120, 200, 2000, 150, 800
George G. Harvey, 200, 120, 3200, 200, 1400
Granville Sherman, 140, 180, 6000, 150, 1200
David Stewart, 15, 160, 500, 5, 100
Jesse Benton, 100, 200, 600, 30, 400
Griffin Dees, 45, 35, 450, 15, 300
Martin P. Marshall, 40, 120, 1000, 100, 400
Joseph W. Thompson, 600, 560, 10000, 250, 2000
Jesse McAfee, 200, 120, 3200, 150, 1000

Robert E. Lee, 340, 300, 6000, 150, 2000
John D. Hinton, 100, 67, 2200, 100, 500
Charles C. Smith, 30, -, 240, 20, 150
Phillip H. Thornton, 180, 160, 5000, 300, 2500
Alexander H. Bullock, 60, 100, 450, 16, 420
John B. Swearingin, 8,-, 80, 20, 75
James K. Little, 18,-, 80, 15, 150
John K. Smith, 60, 100, 800, 100, 200
Alexander Laughlin, 100, 300, 2500, 1500, 1000
David Hornbeck, 25, 65, 100, 20, 125
Thos. D. Wilkins, 45, 115, 790, 50, 250
James Russell, 25, 325, 3500, 50, 200
Richard Quarles, 15, 115, 2000, 100, 500
Reuben Flemming, 230, 100, 2000, 500, 1000
Hillsman Horn, 50, 75, 600, 100, 150
George W. Worley, 80, 80, 700, 175, 400
Wm. J. Kirkpatrick, 45, 115, 400, 150, 650
Mortimore Orr, 26, -, 260, 75, 200
Abraham Peterson, 75, 160, 600, 200, 500
Jehu J. Gray, 65, 95, 640, 100, 700
Peter B. McDaniel, 70, 250, 800, 300, 250
James Bailey, 100, 175, 1500, 200, 1055
Jones K. Orr, 100, 100, 1500, 350, 900
Walter A. Mangum, 250, 400, 6000, 300, 900
Edward R. Neilson, 40, 16, 800, 50, 500
Alexander W. Whitaker, 150, 500, 3000, 150, 800
Catharine Belsha, 20, -, 200, 10, 50
John Sanders, 15, -, 150, 25, 200
Joseph Collier, 28, 52, 600, 75, 240
Elisha H. Williams, 40, -, 500, 250, 250
Robert Robson, 200, 760, 10000, 1000, 2500
Alexander Dees, 15, 25, 200, 10, 175
Bryant Dees, 30, -, 200, 15, 225
Charles Dees, 20, -, 100, 10, 200
Abi Dees, 60, 100, 500, 150, 250
Wm. Agee, 40, 120, 300, 15, 150
Milton Dees, 30, -, 150, 12, 270
Elijah C. Carmichael, 40, -, 300, 50, 500
Artimesia Boyce, 8, 40, 100, 50, 600
Thomas Shores, 18, -, 150, 25, 160
Jones Hobbs, 35, -, 175, 25, 300
John Williams, 12, -, 100, 50, 150
William Hunter, 20, -, 200, 10, 200
Silas Sullivant, 100, -, 220, 1000, 500
Leroy Haitley, 18, -, 200, 10, 200
Frances Pickle, 40, 40, 500, 50, 300
Alfred W. Hinson, 60, 100, 1000, 25, 400
Richard Coleman, 190, 130, 1920, 600, 727
Robert Reddick, 60, 24, 600, 150, 400
James B. Hubert, 60, 100, 1100, 100, 430
Green Davidson, 200, 400, 2000, 500, 1000
Jesse Garner, 30, 50, 200, 15,110
Jane Tool, 20, -, 100, 10, 150
Wm. Henderson, 36, 156, 400, 100, 300
George R. Cook, 30, 120, 800, 75, 300
David M. Sargent, 130, 190, 2000, 100, 900
Robert Sheegog, 500, 230, 5000, 500, 2500
W. Bolivar Bowen, 300, 400, 5000, 300, 1500

Wm. Craigg, 170, 400, 300, 500, 1500
John G. Brody, 120, 600, 5000, 5000, 1800
James M. Howery, 200, 480, 3000, 500, 1000
Edwin J. Taliafero, 180, -, 180, 200, 800
John Sayle, 35, 125, 100, 20, 150
John W. Allen, 35, 130, 100, 20, 150
William Allison, 15, -, 150, 10, 100
William Russell, 26, -, 100, 15, 140
Mary Swearengin, 25, -, 150, 10, 200
Alexander Bell, 20, 130, 200, 20, 200
Elizabeth Ashmore, 14, -, 150, 15, 150
James P. Mosier, 15, -, 100, 6, 125
Wm. T. Bruce, 50, 150, 400, 20, 200
A. Allen, 150, 170, 1500, 250, 1100
Margaret A. Caruthers, 175, 145, 1500, 300, 700
Henry Haggard, 15, 145, 100, 10, 150
Andrew Lee, 130, 350, 1500, 80, 600
Henry Thomas, 25, 170, 1000, 25, 275
Madison McAfee, 200, 120, 300, 300, 500
E. P. Noble, 215, 145, 1800, 600, 750
George W. Martin, 435, 2565, 15000, 1300, 5000
Josiah Mitchell, 100, 60, 1000, 500, 400
James Howard, 80, 240, 500, 40, 300
John B. Davison, 70, 90, 400, 100, 600
Wm. G. Sheely, 40, 120, 1500, 50, 500
John B. Porter, 45, 230, 1000, 25, 900
Wm. C. Dillen, 30, 73, 800, 30, 500
Goodman J. Powell, 6, 129, 200, 15, 200
Cullen McMullen, 200, 300, 5000, 200, 800
John Palmer, 8, 100, 200, 15, 50
Eli Staton, 120, 200, 3000, 150, 1700
Bryant M. Powell, 20, 80, 1500, 25, 300
John Robitzsch, 40, -, 400, 100, 500
Edward Poitevent, 80, -, 800, 100, 500
Wiley Clance, 4, 40, 160, 10, 200
Daniel Hadden, 30, 50, 250, 20, 150
Samuel B. Alexander, 15, -, 150, 70, 150
Edwin A. Tatum, 51, -, 255, 80, 170
Henry D. Bridgers, 300, -, 500, 100, 1500
Allen Z. Bridgers, 700, 2000, 10000, 350, 1500
James M. Curry, 60, 240, 500, 30, 400
Wiley H. Powell, 25, 15, 200, 50, 250
B. M. Allen Est., 130, 900, 500, 300, 400
George Reed, 100, 60, 1000, 200, 400
Wm. R. Manuel, 14, -, 70, 10, 125
W. H. Haws, 40, 280, 500, 100, 150
James Pressgrove, 250, 390, 500, 15, 600
Fleet Manuel, 12, -, 100, 10, 250
James Hudson, 80, 240, 1500, 100, 1000
Thomas Cribbs, 15, -, 100, 10, 150
Elizabeth Birdwell, 30, -, 150, 10, 150
Richmond Colbert, 120, 80, 600, 250, 1000
George H. Page, 250, 500, 5000, 500, 1000
John Taylor, 50,-, 500, 50, 150
Sampson Bridgers, 60, 100, 1000, 50, 200
George C. Hamlet, 80, 240, 1000, 50, 120

Daniel McNair, 25, 175, 200, 10, 200
Elisha West, 100, 60, 3000, 50, 900
William A. Noel, 250, 150, 3000, 500, 1000
Thomas H. Ross, 50, 110, 400, 15, 350
George L. Groce, 185, 15, 3000, 200, 3000
Joel R. Harrell, 30, 50, 500, 12, 150
David Ross, 40, 40, 500, 15, 400
Alexander Ladley, 40, -, 200, 15, 200
Seth Ross, 80, 80, 1200, 200, 600
Ephraim Roberson, 20, -, 100, 10, 100
Clark Smith, 25, 15, 200, 15, 200
John Rush, 6, -, 60, 10, 150
Griffin Ross, 10, 30, 100, 10, 100
Berry Green, 40, 40, 200, 10, 175
Amos Harris, 60, 100, 400, 10, 200
John L. Scott, 20, 60, 300, 10, 150
William Smith, 75, 245, 300, 150, 500
Isaac Smith, 25, 15, 250, 20, 150
W. B. Cox, 20, 280, 500, 15, 150
C. Cox, 15, 25, 100, 10, 100
Wm. W. Martindale, 17, 23, 150, 15, 150
Joseph Trummell, 20, 140, 400, 25, 200
Isaiah Gates, 30, 10, 200, 50, 200
Wm. W. Drinkwater, 250, 400, 3000, 500, 1000
Elizabeth Crayton, 160, 160, 2000, 250, 1000
James N. Harper, 850, 1130, 14000, 1000, 3000
Joseph Slack, 350, 610, 6000, 500, 1000
Wm. Prince, 70, 10, 500, 25, 200
Samuel Brunson, 75, 125, 1000, 500, 600
John Tatum, 120, -, 500, 50, 400
Samuel Brown, 50, 70, 500, 50, 250
Martha Gooch, 90, 130, 600, 50, 300
George White, 90, 230, 1500, 25, 400
Jane T. Davis, 50, 110, 400, 25, 400
Hugh L. White, 50, 110, 400, 25, 300
James Gupton, 40, 40, 300, 20, 200
Joshua Jones, 80, 100, 600, 175, 500
Harrison P. Womble, 45, -, 200, 50, 275
Wm. D. Rone, 100, 100, 1000, 100, 400
W. W. Mitchell, 55, -, 500, 150, 200
Nathan Reed, 15, 65, 500, 25, -
Thomas Penney, 40, 120, 500, 40, 150
Samuel Gattis, 50, 110, 1200, 125, 300
John Dickey, 20, -, 100, 15, 150
Martha Wilmore, 50, -, 200, 125, 150
Jacob C. Jones, 25, 135, 150, 20, 150
Robert Dorn, 150, 300, 12000, 5000, 800
F. W. Ferguson, 30, -, 100, 100, 150
W. F. Ferguson, 20, -, 75, 100, 200
Burrell Priddy, 100, 140, 1500, 200, 300
John B. McKee, 16, -, 800, 75, 200
James A. Houston, 275, 325, 3000, 700, 1500
Miles H. Stanford, 35, 43, 150, 15, 150
Thomas Porch, 30, 500, 15, 10, 200
James Steel, 60, 100, 600, 100, 300
Bryant Peterson, 23, 140, 200, 40, 200
Cullen McMullen, 250, 350, 1600, 500, 500
Isaac Burkhalter, 72, 97, 800, 175, 300
R. P. Lawson, 200, -, 400, 100, 1000
Jesse Lawson, 60, -, 150, 50, 300
W. C. Burnett, 50, -, 100, 150, 400
W. G. Crawley, 160, 180, 3000, 800, 1000
Wm. J. Orr, 25, 50, 8000, 75, 350

Wm. N. Edwards, 10, 70, 200, 15, 150
Francis C. Priddy, 30, 80, 800, 25, 150
Margaret Henderson, 40, 110, 500, 15, 200
Moses Peterson, 80, 80, 500, 100, 400
Wm. Burkhalter, 80, 80, 500, 500, 400
A. H. Brown, 30, 130, 200, 100, 200
J. G. Hughes, 22, 18, 100, 15,100
C. T. Buntin, 90, 100, 1200, 100, 1400
John H. Herron, 140, 180, 1200, 600, 600
W. J. Womble, 50, 150, 300, 75, 150
Robert Shook, 80, -, 500, 25, 200
A. S. Brown, 65, 15, 500, 65, 200
Wm. McFarland, 80, 80, 600, 275, 300
Ben R. Lester, 60, 140, 1000, 30, 220
John D. Tatum, 100, 100, 400, 15, 300
Richard McCorkle, 20, 60, 250, 10, 100
Jas. S. Rowland, 50, 155, 600, 35, 350
James C. Davison, 40, 120, 600, 20, 100
Hambleton Dogan, 175, 500, 1500, 300, 1000
John Ellett, 120, 120, 2000, 50, 700
J. H. Dogan, 25, 15, 100, 15, 80
W. W. Warmack, 20, 140, 500, 100, 200
George Henderson, 20, 20, 200, 20, 200
John C. Martin, 18, 62, 100, 15, 150
Thomas Peete, 300, 500, 8000, 500, 1000
Wm. A. McCain, 350, -, 5000, 1500, 1700
Harvey Staton, 160, 300, 4000, 1200, 1000

Hudson Alford, 120, 200, 3000, 5000, 500
Wm. I. Houston, 80, 80, 1000, 150, 400
Robt. Bell, 25, -, 150, 15,150
C. M. Neeley, 80, 80, 700, 20, 200
Wm. McCourtney, 60, 100, 500, 75, 300
Riley Staton, 12, 112, 750, 10, 125
Ann Vess, 9, 31, 400, 5, 150
D. B. Powell, 28, 270, 1500, 250, 300
Joseph Pickering, 7, 50, 200, 8, 40
Harvey Staton, 60, 24, 1000, 500, 700
James A. Priddy, 30, 125, 200, 50, 500
Robert Gibson, 25,126, 1000, 10, 500
Benjamin F. Gibson, 25, 170, 1500, 50, 300
Josiah Gibson, 15, 155, 1000, 10, 200
William Crowder, 20, 205, 900, 15, 400
Malcolm Thomas, 36, 90, 3000, 10, 400
John Scarlett, 20, 130, 1500, 10, 400
Joel Jackson Hilton, 12, 110, 300, 25, 100
Wm. C. Dick, 50, 46, 500, 175, 500
Saml. N. Evans, 80, 600, 7000, 100,500
James Minter, 305, 500, 10000, 500, 1000
James M. Watt, 558, 700, 25000, 1000, 1500
Thomas S. Jones, 400, 700, 10000, 1400, 2200
William Boyle, 100, 220, 3000, 200, 650
James L. Calhoun, 200, 340, 3000, 500, 1000
Margaret Colbert, 160, 1240, 5000, 300, 1400

Wm. F. Burkhalter, 80, 80, 1000, 200, 700
H. P. Powers, 40, -, 600, 50, 400
James S. Pickard, 18, 142, 500, 25, 300
Benton Walton, 600, 700, 10000, 1200, 3000
Saml. Foster, 500, 900, 5500, 1000, 2000
William T. Williams, 10, 4, 300, 600, 100
Joseph Pulliam, 20, 140, 500, 10, 125
Majors Harris, 120, 100, 3000, 400, 1000
Benjamin E. Baker, 85, 80, 1000, 75, 700
James Crump, 45, 35, 400, 100, 500
Leander Duggins, 160, 200, 3000, 800, 1200
Margaret C. Brooks, 25, 250, 500, 15,150
Thomas M. Minter, 75, 320, 3000, 150, 300
James M. Duncan, 400, 700, 5000, 400, 1500
Robert C. Beard, 50, 160, 1000, 50, 500
Richard H. Coleman, 400, 600, 4000, 350, 1000
Charles Ewing, 75, 5, 500, 50, 350
Warren B. Barnes, 40, 40, 400, 25, 400
Arch. B. Thomas, 160, 250, 2400, 500, 1000
Robert Turner, 100, 120, 2000, 200, 500

Tishomingo County, Mississippi
1850 Agricultural Census

The University of North Carolina at Chapel Hill filmed the 1850 agricultural census for Tishomingo County from originals at the Mississippi State Department of Archives and History under a grant from the National Science Foundation in 1963.

Columns 1, 2, 3, 4, 5, and 13 represent the following information on the census:
1. Name of Owner, Agent or Manager of Farm
2. Acres of Improved Land
3. Acres of Unimproved Land
4. Cash Value of the Farm
5. Value of Farming Implements and Machinery
13. Value of Livestock

Job Scruggs, 70, 410, 800, 70, 600
J. J. Reynolds, 55, 480, 700, 75, 200
Louisa Robinson, -, 160, 350, 8, -
Jackson Pate, 35, 125, 800, 25, 225
Dial Mills, 40, 120, 200, 15, 350
David Cook, 20, -, 35, 6, 73
Belbra Curtis, 23, 137, 160, 6, 140
Jas. McAfee, 20, 140, 250, 15, 260
Wm. Curtis, -, -, -, 5, 110
Nancy Hubbard, 60, 320, 640, 100, 200
Nathaniel Lard, 30, 130, 325, 10, 109
R. S. Brickeen, 25, 135, 500, 5, 59
Owen Loyd, -, -, -, 5, 50
Wm. Stocklan, 100, 700, 2000, 110, 500
C. Bullard, -, -, -, -, 38
J. Fortenberry, -, -, -, -, 150
Jas. McKey, -, -, -, 3, 18
Thos. McEy, 20, 140, 250, 5, 75
Wm. Jarnitt, 12, 190, 480, 10, 100
Nimrod Morris, 13, 147, 100, 3, 100
Alfred Johnson, 9, 150, 100, 10, 125
Griff Johnson, 40, 120, 200, 100, 400
Lewis Miller, 40, 280, 400, 25, 200
Jas. Cook, 30, 110, 300, 10, 300
D. Jolhson Jr., -, -, -, 15, 162

Jas. Sernug, 20, 50, 150, 15, 126
Uriah Smith, 60, 124, 70, 21, 63
James Sluring, 50, 150, 400, 25, 20
Jack Cook, 15, 85, 200, 5, 150
H. Vinson, 30, 130, 200, 5, 95
John Bellurgo, 45, 103, 200, 30, 120
John McClun, 9, 150, 100, 6, 35
Christian Cook, 50, 112, 300, 45, 250
G. Wm. Glidewell, -, -, -, -, 10
A. Shackelford, -, -, -, 65, 130
H. Duncan, 25, 65,135, 25, 106
Wiley Reeves, 12, 148, 150, 35, 200
A. Cole, 95, 255 800, 125, 1025
D. Tolliver, 80, 80, 500, 75, 400
J. G. Tollman, 40, 120, 400, 6, 110
T. J. Tollman, 50, 196, 800, 15, 150
Wm. Reeves, -, -, -, 5, 80
H. Washburn, 35,120, 216, 50, 150
F. Lamburt, 100, 220, 400, 75, 582
P. Welch, 40, 90, 170, 10, 154
J. W. Harval, 70, 250, 840, 60, 372
J. Lewis, 70, 90, 480, 15, 125
A. Danahoo, 70, 250, 1000, 100, 426
W. F. Young, 25, 55, 250, 10, 124
Geo. Denny, -, -, -, 5, 108
R. Wilson, -, -, -, 5, 88
J. Berne, -, -, -, 5, 40
R. Marlar, 20, 140, 120, 5, 170

J. Harden, 16, 65, 100, 6, 40
J. Matthews, 14, 147, 150, 5, 52
Jac. Melur, 20, 130, 200, 10, 85
Jesse Barnes, 20, 140, 300, 5, 93
J. Gray, 40, 120, 160, 10, 145
Elvis Pigg, 20, 78, 125, 5, 97
J. Washburn, 15, 65, 150, 5, 189
Saml. Utley, -, -, -, 65, 285
Gab. Washburn, 20, 40, 150, 15, 167
Davis Pigg, -, -, -, 5, 20
Tho. Walker, 100, 540, 1200, 100, 375
Jesse Walker, 18, 62, 200, 8, 75
Wm. Cunningham, 85, 715, 800, 100, 500
Wm. Reynolds, -, -, -, 15, 45
H. Kellingsmith, -, -, -, 5, 138
W. Whitaker, 10, 70, 120, 10, 225
Aaron Springer, 60, 750, 800, 7, 386
W. C. Summers, 40, 280, 500, 50, 245
E. E. Kendal, 75, 85, 150, 45, 355
G. H. Smith, 100, 225, 600, 90, 285
F. Springer, -, -, -, 10, 230
E. Barnett, 22, 147, 305, 10, 180
W. Wolf, 40, 200, 1000, 25, 388
J. Whitaker, 40, 120, 160, 10, 765
Wm. Whitaker, -, 160, 100, 5, 100
D. Flatt, 23, 135, 500, 5, 130
Sol. Evans, 6, 154, 160, 5, 88
N. Pigg, 25, 60, 150, 20, 158
Eli Walker, 18, 82, 200, 80, 45
Wm Flatt, 20, 140, 150, 5,100
A. Templeton, -, -, -, 10, 80
W. G. Murphy, 140, 20, 1000, 100, 540
Archd. Walker, 50, 590, 1000, 75, 367
H. Johnson, 9, 150, 450, 60, 107
Wm. Davis, -, -, -, 10, 200
Tho. Dickey, 65, 255, 1300, 70, 800
Emily Owens, -, 160, 100, 5, 177
L.W. Beene, 12, 68, 100, 5, 125
Wm. Wood, 28, 132, 200, 10, 102
A. L. Beene, 12, 658, 100, 50, 105

Margaret Beene, 30, 130, 200, 50, 211
Cleml. Brown, 40, 120, 150, 10, 109
Jac. Wright, 30, 230, 200, 50, 190
L. Deaton, 3, 130, 200, 40, 222
M. A. Higginbottom, 50, 135, 350, 10, 132
G. L. Wright, 17, 143, 125, 10, 227
G. W. Wright, 30, 210, 225, 20, 167
A. Newman, 30, 110, 300, 60, 319
M. Busby, 25, 55, 125, 6, 54
Robert Beene, 16, 304, 400, 7, 90
A. W. Whitehurst, 50, 190, 500, 25, 105
Tho. Marlar, 12, 148, 150, 5, 170
Jas. Dancee, 12, 148, 100, 5, 33
B. Higganbottom, 20, 50, 400, 30, 145
H. Hensley, 60, 260, 1000, 250, 303
Geo. Marlar, 40, 280, 300, 25, 438
Danl. Marlar, -, -, -, 10, 260
Sam Barney, -, -, -, 5, 80
Silas Carpenter, -, -, -, 3, 75
Sampson Brown, -, -, -, 5, 22
E. L. Welch, 45, 435, 1000, 80, 313
F. Blakeney, 50, 110, 320, 75, 275
R. Smith, -, 80, 233, 5, 90
Wm. Smith, 90, 130, 1000, 425, 512
Wm. Smith, 25, 215, 200, 15, 65
J. Lamburt, 20, 20, 100, 10, 90
H. Lamburt, 20, 20, 100, 10, 100
Q. Lamburt, 30, 50, 200, 15, 210
W. Clarke, -, -, -, 10, 70
E. Shehorn, 40, 280, 409, 70, 205
Dic Smith, 23, 137, 150, 10, 24
John Wilson, 40, 280, 400, 30, 95
Samuel Wilson, -, -, -, -, 50
John Blakeney, 30, 290, 500, 45, 135
C. Higginbottom, 30, 130, 350, 15, 50
J. D. Kenyon, 60, 260, 800, 45, 245
James Newcom, 14, 306, 150, 5, 34
Jas. Cook, 16, 334, 335, 5, 145
J. Moody, 80, 330, 1600, 50, 250
E. Bruerson, -, -, -, -, 100
J. Freeze, 30, 180, 300, 10, 100

J. Willis, 20, 60, 50, 5, 100
C. C. Cook, 20, -, -, 5, 95
W. F. Richardson, 40, 480, 350, 5, 196
Jas. Whitehurst, 30, 290, 85, 40, 202
T. Johnson, 30, 130, 100, 5, 40
E. Whitehurst, 25, 135, 250, 10, 140
J. Saunders, 20, 140, 300, 10, 90
E. Davis, 22, 138, 250, 5, 110
W. Harvell, 6, 154, 200, 5, 95
W. Willis, 30, 290, 300, 5, 80
A. Dowd, 30, 130, 300, 5, 160
Young Short, 100, 1580, 800, 100, 630
L. Cathey, 40, 120, 200, 10, 200
L. Short, 20, 140, 300, 6, 155
B. Short, -, -, -, 6, 155
Jo. McCuen, 30, 130, 250, 10, 175
P. Hood, 25, 135, 100, 10, 210
R. Stricklin, 40, 118, 200, 80, 150
S. McIver, 60, 100, 300, 10, 140
Jas. McIver, -, -, -, 50, 75
Mahaly Dourll(Dowell), -, -, -, 5, 24
J. H. McDowell, -, -, -, 4, 58
W. McIver, -, 160, 70, 10, 30
T. W. Henderson, -, -, -, 14, 163
J. B. Stuart, 80, 240, 6540, 10, 80
Wm. Philips, -, -, -, 20, 100
Geo. Gray, 30, 130, 160, 100, 400
L. Piles, 30, 130, 300, 10, 107
Thos. Choate, -, -, -, 5, 70
John Choate, 13, 43, 100, 7, 100
John Piles, -, -, -, 50, 200
J. A. Miller, 35,125, 150, 6, 90
Z. Hannagaw, 30, 130, 150, 10, 75
Mary Piles, 30, 110, 200, 10, 150
Eliza Blakeley, 40, 120, 150, 5, 191
J. Dickey, 35, 165, 200, 10, 90
J. Potts, 65, 555, 600, 40, 496
J. Burris, -, -, -, 7, 150
J. G. Calver, 14, 42, 65, 5, 70
Jas. Burris, -, -, -, 7, 200
Rebecca Cole, 30, 50, 80, 7, 80
Kennon Harris, 70, 90, 300, 80, 300
Elizabeth Cole, 30, 30, 400, 10, 90
J. Babb, 25, 55, 150, 10, 182

E. Newton, 20, 141, 500, 10, 400
Nancy Simpson, 40, 200, 650, 70, 200
J. Calver, 35, 125, 200, 10, 80
Jas. Johnson, 15, 65, 200, 10, 50
Jno. Johnson, 60, 100, 300, 5, 250
A. Raymer, 10, 70, 120, 5, 70
W. Raines, 60, 103, 400, 15, 129
W. Smith, 40, 40, 100, 5, 200
M. J. Fowler, 50, 270, 300, 10, 200
J. Manus, 25, 135, 300, 5, 150
W. B. Moore, 20, 140, 200, 10, 150
C. Babb, 160, 160, 1200, 15, 350
John Culver, 20, 40, 300, 40, 100
R. Weaver, -, -, -, 5, 2 0
Wm. Brown, -, -, -, 105, 180
Levi Fields, 20, 140, 150, 5, 200
Nancy Fields, 40, 20, 150, 10, 250
L. Luallen, 12, 85, 200, 7, 130
John Fields, -, -, -, 2, 30
Hardy Smith, 20, 140, 250, 25, 80
D. Bell, 24, 136, 350, 50, 150
Eliza Taylor, -, -, -, 100, 50
C. W. Harris, 65, 95, 350, 20, 250
Wm. Fields, 17, 143, 200, 4, 150
J. Ellane, 100, 380, 400, 20, 600
Carter Welch, 35, 125, 600, 120, 340
Wm. Nichols, 75, 405, 1400, 20, 600
S. M. Menifee, 55, 105, 500, 50, 150
S. E. McGlathery, 36, 124, 800, 70, 390
C. M. Burris, -, -, -, 15, 122
M. McDaniel, 50, 110, 250, 12, 134
W. M. Stephenson, 70, 90, 500, 150, 328
A. Niel, 75, 105, 400, 15, 140
J. Armstrong, -, -, -, 8, 100
H. Richards, 50, 110, 300, 55, 250
Wm. Shope, 8, 72, 60, 40, 100
J. H. Davis, 20, 140, 200, 50, 250
Wm. Williams, 16, 144, 150, 16, 104
J. Newcom, 10, 310, 150, 5, 40
T. Thrasher, 40, 280, 400, 10, 100
Geo. Cain, -, -, -, 4, 100
Isaac Harvil Sr., 30, 130, 150, 6, 100
Isaac Harvil Jr., -, -, -, 5, 75

J. B. Boreland, 30, 130, 300, 60, 200
Geo. Hunter, 60, 420, 1500, 50, 345
L. D. Johnson, 60, 100, 200, 50, 150
David Floyd, -, -, -, 5, 200
Andw. Floyd, -, -, -, 5, 60
George Cathy, 30, 130, 200, 10, 100
L. P. Hardwick, 35, 125, 230, 25, 365
John Parker, 30, 130, 150, 10, 105
R. Davenport, 125, 1325, 2000, 150, 840
Jas. Harry, 25, 295, 400, 100, 100
Jas May, 8, 152, 300, 5, 30
Wm. McCoy, 12, 148, 150, 60, 80
Jas. Jones, 70, 250, 520, 100, 401
Thos. Gann, 40, 280, 250, 60, 150
William Gann, 30, 130, 100, 5, 100
John Doan, 140, 125, 800, 100, 955
J. L. Bell, 75, 50, 700, 50, 240
R. Hqueman, 100, 250, 1500, 325, 725
W. H. Moss, 30, 130, 1000, 20, 380
B. M. Jones, 200, 550, 3500, 500, 980
E. J. Callihan, 33, 87, 100, 100, 216
S. Boone, 60, 260, 900, 80, 675
R. Smith, 75, 365, 1200, 100, 460
J. Stout, 15, 145, 300, 10, 235
W. Struder, 35, 81, 500, 100, 200
G. Lawson, 35, -, 50, 5, 150
Tho. D. Banfoot, 9, 19, 300, 75, 150
Wm. Lessler(Lepler), 130, 190, 800, 200, 1000
L. B. Carter, 45, 95, 1000, 25, 230
T. Shelton, 85, 235, 1600, 120, 550
S. J. McKinnis, -, -, -, 10, 85
J. Spurlock, -, -, -, 3, 200
J. E. Cornelius, 80, 80, 480, 100, 400
W. Stephenson, 60, 100, 600, 100, 300
Wm. M. Nichols, 20, 140, 480, 100, 150
R. Woodard, 10, 150, 400, 130, 200
W. R. Smith, 50, 105, 600, 100, 175
Z. Saffle, -, -, -, 5, 100
J. D. Cornelius, 4, 150, 100, 10, 250

W. C. Joplin, 20, 60, 300, 10, 300
R. Myers, 45, 155, 300, 20, 300
P. Ward, 45, 115, 500, 300, 300
J. J. Ward, 18, 62, 250, 10, 150
J. Job, -, -, -, 12, 80
G. Philips, 60, 110, 600, 112, 300
T. B. Philips, -, -, -, 10, 300
John Job, 80, 80, 800, 10, 300
G. W. Lawson, 40, 15, 300, 50, 500
W. T. Forrest, -, -, -, 10, 200
Jas. Burton, -, -, -, 10, 200
J. Hughes, 55, 105, 600, 125, 500
D. Job, -, -, -, 10, 70
T. Job, 50, 30, 300, 100, 325
S. M. Joplin, 35, 45, 200, 15, 150
W. T. Cyprit, 50, 110, 200, 10, 200
J. Campbell, -, -, -, 5, 50
S. Kennada, 40, 120, 500, 100, 200
C. G. Smith, 20, 140, 300, 5, 150
Jac. Wilson, 60, 180, 500, 60, 350
W. Fuson, 50, 110, 500, 75, 300
L. G. Milton, -, -, -, 10, 100
Lewis Pinkston, -, -, -, 5, 40
E. Forehand, -, -, -, 7, 100
S. Carpenter, 20, 220, 200, 5,200
B. B. Whitehurst, 70, 250, 1000, 100, 200
G. Butler, 10, 150, 209, 10, 100
J. Whitfield, 40, 432, 700, 50, 250
A.W. Ford, 40, 120, 450, 30, 175
J. Carpenter, 21, 139, 200, 10, 110
Eliza McDowell, 40, 120, 300, 50, 200
Richd. Clausell, 60, 340, 600, 100, 400
Marvel Owens, 35, 125, 300, 25, 200
John Owens, -, -, -, 5, 50
John Hyler(Hegler), -, -, -, 5, 50
J. White, 40, 360, 600, 20, 420
J. Kennada, -, -, -, 5, 70
J. W. Drake, 40, 200, 400, 10, 320
J. A. Browning, 70, 250, 400, 10, 320
Levi Bircham, 25, 135, 300, 75, 150
D. Dickinson, 50, 110, 100, 50, 300
Jas. Brown, 40, 120, 600, 60, 100

J. Rhodes, 20, 81, 125, 5, 170
J. Britton, 40, 120, 400, 10, 200
Wm. Hardin, 40, 114, 250, 10, 100
Saml. McCoy, 20, 380, 300, 100, 200
J. Langley, 50, 430, 100, 600, 600
J. Griner, 60, 520, 1000, 25, 500
E. Calicott, 50, 270, 500, 10, 330
J. Yancey Jr., 40, 120, 250, 25, 150
J. Yancey Sr., -, -, -, 10, 60
P. Helton, 15, 145, 75, 5, 160
J. Carpenter, 20, 160, 50, 4, 35
C. McCoy, 15, 145, 300, 10, 200
C. Robinson, 30, 130, 200, 4, 40
J. Robinson, -, -, -, 6, 76
John Kennada, 30, 130, 200, 10, 88
Richd. Fulder, 75, 240, 1200, 25, 200
J. Taylor, -, -, -, 10, 70
A. Huchinson, -, -, -, 10, 60
Sol Carpenter, 4, 156, 500, 3, 100
W. Carpenter, 50, 450, 600, 80, 300
Dan Carpenter, 40, 280, 300, 10, 200
R. Carpenter, -, -, -, 6, 100
Wm. Fulder (Fielder), 30, 130, 600, 35, 200
H. Taylor, 40, 120, 600, 40, 400
A. Walker, 50, 650, 1600, 100, 400
Jas. Welch, 75, 85, 600, 20, 375
Martha Ballard, -, -, -, 10, 200
H. Hobbs, 12, 148, 100, 5, 125
C. Bell, 100, 60, 500, 90, 400
W. W. Bell, 100, 60, 700, 75, 500
S. K. Wiley, 65, 95, 700, 100, 720
Tho. Walker, 60, 110, 1000, 75, 200
W. Walker, -, -, -, 7, 125
P. P. Adams, -, -, -, -, 100
Thos. Billingsly, 80, 80, 7000, 70, 240
H.M. Bingham, 20, 140, 150, 10, 125
R. J. Hgueman, 25, 99, 500, 55, 270
R. Julack, 125, 195, 1200, 200, 750
J. M. Moore, -, -, -, 8, 175
Wm. W. Suratt, 22, 138, 600, 30, 300
John Lock, 13, 67, 400, 50, 120
H. Vest, 6, 86, 300, 5, 100
W. T. Forrester, 50, 110, 400, 100, 250
D. Woodal, 15, 150, 200, 15, 125
Wm. C. Nichols, 30, 130, 300, 100, 200
G. W. Aaron, -, -, -, 5, 25
M. Saunders, -, -, -, 5, 20
W. W. Graham, 20, 60, 300, 15, 250
W. G. Cook, -, -, -, 100, 400
W. W. Marshal, -, -, -, 10, 120
A. C. Robinson, -, -, -, 5, 20
Thos. C. Clarke, 23, 57, 200, 50, 100
Mary Philips, 180, 780, 2400, 700, 940
Jas. Box, 140, 340, 2500, 100, 1000
Jas. Payne, 116, 160, 1800, 375, 1524
M. Patterson, 130, 290, 3000, 600, 1600
G. A. Gerhart, 30, 130, 1000, 50, 281
W. O. Stephenson, 50, 110, 1000, 50, 150
M. Castleberry, 17, 160, 200, 10, 150
P. Tuggle, 100, 60, 1000, 150, 800
J. Cook, 16, 150, 500, 8, 150
A. Loony, 40, 600, 3200, 50, 200
E. Choate, 25, 25, 240, 10, 150
B. James, 40, 120, 300, 100, 475
J. Walker, 40, 120, 400, 8, 750
B. F. Osborne, 6, 150, 160, 7, 110
Jas. Osborne, 70, 90, 1000, 20, 150
P. F. Boone, 80, 240, 800, 100, 460
J. Evans, 50, 100, 500, 15, 320
Wm. Baker, 45, 115, 250, 10, 400
H. Holly, 30, 130, 200, 10, 100
Eli Moore, 80, 130, 200, 30, 170
Richd. Sellers, 60, 260, 700, 120, 250
H. Sellers, 20, 300, 400, 10, 200
P. Sellers, 18, 140, 70, 5, 75
H. Kay, 15, 145, 600, 10, 150
R. Bell, 33, 43, 400, 60, 225
Angus Smith, 30, 50, 200, 20, 142
C. Nichols, 36, 44, 200, 6, 100
J. Buchannon, 30, 130, 300, 5, 500

W. White, -, -, -, 10, 100
W. Humphries, -, -, 3, 30
Richd. Humphries, -, -, -, 5, 150
Jno. Humphries, -, -, -, 5, 30
B. Powell, 70, 250, 500, 70, 435
Wm. Davis, -, 125, -, 2, 400
G. Woodard, 25, 125, 300, 10, 70
H. Summers, -, -, -, 3, 100
E. Simmons, 25, 135, 300, 10, 800
Levi Smith, 65, 255, 500, 75, 500
P. Garland, 95, 225, 1000, 30, 950
Isaac Derryberry, 50, 110, 400, 80, 300
H. Derryberry, 20, 140, 300, 10, 100
G. Mason, 15, 145, 300, 10, 300
W. Easley, 75, 225, 400, 15, 200
M. Nichols, 40, 200, 350, 7, 100
T. J. Dunn, 20, 300, 200, 5, 100
Wm. Dickson, 43, 117, 200, 10, 25
A. M. Dickson, -, -, -, 6, 200
Sarah Smith, 15, 145, 100, 10, 200
A. Butler, 60, 100, 400, 100, 400
J. McHue, 100, 220, 850, 100, 100
Thos. Bosheres, -, -, -, 10, 100
Jac. Boshers, 7, 153, 100, 10, 50
Henry Boshers, 11, 99, 50, 8, 20
C. Cox, 23, 457, 150, 50, 120
J.W. Simpkins, 20, 60, 400, 8, 100
Patrick Deal(Dial), -, -, -, 5, 75
Allen Nabers, 30, 460 400, 5, 150
Saml. Easley, 10, 90, 80, 5, 100
David Montgomery, 50, 430, 600, 10, 100
Jesse Carter, 30, 290, 240, 30, 200
T. Clemans(Clemoris), 12, 148, 60, 8, 150
J. Carter, 125, 295, 1500, 130, 1084
Charles Senter, -, -, -, 9, 100
David Carter, 30, 130, 500, 10, 225
John Owens, -, -, -, 10, 75
Solomon Carter, 85, 120, 1000, 160, 450
J. P. Carter, 22, 138, 320, 10, 200
W. Gambrel, 35, 125, 249, 20, 250
J. G. Derryberry, 18, 142, 80, 75, 200

Geo. Wade, 30, 210, 500, 100, 200
J. Meeks, 35, 125, 300, 10, 100
D. Lumly, 40, 280, 400, 10, 300
J. Murry, 30, 130, 300, 10, 200
Hardy Jones, 12, 140, 100, 5, 15
Jas. Kirk, 40, 160, 500, 100, 343
A. M. Baker, 60, 100, 300, 150, 1285
P. Jones, 90, 390, 1500, 150, 300
S. Donato, 40, 280, 1200, 85, 200
J. H. Kuth, 18, 142, 600, 100, 400
G. W. Swinebroad, 20, 140, 320, 90, 150
Jas. A. Carter, 25, 135, 400, 10, 200
E. Smith, 50, 110, 300, 20, 1002
M. Davidson, 20, 140, 700, 5, 135
Edwd. Byers, 15, 145, 200, 7, 150
A. Brown, 40, 120, 500, 10, 200
Nancy Estus, 40, 120, 400, 100, 400
Eliza. Hawks, 33, 129, 600, 10, 50
Margaret Martin, 15, 75, 200, 5, 75
A. Cheworlt, 20, 90, 550, 10, 150
P. Clemoris, 30, 100, 750, 10, 150
G. C. Suratt, 30, 60, 250, 5, 70
G. W. Austin, 45, 35, 350, 50, 350
G. Nicholson, 30, 117, 750, 100, 150
S. A. Nicholson, -, 80, 300, 10, 114
G. Chamness, 40, 120, 500, 70, 400
G. W. Chamness, 13, 157, 150, 5, 120
Jas. McElhannon, 20, 300, 500, 10, 100
A. J. Potts, 20, 140, 200, 10, 150
C. Brakefuld, 20, 140, 150, 15, 200
R. P. Swain, 25, 135, 300, 15, 200
S. A. Young, 12, 150, 360, 75, 175
D. S. McClavin, 25, 135, 400, 10, 25
Wm. Jones, 70, 250, 1500, 150, 600
Albert Falkner, 25, 125, 500, 10, 250
D. Cogdill, 50, 110, 800, 100, 600
Jas. Senter, 100, 60, 1200, 470, 595
R. Reed, 35, 155, 100, 60, 250
D. Justice, 150, 10, 825, 65, 500
Wm. Martin, 75, 405, 1000, 100, 700
H. Estus, 40, 120, 200, 5, 500
Wm. McElroy, 18, 142, 240, 5, 200
J. Saunders, 100, 60, 600, 100, 600

J. W. Barnes, 40, 600, 1500, 40, 150
Abner George, 60, 110, 800, 15, 1500
A. Johnson, 50, 110, 500, 30, 200
J. B. Stafford, 120, 1080, 4000, 500, 980
T. B. Adams, -, -, -, 20, 245
J. K. Morrison, 100, 540, 2000, 220, 1700
Wm. Mclain, 25, 135, 400, 6, 125
_. G. Bartlett, 30, 130, 560, 8, 200
T. J. Eppes, 22, 58, 250, 5, 150
H. Jones, 25, 95, 120, 50, 350
V. Kear, -, -, -, 5, 75
W. Wheeler, 70, 410, 2000, 175, 2450
Miles Thomas, 50, 220, 500, 100, 200
J. Hancock, 65, 170, 800, 125, 400
R. R. Morrison, 3, 157, 500, 7, 250
J. H. Webb, 30, 50, 300, 30, 290
Thos. May, 60, 560, 1280, 70, 300
H. Bayle, 80, 80, 550, 20, 300
Jas. Mclain, 35, 45, 300, 120, 300
Thos. Huston, 25, 130, 200, 75, 200
M. Webb, 10, 70, 80, 5, 100
A. Dickens, 20, 16, 200, 10, 100
J. M. Kimmons, 65, 95, 600, 100, 300
J. Jones, 70, 190, 800, 30, 400
Wm. Mills, 50, 110, 300, 60, 500
M. Laughlin, 80, 320, 400, 60, 300
Wm. Wroton, 6, 154, 140, 4, 100
M. S. Jones, 80, 400, 1200, 80, 500
Jas. Bartlett, 12, 148, 100, 5, 75
J. Thomas, 60, 100, 200, 10, 250
Wm. Jones, -, -, -, 5, 75
L. Glassco, 40, 700, 1000, 5, 75
J. Minch, 80, 80, 600, 8, 500
J. Woods, -, -, -, 3, 40
S. Essery, -, -, -, 3, 70
M. S. Kelly, 15, 35, 150, 5,100
J. Jackson, 20, 140, 200, 10, 300
B. F. Key, 70, 250, 1000, 20, 400
Jas. Ross, 20, 140, 500, 150, 300
J. Earnest, 12, 140, 500, 100, 300
J. H. Davis, 60, 100, 400, 400, 300
R. Swain, 25, 135, 300, 5, 500
J. Kirkendal, 60, 100, 1000, 60, 500
P. S. Kelly, 120, 440, 2700, 600, 500
P. Hammons, 100, 220, 800, 100, 500
G. Brown, -, 160, 100, 15, 250
W. McElroy, 14, 156, 150, 50, 200
H. Nelson, -, -, -, 10, 20
S. Stephens, 80, 260, 2000, 500, 500
G. Savage, 60, 420, 2000, 100, 500
M. Savage, -, -, -, 20, 150
D. Nuerley, 60, 100, 1000, 40, 500
Jas. Arnold, 35, 45, 400, 40, 175
M. R. Hollefield, 25, 135, 500, 10, 250
A. Gowers, 80, 240, 490, 100, 500
Wm. Moton, 35, 205, 1000, 90, 200
Wm. Dilworth, 40, 20, 120, 100, 150
A. Dilworth, 9, 151, 1280, 100, 150
Thos. Dilworth, 35, 125, 1000, 100, 250
Richd. Dilworth, 40, 120, 1000, 100, 250
Mary Dilworth, 40, 280, 2000, 100, 300
H. G. Savage, 40, 120, 700, 100, 500
J. H. Henkle, 35, 285, 700, 400, 200
R. Montgomery, 13, 227, 200, 35, 200
Jas. Montgomery, 15, 65, 150, 10, 150
Henry Murphy, 40, 120, 300, 65, 275
W. J. Murphy, -, -, -, 10, 125
E. Leeth, 40, 280, 400, 15, 400
Fras. Salhoan, 100, 800, 1000, 130, 800
Elias Rinehart, 40, 280, 500, 15, 400
L. D. Rinehart, 120, 460, 2300, 250, 495
R. E. Holt, 70, 70, 500, 100, 500
W. H. Patton, 170, 350, 200, 150, 1200
C. McElhannon, 60, 100, 1000, 65, 400
P. N. Shulds, 40, 120, 1000, 10, 300

N. Parish, -, -, -, 10, 150
W. Savage, 13, 157, 1000, 10, 200
H. Bryant, -, -, -, 5, 80
L. Mclane, -, -, -, -, 10
Wm. Suiter, 40, 200, 1000, 75, 800
Geo. Shulds, 50, 270, 1000, 50, 300
Jas. Davis, 40, 120, 1000, 150, 600
Robt. McCrora, 100, 60, 325, 30, 900
S. White, 50, 100, 400, 10, 200
J. Ballard, 40, 40, 250, 10, 250
E. Moton, 80, -, 240, 10, 100
M. D. Mitchel, 75, 85, 5000, 125, 1000
Sentor George, -, -, -, 20, 150
Luther Taylor, -, -, -, 15, 150
B. F. Liddens, 115, 205, 2500, 50, 250
Edwd. Kemp, 12, 78, 2500, 10, 300
A. Brewster, 20, 140, 700, 10, 50
Thos. Brewster, 130, 180, 2200, 400, 1210
Wm. Wilson, 40, 25, 800, 15, 300
M. Settle, 100, 540, 4000, 200, 500
R. Bufort, -, -, -, 25, 250
Dorcus Kemp, 60, 340, 700, 100, 400
Hetta Northcutt, 75, 95, 1000, 25, 200
R. J. Pourl, 70, 1210, 2500, 25, 1000
R. Nance, 40, 40, 500, 15, 200
John Taylor, 160, 480, 4000, 150, 300
B. Burnett, 20, 190, 600, 120, 200
J. W. Hauslin, 20, 120, 1000, 100, 300
B. H. Smith, -, -, -, 10, 100
Fras. Boyd, 250, 250, 1200, 100, 800
J. Dilworth, 200, 440, 3200, 200, 1500
C. Boiere, 30, 210, 1250, 60, 500
A. G. Person, -, -, -, 100, 1000
Wm. Hamlin, 40, 120, 700, 30, 400
Jesse George, 50, 20, 300, 15, 250
Richd. Cheek, -, -, -, 20, 300

Neel Morrison, 150, 860, 1000, 300, 600
Moses Jones, 25, 132, 350, 7, 300
Wm. Tacket, 72, 88, 60, 10, 70
A.H. Houston, -, 153, 80, 10, 200
E. Lankford, 40, 120, 100, 15, 250
David Carter, 23, 298, 300, 12, 200
R. B. Winn, 20, 140, 100, 10, 100
Aaron Searcey, 40, 120, 400, 12, 200
Ellen Jones, 12, 148, 150, 5, 150
Wm. Walker, 40, 240, 1500, 60, 800
N. Hamlin, 40, 280, 600, 15, 200
L. Polk, -, -, -, 15, 75
Jos. George, 30, 50, 200, 100, 300
E. Lawson, -, -, -, 4, 100
D. Taylor, 30, 130, 200, 10, 200
J. Vandeford, 60, 320, 500, 100, 350
S. McDaniels, 15, 155, 200, 10, 150
Jough Cook, 14, 156, 125, 8, 40
S. J. Turner, 20, 140, 125, 10, 100
Tho. Murphy, 12, 150, 100, 8, 100
R. Martin, 20, 29, 150, 10, 35
E. Haney, 100, 1020, 500, 100, 300
J. Kemp, 40, 120, 300, 100, 150
Jac. Job, 8, 152, 200, 10, 40
J. Groves, 60, 100, 100, 25, 50
M. Allen, 10, 150, 100, 10, 500
B. Johnson, 40, 280, 500, 10, 250
R. Nance, 40, 280, 500, 10, 100
H. Bircham, 40, 120, 100, 5, 100
P. Toller, 40, 70, 400, 10, 160
R. Scott, 45, 150, 500, 20, 250
A. Vawter, 80, 640, 800, 30, 400
J. D. Moore, 50, 190, 600, 10, 200
Austin Butler, 40, 120, 400, 15, 300
Elijah Andros, -, -, -, 2, 30
J. Hilton, 12, 60, 100, 10, 10
Thos. Pate, 20, 140, 300, 250, 200
J. Beard, 30, 130, 500, 15, 100
Thos. P. Shull, 35, 130, 350, 5, 200
Phillip Shull, 35, 125, 500, 10, 50
H. Vant, 3, 157, 20, 5, 15
John Branstetler, 7, 153, 50, 5, 50
Saml. Pharr, 20, 300, 200, 15, 25
Z. Pinkston, 25, 55, 250, 15, 30
W. B. Smith, 35, 125, 350, 15, 125

J. D. Philips, 35, 235, 650, 20, 350
C. B. Murphy, 40, 120, 325, 10, 150
E. Maxwell, 20, 120, 350, 10, 150
J. Joslin, 45, 235, 375, 10, 175
M. Kibby, 25, 135, 400, 30, 100
J. Lackey, 12, 148, 250, 6, 150
J. Boyd, 45, 295, 600, 15, 200
C. Cochran, 200, 440, 2000, 200, 954
J. G. Goodwin, 4, 156, 150, 5, 100
T. J. Moser, 35, 125, 800, 75, 300
E. Bumpass, 40, 120, 300, 15, 250
____. Massy, 75, 85, 800, 50, 200
____. Flint, 50, 400, 800, 70, 400
J. Cantrill, 18, 142, 150, 8, 35
J. Loony, 50, 110, 300, 15, 125
Wm. Lackey, 17, 63, 150, 2, 50
Wm. Josslyn, -, -, -, 3, 70
J. Welch, -, -, -, 10, 100
Griffin Dean, 100, 220, 1000, 125, 600
W. B. Smith, 32, 128, 240, 35, 125
D. D. Woodly, 8, 152, 200, 15, 100
N. Gairy, 20, 140, 400, 15, 150
Wm. Haney, 70, 410, 600, 100, 300
J. Seggo, 7, 295, 250, 20, 100
R. Childers, 30, 130, 100, 10, 150
A. Robinson, 25, 135, 200, 10, 300
Wm. Bishop, 50, 110, 600, 10, 400
J. Batntt, 30, 60, 500, 100, 400
Green Bonds, 35, 125, 300, 8, 250
Julius Brewer, 18, 143, 375, 70, 175
M. McCoy, 29, 296, 640, 75, 200
R. Laurence, 6, 154, 95, 10, 150
W. Right, 40, 120, 250, 50, 100
T. Whitehead, 40, 120, 200, 15, 200
Nancy King, 20, 140, 200, 15, 75
Henry Yow, 80, 240, 700, 240, 600
Geo. Yow, 4, 156, 150, 5, 80
Wilson Yow, 25, 95, 150, 5, 80
Jas. Mahan, 40, 120, 200, 100, 200
J. G. Smith, 18, 142, 200, 5, 60
M. D. Monland(Moreland), 20, 60, 150, 30, 130
H. Cox, 30, 130, 250, 32, 200
P. Hubbard, 35, 125, 300, 70, 450

Wm. Holly, 35, 113, 200, 15, 200
R. Holly, -, -, -, 10, 100
A. Holly, 25, 135, 150, 10, 200
John Stanford, -, -, -, 10, 75
D. Hunnicutt, 50, 110, 500, 12, 500
S. R. McNutt, 80, 240, 1200, 150, 700
Wm. Moore, 200, 60, 1200, 300, 865
Lewis Coalky, 75, 325, 1000, 150, 570
P. Bennett, 60, 100, 300, 10, 100
J. M. Coker, 40, 126, 500, 10, 100
J. R. Mitchell, 18, 142, 240, 10, 100
J. A. Muller, 25, 135, 200, 20, 150
Jac. Hayh, 350, 610, 2000, 300, 1130
H. Long, 180, 460, 2400, 300, 1027
C. Koursey, 25, 150, 150, 50, 525
G. Melsaps, 20, 140, 320, 10, 170
J. Kennady, -, -, -, 10, 100
A. A. Freeman, 55, 105, 400, 40, 200
Tho. Williams, 18, 102, 350, 140, 210
Levi Williams, 60, 375, 1500, 150, 300
Busby Hadson, 80, 240, 800, 200, 210
Evan Smith, 17, 145, 350, 60, 200
John Mitchel, 30, 130, 500, 40, 100
Saml. Newton, 30, 130, 200, 5, 100
B. Adams, 60, 260, 400, 55, 200
J. A. Berryhill, 60, 100, 240, 5, 100
P. Crawford, -, -, -, 5, 75
Shelby Newman, 50, 100, 1500, 60, 200
J. Willis, 30, 50, 200, 10, 40
J. Ross, 30, 130, 200, 10, 150
J. Bennet, 60, 290, 1200, 10, 300
Jesse Leatherwood, 25, 55, 200, 45, 200
Lemuel Hubbard, 12, 38, 150, 10
David Hubbard, 50, 50, 650, 40, 130
Robt. Guthrie, 40, 200, 500, 100, 345
R. Davis, 45, 195, 400, 50, 250
J. B. Dean, 14, 306, 500, 5, 50
Geo. Green, 60, 420, 700, 75, 200
Thos. Hubbard, 25, 135, 450, 10, 200

D. Hubbard, 15, 60, 500, 45, 180
P. A. Dubois, 40, 120, 600, 60, 160
W. P. Dubois, 35, 165, 1000, 35, 160
S. Ussery, 170, 380, 1600, 600, 528
H. Counts, 160, 100, 1000, 100, 500
Carrol Counts, 20, 140, 400, 5, 100
Sam. Lenox, 70, 96, 550, 100, 460
Jac. Freeze, 14, 146, 200, 10, 123
John Counts, 36, 205, 560, 50, 200
J. Weeks, -, -, -, 8, 300
J. Nunley, 40, 425, 800, 8, 290
Wm. Keys, 35, 285, 500, 10, 170
Sol. Long, 12, 68, 500, 10, 200
Saml. Johnson, 20, 140, 150, 5, 112
Saml. Murphy, 50, 270, 800, 50, 380
W. Thompson, 40, 200, 500, 100, 370
D. Thompson, 10, 110, 50, 10, 100
Jas. Thompson, 40, 280, 400, 20, 220
S. S. Hogue, 180, 780, 1280, 140, 530
Jac. Little, -, -, -, 60, 225
Lewis Sparks, 15, 145, 250, 8, 40
John Mill, 22, 298, 500, 10, 100
Wm. Bathune, 12, 148, 200, 10, 100
Wm. Sullivan, -, -, -, 10, 100
Jas. Weeks, -, -, -, 10, 110
J. M. Courans, 110, 290, 4000, 500, 1000
R. Rolland, 50, 53, 1600, 70, 400
A. Douthurt, 50, 260, 1500, 40, 400
Archd. Davis, 30, 100, 150, 5, 280
Jac. Lain (Lam), -, 160, 200, 50, 100
Tho. Gasny, 20, 300, 900, 200, 200
Wm. Sparks, 34, 160, 800, 100, 200
Wm. Taylor, 40, 120, 800, 100, 225
C. P. Suhan, 20, 140, 400, 60, 200
J. P. Kirk, 9, 31, 300, 100, 250
Jessee Meadley, 40, 140, 1500, 120, 650
Mrs. Johnson, 20, 20, 300, 200, 400
Lem. Johnson, 40, 260, 700, 200, 745
Wm. Clemment, 100, 280, 5000, 140, 1800
Wm. Winburn, 60, 450, 3500, 150, 500
N. P. Beal, 75, 624, 4500, 100, 733
Wm. Peel, 35, 860, 300, 150, 550
J. Biggs, 65, 1155, 6000, 200, 800
J. Canfield, 45, 259, 1000, 75, 500
Pet. Lankford, 25, 135, 600, 15, 200
Wm. Lankford, 25, 135, 250, 10, 140
A. Womble, 42, 118, 100, 30, 150
Danl. Brown, 5, 155, 100, 10, 50
F. Hall, 60, 220, 1600, 100, 460
S. L. Harper(Haynes), 22, 158, 1000, 100, 300
J. Castleburry Sr., 100, 830, 4500, 350, 500
Mich. Barnett, 45, 336, 2000, 110, 320
J. Barnett, 50, 270, 1500, 20, 420
B. Edwards, 15, 85, 400, 10, 195
Danl. Peel, 90, 390, 1000, 400, 600
J. E. Bonds, 40, 281, 700, 75, 200
Danl. Joslin, 120, 40, 160, 100, 860
A. Pickens, 40, 120, 400, 50, 200
Jas. McGee, 40, 120, 500, 60, 465
Matthew Barnett, 40, 352, 1000, 50, 260
Jas. Ward, 200, 1200, 7000, 350, 800
M. E. Bonds, 16, 144, 150, 15, 160
B. D. Slean, 130, 520, 3000, 100, 400
Wm. Rogers, -, -, -, 6, 58
Wm. Bonds, 30, 130, 300, 10, 100
Archd. Thompson, -, -, -, 5, 80
Wm. Tallard, 20, 140, 250, 40, 150
Geo. Billings, 40, 120, 250, 20, 300
Hugh Cowan, 12, 178, 300, 65, 500
Amelia Biggs, 65, 95, 500, 100, 500
Wm. Scruggs, 50, 270, 800, 75, 300
L. P. Bonds, -, -, -, 5, 150
Harrison Ray, 20, 140, 150, 10, 140
J. Grisham, 25, 125, 200, 100, 200
D. E. Gresham, -, 120, 100, 10, 130
Nancy Foote, 30, 130, 200, 20, 200
Solomon Moser, 30, 150, 300, 60, 290

Anderson Moser, 30, 50, 300, 60, 150
Hez. Day, 80, 400, 600, 65, 450
J. Akers, 45, 225, 1500, 75, 200
F. Price, 25, 200, 200, 12, 325
J. McKeecham, 48, 592, 3000, 75, 600
R. T. Rutlege, 100, 1020, 2000, 100, 702
Danl. Dancer, 35, 165, 500, 15, 375
Jones Dancer, 12, 148, 225, 10, 200
J. Henson, 40, 148, 225, 20, 225
R. B. Clayton, 50, 110, 500, 150, 1750
Joseph Price, 20, 140, 400, 75, 270
John Shepherd, 40, 121, 800, 90, 287
David M. Allen, 180, 140, 1030, 100, 1000
John H. Scruggs, 110, 542, 700, 12, 230
James Luster, 60, 100, 900, 100, 185
Samuel Raven, 200, 280, 3000, 300, 705
John Thompson, 100, 360, 3000, 400, 1072
Pinkney Adkins, 50, 50, 150, 10, 227
Thomas McDonald, 40, 280, 1000, 100, 465
John T. Humphres, 80, 800, 2800, 279, 898
John Rogers, 50, 70, 400, 55, 329
Peyton Law, 8, 152, 80, 6, 158
E. W. Outlaw, 25, 135, 200, 6, 200
James Wooten, 16, 64, 100, 6, 108
Willis Palmer, 20, 140, 400, 5, 215
Joseph B. Jones, 40, 280, 1200, 90, 177
Samuel Sherrel, 50, 350, 300, 10, 175
Josiah Woots, 65, 95, 1000, 50, 290
John Fortner, 50, 210, 1600, 100, 363
Leroy Burnes, 35, 205, 1500, 60, 281
Daniel Pearce, 30, 130, 800, 90, 439
Equlla Burnes, 42, 198, 2000, 10, 204

H. G. Raines, 25, 55, 550, 5, 145
O. P. Wingo, 17, 142, 600, 8, 158
John Daiel, 24, 136, 700, 85, 195
J. F. Riley, 25, 55, 500, 10, 232
Y. J. Riley, 25, 55, 500, 10, 430
John W. Howard, 25, 125, 1000, 10, 116
J. M. Melton, 50, 270, 850, 100, 350
Lemuel Blythe, 50, 110, 500, 30, 120
Mayfield Blythe, 10, 70, 300, 10, 100
William C. Fortner, 18, 62, 500, 4, 84
John Lamberson, 10, 150, 1000, 7, 94
Lazerus Ham, 20, 140, 400, 8, 70
Glford Stocks, -, 160, 240, 10, 95
Zebedee Kenedy, 25, 160, 500, 8, 50
Joseph English, 11, 149, 400, 50, 200
Benjamin McCarrol, 18, 62, 400, 7, 97
Robert Blackwell, 30, 130, 400, 5, 130
John Lankford, 40, 120, 480, 35, 232
J. S. Turner, 20, 140, 500, 10, 245
William Gates, 40, 137, 800, 75, 171
William E. Akin, 40, 40, 300, 10, 140
Johnathan Prichet, 35, 205, 600, 35,125
William Mills, 40, 120, 600, 60, 268
James Kenedy, 30, 130, 400, 50, 303
William M. Harp, 25, 135, 450, 10, 177
W. C. Crockett, 45, 275, 1200, 210, 622
W. W. Elder, 150, 330, 2000, 110, 686
James S. Autery, 125, 195, 1500, 70, 395
John B. Donalson, 75, 405, 2500, 90, 791
Thomas Young, 50, 110, 1000, 80, 634

William F. Young, 25, 135, 700, 5, 230
William T. Ellington, 60, 100, 600, 60, 138
Daniel Munagan, 40, 120, 1000, 130, 360
John H. Cook, 200, 600, 3200, 250, 1100
Tulla A. Parker, 60, 100, 1000, 125, 170
Joseph M. Planico, 80, 80, 500, 10, 165
Woody Burnes, 150, 200, 2000, 225, 395
William Humphrey, 40, 120, 600, 10, 260
William H. Pate, 70, 90, 800, 45, 472
Miles Burton, 20, 60, 150, 5, 194
G. W. Walker, 35, 125, 250, 150, 570
Thomas McCrory, 12, 68, 200, 7, 87
Solomon Gross, 12, 68, 200, 7, 93
Benjamin Wileman, 150, 410, 5600, 125, 735
L. G. Wileman, 25, 55, 800, 10, 138
John L. Griffith, 50, 110, 500, 60, 192
Susan M. Holland, 160, 480, 1700, 190, 335
James Burress, 120, 140, 300, 65, 697
William Burress, 20, 140, 200, 5, 192
John Brown, 20, 140, 250, 10, 125
Thomas Hubbard, 175, 50, 3000, 300, 800
John Boyers, 15, 145, 200, 60, 190
Mary Ann Moore, 30, 130, 400, 5, 175
Rebecca Gentry, 20, 140, 150, 5, 100
Simon J. Gentry, 50, 110, 200, 5, 162
Labern McDaniel, 14, 66, 500, 10, 115
Archibald Olive, 40, 80, 120, 5, 109
Rheubin Belew, 60, 90, 600, 45, 165

James Herrilson, 22, 58, 450, 10, 89
William W. Pickens, 25, 127, 250, 5, 100
William Fulgum, 40, 120, 500, 25, 330
Calvin Donison, 50, 110, 250, 8, 149
John Van Laningham, 30, 130, 500, 10, 186
Madison Harris, 125, 135, 2600, 505, 335
Luisa J. Stow, 12, 148, 700, 10, 200
Amos Congo, 25, 135, 500, 170, 295
William Leaser, 25, 55, 300, 10, 170
William Richardson, 18, 62, 300, 10, 122
William Mauldin, 22, 58, 300, 10, 44
Ambros Hamilton, 10, 70, 300, 8, 75
Abraham Baker, 40, 120, 1000, 75, 700
Nicholas Walker, 60, 400, 1600, 20, 455
Samuel Long, 15, 145, 500, 15, 319
Moses Winters, 30, 450, 1320, 15, 305
John Smith, 40, 120, 450, 20, 235
John English, 40, 120, 1000, 10, 336
Ephrim G. Roberson, 30, 290, 800, 60, 220
Elisabeth Grisham, 40, 120, 5000, 40, 130
William Holland, 130, 190, 1400, 160, 540
William Burnes, 30, 130, 350, 10, 245
John R. Martin, 80, 720, 1200, 100, 700
John H. Woodruff, 20, 140, 150, 41, 83
Benjamin Stinnet, 100, 500, 1000, 15, 480
Joel Miller, 120, 280, 1500, 125, 613
George Grisham, 70, 490, 1000, 80, 424
Elijah Chastine, 40, 120, 300, 5, 284

Willis A. H. Shackeford, 40, 280, 400, 10, 350
George W. Pain, 45, 115, 400, 35, 354
William C. Lacy, 35, 125, 400, 15, 166
Irvin Striclin, 35, 140, 300, 5, 140
John Manuel, 45, 115, 300, 100, 338
William C. Blythe, 20, 80, 200, 10, 398
Silas Bynum, 70, 110, 1000, 10, 394
Elijah Blythe, 120, 280, 1500, 65, 435
Howard W. Owens, 40, 280, 450, 70, 236
Calvin Lacy, 50, 643, 1500, 300, 349
Nubel Gentry, 65, 89, 200, 10, 225
Mary Gentry, 25, 135, 150, 105
Zachariah Norcut, 60, 180, 275, 40, 425
Jacob W. Frost, 150, 150, 600, 350, 700
Thomas L. Crawly, 25, 135, 320, 10, 277
William L. Allen, 20, 140, 500, 10, 180
William C. Moores, 30, 290, 250, 10, 228
Robert McWilliams, 60, 270, 400, 50, 302
Churchwell McWilliams, 20, 140, 400, 10, 230
James Foster, 25, 135, 200, 10, 205
William B. Linsey, 25, 135, 400, 55, 439
Jane A. Key, 400, 1000, 7000, 300, 660
Mason Young, 50, 250, 400, 75, 377
Sebern Bearden, 35, 40, 200, 10, 165
Mark A. McClenden, 20, 140, 200, 10, 70
William R. Sanderson, 15, 66, 150, 5, 210
Gilbert Howel, 50, 280, 500, 60, 277
Edmond Young, 650, 240, 1000, 70, 455
James Young, 30, 150, 300, 6, 242
Thomas Davis, 22, 68, 200, 10, 200
George W. Armstrong, 40, 160, 140, 14, 205
John G. T. Ayres, 20, 140, 200, 10, 277
Henry Collier, 60, 97, 500, 50, 385
Joseph Young, 25, 13, 500, 10, 300
Plesent Bearden, 130, 1310, 2000, 150, 800
Thomas A. Carter, 90, 630, 800, 10, 175
Richard C. Burress, 40, 120, 600, 10, 120
Nancy Pearce, 60, 100, 200, 10, 250
Stephen R. Moore, 105, 1335, 2000, 25, 332
John Linsey, 90, 1510, 3200, 30, 765
John Brock, 20, 140, 500, 50, 200
John W. McCulloch, 35, 125, 800, 100, 350
Samuel Walker, 70, 90, 900, 115, 350
Joshua Bowdery, 100, 540, 2500, 200, 917
John Walker, 60, 100, 1400, 100, 650
William Graham, 56, 264, 1500, 150, 521
William Rowsey, 100, 220, 1250, 150, 1550
Green Fuller, 30, 130, 600, 5, 100
Aldey Huff, 70, 90, 600, 10, 310
Thomas Dickson, 25, 135, 500, 5, 253
Joshua Smith, 100, 220, 1200, 100, 423
Benjamin Hancock, 60, 100, 1000, 125, 970
William Hancock, 20, 140, 300, 5, 70
Charles C. Moton, 30, 127, 700, 60, 150
David Gardner, 60, 100, 1000, 100, 250
John H. Flynt, 30, 130, 600, 25, 775

Isaac Fields, 30, 130, 500, 10, 190
____ Maulden, 20, 130, 600, 10, 141
William C. Anderson, 70, 90, 1000, 10, 120
Rebecca Skilman, 90, 230, 1200, 10, 300
Simeon Windham, 55, 105, 350, 20, 310
Thomas A. Gray, 18, 22, 140, 5, 130
William A. Turner, 20, 140, 145, 10, 118
Ebenezer B. King, 25, 135, 800, 20, 352
Samuel Jumper, 20, 25, 250, 50, 230
John G. Jumper, 35, 125, 600, 10, 242
Stephen Winham, 30, 130, 500, 10, 135
Charles G. Jumper, 14, 356, 200, 10, 121
Robert Stoker, 40, 120, 200, 70, 235
Samuel McCluskey, 30, 120, 250, 75, 285
Sebern Adair, 25, 135, 500, 20, 225
George W. Funderbirth, 23, 137, 250, 75, 150
Henry H. Burnes, 40, 40, 300, 85, 235
Caleb Linsey, 75, 165, 600, 15, 547
John D. Mills, 16, 64, 250, 5, 155
William F. Cowan, 35, 125, 250, 5, 80
Hubbard Roberson, 18, 142, 250, 60, 75
Eliza Bryant, 25, 135, 300, 50, 237
James Wallace, 20, 60, 150, 10, 150
James M. Ford, 8, 72, 150, 5, 55
Alvin W. Bills, 10, 310, 500, 30, 270
James Adams, 18, 142, 200, 75, 564
John H. Earthman, 23, 137, 400, 10, 312
William Ford, 30, 130, 400, 50, 314
Brantley Wallace, 60, 100, 300, 10, 150
Isham L. Wallace, 35, 45, 200, 95, 412
Wiley Belsher, 125, 1475, 4000, 120, 1040
John Brown 25, 135, 250, 10, 210
Martin Pearce, 22, 148, 350, 50, 215
Joseph Hester, 280, 900, 6000, 250, 3000
Hannah Davis, 75, 184, 259, 30, 184
William C. Wilkerson, 120, 140, 320, 2, 90
Wiley Swinney, 250, 1950, 3500, 200, 1385
Elizabeth Dunaway, 45, 75, 360, 10, 192
Elizabeth Swinney, 40, 120, 300, 10, 120
James Henderson, 30, 130, 150, 5, 80
James A. Knight, 14, 526, 400, 80, 202
Anderson B. Griffith, 23, 147, 400, 30, 130
Nancy Serrell, 150, 223, 1000, 150, 745
Walker W. Serrell, 146, 69, 900, -, 745
Moleijah Surat, 120, 60, 1000, 50, 680
William Majors, 60, 100, 1800, 50, 180
Granvil Savage, 20, 140, 500, 10, 205
John G. Vanhoose, 30, 250, 500, 10, 200
Robert C. Patton, 50, 110, 700, 40, 414
Hugh S. Whitesides, 25, 40, 200, 10, 180
Charles H. Freeze, 45, 35, 500, 65, 329
Francis Spencer, 30, 130, 320, 75, 350
Robert Whitesides, 40, 60, 500, 70, 420
John F. Whitesides, 30, 50, 400, 10, 168

Branson D. Wooten, 35, 125, 500, 10, 675
Isham Haynes, 60, 100, 600, 75, 750
John Kitchens, 25, 133, 500, 10, 219
James Jones, 80, 80, 1000, 40, 408
Henry Blag, 40, 40, 500, 90, 295
Samuel H. Patton, 25, 55, 300, 10, 102
Michael C. Johnson, 115, 446, 1500, 100, 602
Minie W. Bridges, 40, 120, 800, 50, 250
David H. Jumper, 20, 60, 450, 5, 350
Benjamin Kitchens, 90, 230, 700, 68, 384
James Kitchens, 25, 135, 300, 10, 382
James Jumper, 35, 125, 500, 50, 360
Isham Pucket, 25, 55, 200, 10, 130
Roland Eaton, 25, 135, 200, 40, 205
Randolph Gibson, 110, 210, 1400, 200, 935
John B. Winfield, 25, 135, 400, 60, 193
Lewis P. Davis, 60, 100, 400, 25, 135
William J. Nowlan, 90, 400, 3000, 100, 400
Samuel S. Owens, 30, 130, 240, 5, 173
Samuel White, 35, 125, 500, 15, 335
James H. Allen, 20, 60, 500, 75, 245
George Ellis, 35, 45, 240, 10, 201
James O. Weaks, 25, 55, 160, 10, 120
Allen Newson, 55, 505, 2000, 130, 463
John H. Worley, 6, 74, 240, 5, 95
Polly Reece, 150, 160, 1500, 100, 580
Francis M. Boon, 254, 226, 3360, 380, 1225
Israel F. Carpenter, 60, 100, 1100, 60, 250
Josiah Kitchens, 42, 118, 700, 80, 305
Elliot J. Moore, 30, 130, 400, 10, 230
Thomas N. Cheaves, 20, 40, 600, 50, 155
Washington Brown, 18, 62, 220, 10, 155
Calvin Cheaves, 36, 64, 500, 61, 258
William M. Pickens, 20, 80, 500, 20, 143
Withel Oneal, 16, 34, 400, 15, 135
Thomas Moore, 25, 135, 600, 10, 150
Samuel W. Hughes, 20, 140, 600, 10, 150
Rheubin Ellis, 40, 70, 700, 25, 212
Andrew Martin, 45, 120, 500, 125, 255
John Reece, 110, 210, 2240, 150, 534
Rheubin H. Boon, 160, 700, 3500, 200, 730
Charles W. Williams, 100, 400, 4500, 175, 670
William Williams, 60, 300, 2500, 75, 355
William Lambert, 70, 470, 2435, 50, 218
William R. Munro, 45, 275, 1400, 100, 250
Jesse Harris, 40, 120, 650, 10, 163
C. B. Butler, 48, 200, 1736, 10, 122
Samuel Flake, 390, 2010, 5000, 200, 1960
Daniel Vanlaningham, 40, 180, 400, 10, 110
John McWilliams, 70, 570, 400, 75, 250
Mattheres Richardson, 22, 138, 187, 5, 78
Daniel Groves, 15, 145, 150, 10, 138
Isaac Richardson, 25, 135, 187, 10, 123
Woodson Kinchens, 40, 440, 280, 10, 145
John T. Rowey, 30, 130, 200, 10, 240

Jacob Thompson, 45, 195, 1000, 50, 326
Lemuel Kemp, 40, 120, 200, 10, 317
John A. Johnson, 10, 250, 200, 60, 340
John Hamilton, 25, 70, 300, 10, 143
Isaac Young, 80, 240, 500, 50, 264
Samuel B. Reed, 30, 440, 1000, 50, 230
David Galaher, 100, 1115, 3000, 100, 420
William Thompson, 40, 120, 100, 10, 191
Andrew Dilworth, 40, 600, 1000, 60, 275
Jacob Odum, 25, 135, 160, 40, 235
Benjamin C. Reaves, 125, 570, 1960, 50, 225
Chesley D. Key, 35, 360, 400, 75, 280
Edward Gillenwater, 14, 25, 230, 10, 127
George W. Smith, 40, 120, 400, 90, 385
Thomas Bashers, 20, 60, 300, 10, 256
William B. Frost, 40, 1626, 2000, 75, 240
Vinson Adams, 50, 121, 1075, 150, 458
William H. Ross, 32, 128, 350, 70, 250
William W. Frost, 45, 115, 500, 25, 250
James M. Patrick, 18, 142, 300, 50, 270
Elisha Farris, 20, 140, 200, 10, 200
Washington P. Lee, 35, 285, 150, 16, 150
John Carter, 50, 350, 1500, 400, 1000
Masea F. Carter, 50, 163, 400, 20, 325
John Bain, 12, 68, 80, 5, 60
John B. Kinningham, 23, 137, 200, 5, 165
David Jones, 35, 125, 100, 10, 218
Jacob J. Henderson, 27, 293, 250, 10, 188
Thomas Calvary, 30, 130, 200, 50, 150
John Henderson, 50, 110, 200, 50, 250
Green Henderson, 40, 280, 300, 70, 305
Rial Cox, 20, 140, 150, 10, 119
Abram Kesley, 25, 135, 150, 10, 125
Richard Bustle, 20, 140, 300, 10, 195
Henry Luster, 30, 50, 150, 10, 100
James Wilson, 40, 164, 534, 65, 527
Samuel Wilson, 18, 88, 266, 10, 234
Thomas P. Beck, 20, 140, 400, 10, 143
Alfred McCarrol, 35, 45, 200, 10, 100
William V. Adams, 9, 72, 150, 10, 100
John J. Frost, 55, 160, 250, 125, 250
Julia Ann Googer, 28, 50, 100, 6, 130
Marcus T. Googer, 35, 125, 200, 15, 150
Joshua Brunstin, 35, 55, 150, 30, 300
Martin Googer, 40, 120, 150, 50, 200
Samuel J. Johnson, 365, 125, 300, 15, 145
Elisha Wroten, 45, 435, 610, 15, 310
Joseph T. Hughs, 30, 390, 600, 15, 280
John P. Milligam, 25, 135, 240, 15, 300
Henry Bettis, 50, 110, 250, 15, 237
Seth Martin, 40, 130, 300, 40, 280
Moses L. Martin, 8, 152, 130, 5, 113
Samuel C. Martin, 38, 42, 175, 30, 250
Briton B. Barron, 22, 48, 150, 25, 240
Samuel G. Martin, 28, 132, 150, 55, 280
James G. Harris, 20, 106, 168, 20, 87
Aron McClure, 40, 120, 250, 15, 100

James Grisham, 60, 865, 5000, 200, 422
Isaac W. Wright, 20, 130, 150, 25, 150
Robert A. Martin, 45,115, 300, 25, 365
John Martin, 25, 45, 150, 70, 315
Levina Barron, 60, 100, 300, 20, 129
Britton Barron, 20, 60, 115, 10, 265
Malinda Riggs, 60, 100, 200, 10, 100
William Norcutt, 30, 130, 350, 50, 250
William Ryan, 30, 130, 150, 10, 145
William H. Martin, 22, 138, 155, 10, 80
James Moores, 70, 250, 800, 70, 600
John A. Buckhannon, 38, 130, 500, 12, 200
James M. Nettles, 18, 110, 500, 10, 165
Andrew J. Higgins, 50, 180, 600, 10, 250
William Eanos, 25, 135, 200, 70, 231
Amos Collier, 46, 515, 1000, 10, 312
John Finch, 22, 175, 250, 10, 198
Gordan McClenden, 30, 130, 210, 10, 200
Alexander Carooth, 100, 166, 500, 75, 397
Omy Gahagan, 25, 135, 80, 10, 100
Lewis Clark, 120, 200, 1500, 150, 350
Andrew Fergerson, 100, 120, 875, 80, 400
Franklin Carter, 40, 180, 400, 10, 225
Joseph E. Carter, 70, 250, 600, 10, 500
George G. Kelly, 25, 139, 150, 5, 225
Samuel T. Martin, 30, 135, 160, 5, 145
Caswell G. Pardew, 50, 590, 900, 150, 270
Chesley Garison, 25, 135, 250, 10, 350
Wesley A. Shelton, 80, 241, 1000, 250, 500
Kenneth McCray, 40, 280, 250, 125, 500
Thomas Huchins, 30, 210, 300, 30, 250
James M. Riddle, 27, 293, 580, 10, 250
Robert G. Donalson, 22, 298, 351, 25, 373
Hiram C. Boley, 20, 140, 150, 10, 200
Perlina Eloxander, 50, 210, 600, 10, 175
Ebenezer Moore, 45, 260, 500, 75, 350
Charles R. Duncan, 35, 125, 150, 25, 252
Wilson Jones, 60, 100, 300, 70, 250
James Roberson, 60, 260, 600, 260, 375
John Wright, 40, 120, 500, 10, 250
James Crow, 65, 95, 100, 60, 350
John Crow, 23, 137, 100, 10, 130
James T. Crow, 20, 140, 120, 10, 150
Elizabeth Walker, 40, 260, 300, 10, 150
Hardy Stephens, 50, 260, 500, 10, 250
Albert Harrison, 30, 130, 350, 10, 270
John Hamilton, 30, 70, 150, 30, 150
James Stanton, 5, 235, 100, 10, 135
Terry M. Stanton, 30, 130, 200, 10, 150
John M. Henderson, 79, 231, 500, 90, 250
John B. Williams, 50, 270, 250, 50, 500
John W. Stephens, 60, 180, 300, 10, 250
Absolum Gattes, 26, 194, 200, 10, 100
Robert Dandridge, 60, 260, 700, 10, 305

Larkin T. Hodges, 12, 200, 800, 20, 300
John M. McClung, 30, 130, 100, 10, 100
Daniel McLemore, 40, 120, 1250, 200, 500
Williamson Rogers, 40, 370, 700, 75, 400
Jesse Weaver, 40, 216, 500, 40, 350
Henry Hazel, 60, 100, 400, 10, 170
Benjamin Pitts, 45, 267, 600, 10, 266
William Hair, 35, 1665, 2500, 100, 600
Drumely Beard, 55, 105, 250, 10, 165
John Qurveen, 55, 105, 120, 10, 200
William B. Pain, 70, 250, 600, 50, 430
Zimeriah Rogers, 170, 670, 1950, 100, 700
Thomas Jackson, 75, 165, 300, 10, 400
Absolum Holly, 40, 40, 300, 10, 200
Julus Holly, 75, 320, 1000, 100, 750
John Walden, 35,125, 240, 10, 600
Jessee Woodard, 10, 70, 75, 10, 85
Jordan Woodard, 15, 65, 75, 10, 90
Thomas Chase, 30, 130, 175, 10, 77
John Chase, 18, 142, 100, 10, 200
Silas Haney, 7, 153, 77, 70, 200
Benjamin W. White, 12, 68, 275, 10, 122
Ira Cowger, 36,125, 150, 15, 170
Allen Coble, 30, 130, 200, 10, 166
John White, 35, 125, 500, 75, 400
Hugh Cunningham, 40, 120, 200, 10, 150
William Hampton, 45, 280, 800, 10, 350
James P. Martin, 30, 190, 250, 10, 150
William Martin, 35, 125, 200, 10, 175
Jefferson W. Martin, 25, 55, 150, 10, 107
Samuel Martin, 35, 55, 150, 10, 175
Henry Smith, 15, 65, 80, 10, 153
Hollan Linzey, 75, 165, 1000, 100, 620
Iven Murphy, 40, 120, 400, 10, 200
John Adams, 35, 125, 400, 10, 400
Thomas Murphy, 30, 130, 400, 5, 75
William Lee, 125, 1875, 2000, 45, 475
George W. Lee, 45, 595, 640, 8, 100
Charles Riddle, 30, 170, 400, 10, 150
William Riddle, 60, 740, 700, 10, 250
Balsre Woodrough, 40, 120, 200, 10, 100
Richard Riddle, 65, 255, 400, 115, 225
Willis A. Ataway, 25, 95, 150, 10, 148
Richard Belaney, 50, 110, 312, 10, 307
Samuel McMahan, 25, 135, 160, 10, 110
John W. Morton, 50, 270, 600, 10, 265
Henry P. Ausbern, 10, 150, 250, 75, 249
William R. Martin, 100, 700, 1500, 210, 405
Richard Martin, 40, 220, 200, 50, 280
Benjamin F. Michel, 45, 275, 200, 10, 100
William B. Dean, 75, 265, 450, 90, 530
Josiah Stephens, 20, 140, 200, 10, 75
James Colquet, 45, 275, 600, 60, 325
Thomas Martin, 75, 565, 1100, 25, 440
James Belew, 20, 140, 250, 50, 210
James H. Belew, 7, 152, 175, 10, 135
Robert Irvin, 28, 612, 500, 100, 406
Nathan H. Belew, 8, 152, 100, 10, 125
Jeffrey Beck, 25, 135, 200, 10, 165
James M. Winfield, 20, 140, 300, 50, 171

Raney Belew, 15, 157, 125, 10, 130
Joseph Roberson, 70, 250, 1500, 100, 400
Peyton Haywood, 45, 115, 800, 25, 207
Hiram Tenison, 40, 120, 200, 50, 300
William J. Pannel, 10, 150, 50, 10, 65
John Felker, 16, 304, 150, 40, 200
William Gortney, 15, 145, 200, 20, 150
Jessee T. Hicks, 18, 62, 200, 10, 100
Nathaniel Gess, 20, 140, 300, 40, 215
Henry Whitehead, 25, 135, 250, 10, 120
John H. Miller, 33, 127, 225, 10, 80
Samuel Tims, 40, 120, 200, 25, 225
Isaah Trotter, 60, 420, 350, 90, 200
David Trotter, 18, 142, 150, 10, 200
Daniel Pearce, 40, 120, 110, 10, 110
John S. Smith, 35, 125, 300, 25, 170
Isaac Tenison, 35, 125, 300, 10, 100
Elijah Barnes, 35, 125, 300, 10, 100
James Stuart, 30, 130, 600, 10, 180
Isham Gurley, 18, 142, 400, 70, 200
Henry Rogers, 30, 130, 250, 10, 150
John Pike, 27, 133, 250, 30, 250
James T. Pike, 30, 130, 150, 10, 175
Ann Wright, 70, 250, 400, 75, 335
John McDugal, 50, 210, 400, 40, 343
Thomas Norman, 14, 100, 150, 10, 125
Thomas T. Brooks, 35, 125, 600, 10, 175
James Priest, 18, 260, 400, 20, 141
Robert Davis, 30, 130, 200, 10, 155
William H. H. Tison, 30, 130, 320, 10, 430
Ephrim D. Reed, 70, 250, 850, 60, 414
John D. Morrow, 40, 280, 600, 50, 365
Cornelus Carmack, 40, 280, 800, 100, 320
Samuel Tolleson, 20, 140, 300, 10, 148
William Tolleson, 18, 142, 150, 10, 145
David Peden, 30, 130, 400, 60, 400
Dan Peden, 75, 1045, 2500, 150, 510
Elexander Peden, 120, 1000, 3000, 150, 1210
Isaac McCannon, 52, 108, 600, 60, 500
James P. Hicks, 60, 720, 1500, 60, 400
John Floyd, 40, 280, 500, 10, 250
Jesse R. Shipp, 35, 2555, 300, 10, 100
John Shipp, 20, 100, 250, 10, 160
John J. Smith, 40, 120, 250, 10, 150
Bartley Pannell, 40, 120, 250, 10, 148
William Winbush, 200, 410, 2000, 100, 445
George Tanksly, 100, 380, 1800, 500, 980
Edward M. McGehee, 60, 360, 810, 60, 360
Elizabeth Pace, 80, 260, 1000, 100, 250
James D. Holt, 80, 80, 500, 100, 350
Ambrose Martin, 55, 260, 600, 10, 162
Henry Martin, 36, 129, 450, 25, 150
Jessee Vinson, 25, 135, 200, 80, 250
William King, 60, 260, 500, 150, 445
Edward Walker, 16, 64, 200, 15, 55
John Wininger, 30, 130, 300, 10, 140
James L. Harvey, 40, 160, 500, 75, 145
James Lovlace, 40, 460, 600, 300, 510
Hesekiah Klinkseals, 60, 940, 1000, 100, 450
David McClung, 75, 405, 800, 40, 304
William Matthews, 80, 400, 800, 40, 436

James Conner, 75, 245, 500, 175, 622
John Edmonson, 30, 130, 300, 25, 130
Nancy Turner, 65, 95, 600, 75, 450
Uriah Aldridge, 140, 340, 1500, 120, 500
_arma Duke Baley, 110, 370, 2000, 100, 300
John G. Barton, 180, 460, 2000, 100, 620
Joseph Hunt, 40, 120, 300, 10, 200
Robert Hodges, 200, 600, 1451, 500, 900
Benjamin Hodges, 80, 80, 1000, 150, 702
Albert Mays, 40, 280, 800, 50, 225
David Hodges, 120, 260, 1500, 100, 492
John M. Thompson, 70, 140, 600, 60, 300
Richard Hodges, 75, 155, 600, 75, 430
Mary Smith, 120, 200, 750, 50, 600
John C. Taylor, 20, 140, 250, 15, 75
John L. Rast, 40, 200, 480, 25, 150
Dorman Taylor, 45, 125, 800, 15, 100
Lucinda Thompson, 12, 148, 200, 15, 207
Hiram Twitty, 50, 110, 300, 15, 120
John Farris, 25, 135, 400, 10, 100
Emry Harvey, 50, 110, 500, 15, 250
Davison Farris, 35, 155, 400, 50, 500
Sidney P. Edmonson, 20, 14, 400, 15, 207
John Watson, 30, 130, 150, 90, 370
Hamilton Trammel, 50, 430, 800, 85, 500
William C. McKenney, 50, 450, 3000, 150, 300
Thomas J. Stone, 30, 432, 300, 60, 150
Ira J. Harvey, 55, 345, 1000, 20, 280
Bennet Harvey, 75, 125, 2000, 100, 390
William Heffington, 30, 130, 500, 10, 200
Jimison Milford, 40, 415, 500, 100, 470
James A. J. Harrison, 120, 520, 1500, 300, 300
John H. Mallock, 23, 137, 2300, 75, 150
Luther Mahan, 100, 650, 800, 200, 1120
William Glover, 65, 320, 600, 75, 240
Adam Roberson, 25, 295, 1000, 75, 175
Samuel Fry, 35, 125, 150, 35, 260
Allen Winchester, 40, 760, 600, 10, 180
John Byrum, 30, 130, 400, 100, 177
James M. Tolen, 23, 291, 450, 10, 175
Nathaniel Crow, 35, 125, 400, 10, 235
Thomas Southard, 120, 520, 4000, 500, 650
George W. Garrett, 200, 600, 8000, 400, 500
__ofilias Gardner, 60, 320, 200, 90, 150
Robert Peden, 140, 660, 2000, 300, 550
William Peden, 50, 380, 1000, 20, 400
William Settle, 35, 285, 1000, 75, 250
John H. Choat, 30, 130, 500, 60, 200
_osena Savage, 40, 440, 500, 60, 250
__untine Choat, 40, 120, 300, 10, 300
__nna Fry, 37, 123, 350, 50, 300
William Manus, 130, 670, 1200, 150, 750
John Joel, 28, 132, 400, 15, 250
Isaac Tolen, 155, 515, 1000, 100, 464
Basel L. Linsey, 50, 290, 550, 125, 300

William C. Linsey, 95, 1035, 1800, 300, 600
Jesse Haulmark, 112, 692, 1200, 75, 500
Solomon Shoke, 30, 50, 250, 10, 200
William W. Shoke, 14, 65, 250, 10, 125
William Emory, 60, 100, 300, 100, 600
Benjamin Hopkins, 90, 390, 700, 15, 250
Noah Shoke, 33, 127, 200, 10, 200
John Smith, 40, 600, 1500, 40, 500
Robert Moore, 90, 690, 1150, 100, 600
Joshua Jordan, 40, 120, 250, 75, 250
Abel N. Green, 20, 140, 250, 65, 152
William Duke, 100, 600, 1100, 100, 2000
Robert S. Rogers, 60, 180, 500, 5, 210
William Thompson, 40, 120, 500, 75, 360
Robert B. Traylor, 60, 100, 1200, 35, 380
William P. Ray (Kay, Hay), 60, 100, 1200, 100, 490
Thomas B. Stubbs, 120, 360, 3000, 200, 1000
Isaac Lewallen, 30, 180, 1200, 75, 350
Robert Lowry, 40, 170, 800, 100, 350
Casper McBride, 30, 130, 1000, 100, 320
Thomas B. Stubbs Sr., 225, 1215, 4600, 600, 3225
_. C. Davis, 100, 300, 2000, 15, 175
Allen Glover, 40, 120, 660, 5, 270
Leonard Worley, 50, 110, 300, 10, 250
John J. Planes, 60, 100, 500, 100, 350
Josiah Miller, 20, 60, 400, 10, 150
Samuel Stampes, 40, 12, 200, 10, 125

Tunica County, Mississippi
1850 Agricultural Census

The University of North Carolina at Chapel Hill filmed the 1850 agricultural census for Tunica County from originals at the Mississippi State Department of Archives and History under a grant from the National Science Foundation in 1963.

Columns 1, 2, 3, 4, 5, and 13 represent the following information on the census:
1. Name of Owner, Agent or Manager of Farm
2. Acres of Improved Land
3. Acres of Unimproved Land
4. Cash Value of the Farm
5. Value of Farming Implements and Machinery
13. Value of Livestock

Fountain P. Bridgers, 40, 63, 1030, 30, 500
Shelby McPeake, 40, 260, 3000, 40, 350
M. B. McClanahan, 230, 23330, 16000, 770, 2700
John P. Caruthers, 240, 400, 12000, 200, 700
William N. Brown, 200, 1200, 12000, 175, 1025
W. H. Davidson (agent), 667, 1211, 11268, 1960, 4710
James Busby (agent), 260, 1000, 6000, 400, 1440
William Fowler, 18, 58, 240, 10, 210
Richard Abbey, 260, 1160, 3550, 400, 2150
William Cocke (agent), 900, 1000, 30000, 1500, 6725
William Boyce (agent), 400, 1100, 12000, 1000, 3140
James Whitlock (agent), 100, 1700, 16000, 250, 1530
William Houck (agent), 600, 3000, 54000, 35000, 4396
Thomas Davis, 55, 600, 4000, 15, 600
Stephen Harbert (agent), 500, 1600, 21000, 1180, 6155
Johnson Oneal, 150, 250, 4000, 300, 1270
Calvin Barnes, 45, 1700, 12000, 150, 835
Byrd Sherrold (Shenold), 20, 125, 1450, 85, 500
Archibald Matthews, 15, 185, 1200, 75, 465
Samuel Cora (Cord), 10, 90, 600, 50, 175
George Brown (agent), 400, 780, 4750, 500, 1469
James Griffin, 8, 30, 268, 12, 160
Thomas B. Hill, 200, 600, 10000, 700, 1276
Thadeus Hatch, 35, 50, 520, 100, 980
Robert Roman, 14, 150, 960, 100, 485
Sarah Ward, 20, 100, 1200, 30, 200
Tully Eastridge, 30, 56, 1000, 15, 480
William Chambers, 45, 115, 1000, 65, 1510
John A. Cole, 120, 240, 2500, 150, 795
James Boren (agent), 150, 1130, 6500, 230, 463

Milton Cartwright, 7, 93, 600, 50, 320
Thomas Couch (agent), 80, 580, 5760, 225, 1852
John Bridgers, 40, 280, 3200, 100, 1040
Peter Hutchinson, 9, 20, 100, 20, 353
F. A. Harrison, 12, 25, 150, 40, 130
David Salyers, 25, 25, 600, 150, 280
Jesse Whittier, 20, 130, 1000, 100, 660
Jefferson Hutchinson, 15, 40, 200, 20, 600
Alfred Swearingen, 13, 280, 2264, 200, 375
Washington McPeak, 7, 313, 1280, 50, 1000
Charles May, 15, 305, 1500, 50, 500

Warren County, Mississippi
1850 Agricultural Census

The University of North Carolina at Chapel Hill filmed the 1850 agricultural census for Warren County from originals at the Mississippi State Department of Archives and History under a grant from the National Science Foundation in 1963.

Columns 1, 2, 3, 4, 5, and 13 represent the following information on the census:
1. Name of Owner, Agent or Manager of Farm
2. Acres of Improved Land
3. Acres of Unimproved Land
4. Cash Value of the Farm
5. Value of Farming Implements and Machinery
13. Value of Livestock

William H. Johnson, 500, 800, 13000, 2000, 2500
George Smith, 300, 700, 10000, 1000, 1600
John H. McKay, 100, 360, 2000, 25, 300
_. H. Bell, 25, 140, 300, 15, 300
Thos. Redwood, 70, 50, 1500, 100, 200
Wm. McKay, 25, 80, 100, 25, 300
Jesse Ross, 30, 170, 400, 50, 600
_. H. Vaughan, 100, 60, 800, 50, 500
Chas. Baker, 200, 250, 2000, 800, 1200
Benson Blake, 800, 1200, 30000, 2000, 5000
Thos. P. Beale (agent), 350, 1500, 20000, 300, 2300
Wm. A. Tucker, 200, 130, 2000, 75, 350
Grant M. Goodwin, 100, 140, 1500, 80, 300
Asy. B. Foree, 300, 75, 700, 150, 1200
Elizabeth Fox, 250, 1500, 12000, 600, 1000
Benjamin Roach, 700, 1200, 20000, 1500, 2000
John E. Patterson, 100, 60, 1200, 300, 800
John Purvis, 900, 500, 20000, 1000, 3000
Wm. Adams, 800, 300, 15000, 900, 2500
E. Mason, 45, 900, 7000, 1000, 1500
Joseph H. Maybin, 600, 2200, 36000, 1500, 3000
Arnold Russell, 200, 1500, 6000, 800, 2000
Steven R. Russell, 20, -, 150, 25, 100
Ben F. Johnson, 150, 300, 1000, 1000, 2000
Joseph McCanliss, 20, 140, 300, 20, 200
Thomas H. Hill, 500, 460, 6000, 1200, 800
Woodford Owens, 20, 60, 400, 10, 150
Benj. Fears, 18, 30, 140, 25, 120
Herbert H. Hill, 60, 100, 800, 250, 900
John Lambert, 18, 7, 1500, 60, 209
Robert Wilkins, 60, 140, 2000, 200, 250
Benj. Springer, 2, -, 2000, 25, 109
Jacob Vogh, 340, 40, 5000, 250, 3000

John Barefield, 150, 200, 3000, 150, 1200
Hugh Barefield, 260, 163, 2000, 300, 1500
John Selser, 210, 150, 1700, 100, 1000
Edward Parker, 17, -, 1500, 50, 100
Edward McElroy, 6, 1, 400, 5, 20
Aquila Bowie, 20, 5, 2000, 100, 150
Lawrence W. Stith, 14, 8, 2000, 50, 100
Gaesper Geiger, 4, -, 500, 50, 40
William C. Doss, 8, 32, 4000, 100, 500
Rachael Day, 3, -, 1000, 5,100
W. L. F. Slaughter, 2, -, 100, 10, 125
John C. Lynn, 4, -, 1000, 10, 100
A. M. Boyd, 8, -, 2000, 100, 500
Samuel Thrift, 2, 7, 1000, 10, 500
Benj. H. Cook, 7, 8, 1000, 50, 100
John H. Bobb, 11, -, 2500, 50, 300
Samuel Linn, 37, -, 5800, 50, 200
Samuel Linn, 300, 600, 9000, 2000, 2000
Richd. B. Ford, 150, 80, 2000, 400, 800
Robert T. Brown, 65, 100, 1300, 20, 250
Robert Green, 80, 126, 2000, 100, 200
Baptist McCombs, 4, -, 500, 50, 50
Lawrence Clark, 160, 80, 3000, 700, 800
Samuel Edwards, 25, 28, 3000, 100, 700
G. M. Church, 8 ½, -, 4000, 75, 150
Fred Baum, 12 ½, -, 3000, 25, 100
James Folkes, 4, -, 5000, 20, 45
Richd. Crevitt, 1, -, 1000, 2, 75
John Lane, 100, 300, 8000, 100, 1000
George Eberline, 22, 43, 2000, 75, 250
George Moore, 80, 480, 3000, 50, 500
William Brown, 4, -, 700, 5, 100
James C. Mosby, 50, 255, 3000, 50, 500
John Salman, 40, 90, 300, 250, 1000
Samuel Gassway, 30, 77, 1000, 100, 275
O. L. Johnston, 30, 170, 800, 20, 300
Peter Guire, 15, 88, 1000, 40, 125
David Stout, 40, 130, 2000, 100, 500
Jesse Stout, 80, 80, 2000, 100, 300
G. B. Russell, 500, 700, 8000, 1000, 1500
R. B. Read, 500, 500, 10000, 1000, 2500
Augustus Strong, 500, 700, 10000, 200, 1500
John Henderson, 500, 450, 15000, 4000, 3000
E. C. Laughlin, 500, 700, 20000, 2000, 3000
E. H. W. House, 750, 450, 20000, 2500, 2800
Joseph E. Davis, 1600, 1200, 100000, 3000, 20000
Jeff. Davis, 450, 350, 25000, 1000, 1500
Henry Turner, 1500, 500, 50000, 20000, 15000
John A. Quitman, 1000, 500, 40000, 500, 8000
F. A. Freeland, 600, 600, 20000, 2000, 3000
Henry Payne, 250, 170, 2500, 1200, 1500
Miles Spivey, 30, 20, 500, 5, 50
John C. Williams, 150, 129, 1500, 200, 600
Jonathan Mackey, 200, 450, 6000, 1000, 1000
George Selser, 350, 290, 4000, 700, 1200
Gibson Gibson, 250, 120, 3000, 400, 1000
E. C. Eager, 6, 10, 300, 10, 250
William E. Bolls, 100, 40, 2000, 200, 400

John J. Whittington, 300, 360, 4500, 2000, 1500
A. B. Reading, 600, 300, 10000, 1500, 2500
William R. Burbridge, 160, 160, 5000, 100, 1000
E. H. Pace, 325, 209, 5000, 1250, 2500
James Glass, 450, 600, 7000, 800, 1500
Debby E. Clark, 120, 315, 4500, 125, 1000
Francis M. Hanna, 160, 40, 2000, 1000, 1009
Francis Hyland, 100, 223, 3500, 1000, 1000
John B. Gibson, 100, 82, 2500, 75, 1000
William L. Sharkey, 650, 600, 10000, 1500, 3000
William S. Hyland, 275, 295, 8000, 1200, 1500
Alex. Russell, 100, 100, 2000, 1000, 800
Francis B. Tompkins, 75, 450, 2500, 50, 600
Mary Wright, 12, 100, 500, 6, 200
William Bradford, 15, 50, 300, 5, 100
James Rawles, 40, 40, 500, 450, 800
John Russell, 20, 60, 500, 10, 150
John Blackburn, 12, 140, 600, 15, 600
James Allen, 600, 1543, 20509, 2500, 4000
Mary Savoy, 100, 100, 1000, -, 400
William Fortner, 50, 600, 3000, 1000, 1000
David Martin, 250, 255, 2500, 1000, 800
Hiram E. Fortner, 15, 45, 600, 10, 450
John W. Fortner, 160, 220, 1900, 800, 700
Lewis M. Savoy, 100, 220, 4000, 1000, 500

Allen Fortner, 80, 90, 600, 60,800
William Oliver, 200, 500, 3000, 1000, 2000
Henry Shaw, 400, 560, 10000, 1000, 2000
Mathew Beard, 20, 10, 400, 8, 300
Dugald A. Cameron, 600, 473, 6000, 1000, 3009
William Porterfield, 300, -, 5000, 3000, 1500
James Langton, 10, 190, 200, 5,200
N. D. Coleman, 100, 200, 2000, 100, 1000
Barnett Sims, 40, 90, 1500, 20, 175
John A. Durden, 200, 230, 4000, 600, 2000
Anthony Durden, 300, 215, 5000, 800, 2500
John Fryer, 30, 30, 250, 10, 100
Randal Gibson, 600, 250, 5000, 800, 2000
Benj. S. Hullum, 150, 139, 2300, 1000, 1209
James Cotton, 60, 93, 1000, 400, 250
Joseph S. Acuff, 200, 100, 3000, 600, 600
Nancy Wright, 50, 40, 400, 100, 300
Benj. F. Owen, 40, 40, 300, 15, 350
Mary Oliver, 20, 60, 500, 50, 200
William Reden, 20, 60, 500, 10, 300
Elizabeth Rawls, 30, 50, 500, 50, 300
William Rawls, 45, 35, 500, 20, 250
Josiah Newman, 1200, 800, 15000, 4000, 4500
Llewellyn Price, 200, 400, 6000, 1000, 1000
Benjamin Johnson, 100, 540, 6000, 100, 800
Hiram Roberts, 150, 270, 2500, 1200, 1300
John D. McArn, 250, 158, 1200, 700, 1000
John Finch, 30, 90, 500, 10, 150
Thomas J. Lankford, 20, 140, 500, 10, 400

John E. Harris, 300, 600, 4500, 800, 2000
Joab W. Hunt, 400, 440, 8500, 2500, 3000
Jacob Hilderbrand, 125, 515, 5000, 1200, 1000
John J. McArthur, 150, 250, 3000, 700, 1100
Martha Castleman, 100, 500, 2000, 500, 650
George W. Jenkins, 10, 70, 700, 10, 150
Daniel Hilderbrand, 450, 544, 7000, 2000, 2000
Ellen Veach, 7, 14, 200, 10, 100
Thomas Jewell, 30, 20, 500, 10, 50
Matha Whitmore, 18, 62, 400, 10, 180
Eli Stevens, 80, 80, 800, 100, 400
Mary Stevens, 150, 170, 2500, 75,400
Joel Hullum, 200, 280, 3200, 2000, 1600
Levi Stevens, 200, 280, 4000, 800, 1000
Wilson Bolls, 30, 50, 500, 75, 400
Henry G. Stevens, 75, 405, 3000, 25, 500
Hugh Watt, 300, 200, 2000, 1000, 1000
_. R. Highlinder, 120, 200, 3200, 1000, 900
James M. Gibson, 320, 360, 6000, 1000, 2000
Saml. Luckett, 70, 48, 2000, 300, 2000
William Whitaker, 100, 180, 2800, 1000, 700
Joseph A. Richardson, 50, 110, 800, 1000, 600
Britton Stephens, 150, 170, 2000, 1000, 500
Drury Harris, 60, 100, 400, 100, 600
Turpin Covington, 300, 700, 6000, 1500, 2500

William Morrow, 25, 135, 1000, 5, 50
Susan C. Covington, 450, 1100, 7500, 1000, 2000
John Smith Jr., 600, 1200, 12000, 1000, 2500
Elliott Burwell, 500, 950, 12000, 800, 1100
Frederick Rollison, 14, 66, 400, 10, 300
J. W. Jones, 25, 55, 400, 15, 75
Aaron Whitaker, 170, 310, 3000, 20, 200
Martha Edwards, 400, 500, 9000, 2500, 2000
Absolum Pettit, 500, 300, 8000, 1500, 2500
John Adams No. 1, 500, 1000, 20000, 2000, 1400
John Adams No. 2, 150, 200, 2000, 1500, 2000
Jefferson Nailer, 600, 1200, 18000, 1600, 4000
Daniel Nailer, 300, 220, 5000, 1000, 2000
David S. Sexton, 250, 230, 3000, 600, 1600
Elizabeth Hilderbrand, 50, 110, 1000, 30, 375
J. A. McPheeters, 570, 70, 5009, 1200, 1720
James M. Goodrum, 100, 60, 1600, 150, 200
_. E. Kline, 200, 220, 5000, 500, 1500
_. Harrison, 115, 235, 4009, 100, 1000
Tabitha Henning, 80, 80, 1609, 100, 500
James Henning, 80, 80, 1600, 10, 1001
David Clark, 8, 72, 800, 5, 175
William Lum, 550, 550, 15000, 2000, 3600
John Hynes, 350, 661, 8000, 1500, 2800

Daniel Whitaker, 345, 271, 4000, 1000, 2000
John P. Gee, 175, 225, 4000, 1500, 1800
Mary C. Gee, 150, 170, 2500, 600, 800
John Willis, 885, 1115, 25000, 2000, 5000
Isaac Elmore, 150, 260, 1500, 800, 1000
Samuel Stowers, 300, 1275, 10000, 1200, 1350
William W. Gibson, 300, 386, 7000, 1000, 1800
M. A. Black, 48, 272, 3000, 75, 200
Stephen Hatcher, 70, 131, 2000, 100, 565
Egbert J. Sessions, 350, 530, 8000, 2000, 2600
Elzy Standard, 30, 4, 600, 25, 150
Alfred Ferguson, 80, 881, 2000, 50, 300
Jeff Zuber, 150, 210, 4000, 1500, 1200
Jesse Barefield, 70, 35, 1500, 1000, 600
Rhody Barefield, 50, 170, 2000, 75, 200
John Ferguson, 200, 250, 5000, 1000, 1400
James Ferguson, 200, 30, 1500, 1500, 800
Daniel Swett, 20, 32, 1000, 10, 150
J. L. Roberts, 500, 200, 7000, 500, 1000
Russell C. Goff, 300, 500, 8000, 1500, 1600
Patrick Battell, 60, 100, 550, 30, 150
John Freese, 25, 75, 700, 50, 450
Jacob Oates, 250, 290, 3003, 2000, 2200
T. J. Thompson, 600, 500, 5000, 100, 400
William Cooper, 250, 600, 5000, 1200, 1800
David Gibson Jr., 320, 375, 5000, 800, 2500
Thomas J. Gibson, 200, 280, 3000, 100, 1500
William Hogun, 135, 105, 3500, 1000, 500
Stephen S. Booth, 250, 350, 6000, 1500, 800
John Rabb, 500, 900, 12000, 2500, 3000
W. Bohannon, 160, 40, 1500, 500, 600
Jesse B. Ragan, 400, 1200, 20000, 1500, 3000
George G. Noland, 300, 100, 000, 1000, 1500
Levi Jordan, 150, 500, 10000, 1000, 1500
William D. Arnold, 100, 195, 3000, 100, 800
James A. Folkes, 90, 210, 2500, 700, 700
James M. Brabston, 600, 500, 10000, 1500, 3000
Alfred C. Downs, 600, 1600, 14000, 3000, 3500
John F. Bolls, 200, 500, 11000, 1200, 1000
Thomas B. Brabston, 225, 375, 6000, 1000, 1200
John B. Brabston, 225, 400, 5000, 1300, 1180
Robert Kennedy, 10, -, 100, 10, 225
Martin Davis, 40, 120, 1600, 50, 360
John Townsend, 300, 700, 8000, 1500, 1700
George C. Tribble, 135, 185, 3200, 800, 600
Caroline M. Bolls, 175, 205, 2500, 300, 800
David F. Cowan, 40, 280, 2000, 50, 800
Edward H. Bryan, 150, 170, 2500, 1000, 800
George W. Powell, 150, 170, 2500, 150, 900

Alex. F. Newman, 300, 300, 6000, 1500, 1200
George Hawkins, 50, 42, 3000, 600, 800
John C. Claud (Cloud), 75, 85, 1000, 75, 300
B. M. Foley, 75, 125, 1000, 600, 500
Thomas Kidd, 500, 1300, 14000, 1200, 2500
Charles Deterly, 8, 12, 1000, 70, 500
Washington E. Green, 450, 700, 12000, 2000, 2000
John W. Bolls, 36, 4, 400, 20, 200
Davis C. Newman, 65, 100, 1000, 100, 500
Nancy Whitfield, 240, 80, 3000, 1000, 700
P. H. Cook, 40, 40, 800, 75, 425
Sally R. Newman, 500, 1000, 10000, 1200, 2500
A. B. Cook, 100, 40, 1500, 150, 1000
Joseph B. Powell, 50, 300, 4000, 100, 400
Elon G. Marble, 200, 120, 8000, 1000, 1300
Percival Marble, 100, 140, 3000, 250, 1000
Mary Gibson, 60, 100, 1000, 150, 450
Nancy Cole, 15, 305, 1000, 100, 700
Phoebe Powell, 20, 140, 500, 15, 300
A. W. Brien, 140, 220, 2000, 1500, 750
John W. Johnson, 50, 30, 500, 20, 400
John Cowan, 250, 10, 2600, 150, 600
George Barr, 60, 200, 1000, 200, 400
William McCully, 12, 60, 100, 10, 114
James Spears, 150, 170, 3000, 100, 600
Peterson Bass, 150, 170, 3000, 1000, 1100
James C. Wright, 250, 470, 7000, 1200, 1500
William D. Griffin, 200, 305, 5000, 125, 1400
Frances Gibson, 350, 450, 8000, 1600, 4000
P. W. Tompkins, 25, 19, 2000, 25, 400
David Holt, 30, 130, 4000, 15, 100
Wm. R. Bay, 300, 150, 5000, 1000, 1500
Andrew Riddle, 6, 50, 500, 25, 100
Jacob Webster, 15, 385, 7000, 100, 150
Samuel D. Wall, 225, 275, 5000, 800, 1100
Samuel R. Bolls, 300, 370, 5000, 1000, 1500
Thomas C. Compton, 200, 320, 5000, 1500, 1200
Reece Cook, 150, 500, 6000, 1000, 1000
Susan Spann, 240, 420, 4000, 1000, 1500
John Hebron, 500, 600, 11000, 3300, 2500
Sarah Heath, 100, 220, 3000, 100, 500
Joel Edwards, 200, 120, 2000, 1000, 700
Jesse Johnson, 50, 110, 2000, 100, 900
John Slater, 40, 120, 1000, 100, 500
Emily Thompson, 20, 80, 400, 20, 100
Elizabeth Hopkins, 60, 260, 2000, 100, 300
John French, 8, 72, 500, 15, 100
Thomas P. Hardaway, 150, 1070, 3600, 1500, 2000
John Hardaway, 400, 920, 10000, 2000, 1200
Richd. Hawkins, 40, 200, 2000, 100, 500
Isaac Whitaker, 130, 359, 4000, 600, 1000
Sarah Cowan, 400, 741, 15000, 1500, 1800

Benj. T. Edwards, 200, 300, 5000, 1500, 825
William Cox, 100, 200, 300, 500, 600
John Bland, 60, 100, 1600, 300, 500
John H. Mosley (Mosby), 40, 40, 400, 100, 350
A. T. B. Meritt, 190, 301, 5000, 1000, 1800
John F. W. Meritt, 65, 95, 2000, 30, 425
James Oslin, 400, 200, 12000, 1000, 1300
W. H. E. Meritt, 750, 1000, 15000, 1500, 2800
Joseph Templeton, 400, 600, 8000, 1500, 2200
David Cowan, 100, 120, 1500, 1000, 650
John H. Davis, 200, 200, 1200, 200, 1000
Darling McBroom (M. Broom), 29, 175, 1000, 100, 550
John Wixon, 20, 140, 1000, 10, 200
Francis Wilkins, 50, 68, 500, 10, 75
John R. King, 75, 195, 1200, 100, 550
Ann E. McCall, 65, 255, 1500, 20, 400
James Crouch, 75, 5, 1000, 50, 450
Jonathan Brantley, 10, 150, 800, 10, 250
Stephen Holt, 50, 30, 500, 20, 200
Daniel A. Cameron, 250, 244, 6000, 1500, 1200
Elisha Fox, 50, 86, 1500, 100, 500
C. E. Hooker, 230, 370, 10000, 600, 700
Ignatius Flowers, 350, 540, 12000, 1200, 1700
M. G. Flowers, 350, 1150, 15000, 1000, 1200
Sarah McBride, 60, 100, 800, 50, 300
J. B. Fox, 400, 200, 3000, 600, 1200
James A. Fox, 200, 300, 5000, 1000, 1100
George Messenger, 1000, 1100, 15000, 4000, 4000
Alexander Cameron, 60, 100, 1600, 50, 200
John W. Estes, 80, 420, 1500, 50, 400
Robt. Tucker, 20, 300, 1500, 50, 350
Sarah Billingslea, 240, 550, 5000, 1500, 1200
John W. Evans, 6, 74, 400, 20, 200
George C. Tribble, 200, 600, 4000, 1000, 1000
Joseph Wilson, 130, 70, 1000, 800, 550
Richd. Featherston, 25, 50, 700, 40, 200
John Noland, 12, 58, 250, 20, 100
B. F. Kitchen, 12, 38, 250, 5, 150
Abijah Pitman, 10, 43, 250, 10, 50
James Young, 200, 800, 4000, 1500, 1000
Abigail Young, 150, 250, 5000, 1000, 750
John H. W. Young, 85, 315, 5000, 800, 600
John J. Young, 300, 870, 6000, 1000, 2000
John B. Young, 130, 710, 4000, 41, 325
Robert W. Harris, 150, 750, 3000, 500, 600
Richd. E. Hendrick, 150, 650, 2500, 600, 900
John H. Sims, 25, 375, 1000, 150, 300
Abraham Tharp, 15, 385, 500, 5, 100
Caleb Lucas, 150, 50, 2000, 1000, 1200
William H. Harris, 130, 670, 2500, 1000, 1000
Robert P. Harris, 200, 440, 2000, 1200, 1000
Rebecca Green, 40, 200, 1000, 100, 400

John H. Goodwin, 45, 115, 800, 12, 300

Nicholas Blanchard, 25, 55, 550, 50, 425

Saml. S. Blanchard, 30, 50, 550, 10, 525

Leonard Hancock, 14, 66, 300, 10, 100

Belfield Featherston, 60, 60, 1000, 100, 400

Wiley Davidson, 25, 55, 400, 10, 350

Eli Parker, 8, 72, 300, 10, 5

William Harlan, 15, 65, 300, 10, 100

James T. Hicks, 80, 200, 2000, 1000, 300

Warner L. Fields, 25, 25, 200, 15, 100

Isaiah Jones, 19, 51, 240, 10, 100

James H. Brime, 8, 32, 100, 10, 75

Phebe Cummings, 40, 120, 500, 50, 300

David G. Hardaway, 120, 168, 2500, 1200, 800

Guilford D. Mitchell, 120, 360, 2500, 1000, 800

Jeremiah Adams, 12, -, 50, 10, 100

Dickerson Watts, 80, 240, 1600, 150, 500

Sally B. Harris, 160, 840, 4000, 1200, 1000

James Lewis, 200, 600, 5000, 20, 300

James Saunders, 15, 25, 400, 10, 50

George Allen, 300, 600, 7000, 1000, 900

Sarah Goodwin, 200, 120, 800, 700, 1200

Westley Neely, 300, 720, 3000, 1000, 240

Winfield Bass (agent), 240, 560, 5000, 1200, 1200

Levi Ward, 20, 60, 300, 10, 250

Catherine Powell, 160, 150, 1000, 5, 500

Leonard Hendrick, 25, 135, 400, 25, 500

Aaron Griffit, 5, 356, 100, 5, 50

George Shups, 5, 30, 100, 10, 75

Martha Parks, 60, 130, 200, 200, 1000

Alfred Downs, 30, 50, 200, 8, 60

Silas Smithhart, 40, 160, 600, 130, 600

Evan Smithhart, 18, 42, 150, 8, 40

George Downs, 8, 32, 100, 10, 100

Pharoah Hall 8, 12, 140, 35,300

Amos Sanders, 25, 15, 300, 100, 400

James C. Harris, 150, 130, 1500, 1000, 800

James H. Stafford, 6, 44, 500, 8, 125

David Woods, 10, 48, 500, 10, 100

H. B. Watson, 5, -, 40, 20, 200

Tilman Whatley, 350, 250, 3000, 1200, 900

Daniel Pender, 200, 240, 1800, 800, 1500

John D. Cato, 200, 400, 1000, 600, 600

Daniel W. Jones, 15, 110, 150, 20, 125

John Simmons, 20, 300, 300, 10, 250

John Alverson, 20, 235, 500, 80, 100

Henderson Hall, 15, 95, 500, 50, 300

Newton J. Hall, 25, 135, 700, 75, 350

John W. Spratley, 350, 900, 4000, 1000, 550

R. Y. Rogers, 30, 22, 1200, 75, 475

William Freeman, 240, 350, 6000, 700, 900

William Countryman, 75, 15, 1000, 60, 225

John Bolls, 18, 142, 1500, 75, 200

John Bolls, 30, 70, 1000, 100, 500

Wm. A. Lake, 500, 787, 15000, 1500, 2500

J. W. Vick, 6, 75, 10000, 100, 800

Lewell Campbell, 12, 13, 2500, 20, 200

Henry Hammett, 30, 16, 2000, 100, 450
Louisa A. Clack, 26, -, 1000, 50, 400
James Shirley, 15, 30, 1500, 100, 300
Pearce Noland, 800, 1200, 12000, 2000, 4000
Joel H. Willis, 450, 550, 20000, 1500, 1450
R. G. Kiger, 250, 4300, 20000, 200, 1500
Wm. H. Earington, 400, 400, 8000, 500, 900
Richmond Peeler, 150, 2000, 10000, 60, 1300
Solomon Brecount, 10, 1590, 6000, 100, 375
Stephen Barefield, 800, 800, 11000, 2000, 2500
Samuel M. Harris, 250, 315, 6000, 600, 1000
Robt. L. Mathews, 150, 2800, 3000, 500, 2500
Margaret Mathews, 50, 590, 1000, 50, 550
Roger Donovan, 10, 70, 1000, 20, 200
B. F. Yates, 7, -, 500, 10, 150
W. C. Smedes, 5, 5, 12000, 10, 300
R. M. Yerby, 30, -, 5000, 80, 400
William Bobb, 8, 10, 5000, 150, 500
H. P. Hunt, 8, 30, 3000, 50, 600
William Leatherberry, 10, -, 3000, 20, 100
O. C. Brooks, 350, 1050, 8000, 1000, 2500
N. B. Batchelor, 400, 500, 5000, 1000, 2700
William Chamberlin, 25, 125, 900, 50, 200
George W. Grove, 200, 440, 5000, 600, 2500
Mary J. Hyland, 75, 105, 1000, 100, 800
Duff Green, 200, 700, 10000, 1500, 1400
William Mills, 20, 750, 2000, 20, 300
Absolem Grant, 70, 600, 2000, 100, 300
Carter Jones, 60, 180, 800, 30, 150
Richd. C. McLemore, 25, 100, 300, 10, 300
Wm. McKiver, 15, 40, 300, 60, 200
Wm. A. Davis, 120, 480, 3000, 450, 1600
Wm. F. Markham, 300, 170, 4000, 1500, 1000

Washington County, Mississippi
1850 Agricultural Census

The University of North Carolina at Chapel Hill filmed the 1850 agricultural census for Washington County from originals at the Mississippi State Department of Archives and History under a grant from the National Science Foundation in 1963.

Columns 1, 2, 3, 4, 5, and 13 represent the following information on the census:
1. Name of Owner, Agent or Manager of Farm
2. Acres of Improved Land
3. Acres of Unimproved Land
4. Cash Value of the Farm
5. Value of Farming Implements and Machinery
13. Value of Livestock

Thomas J. Likens, 400, 600, 40000, 3000, 2500
A. F. Smith, 350, 550, 30000, 3000, 7700
John A. Milton, 2456, 1900, 125000, 10000, 15000
Manlins V. Tompson, 785, 215, 40000, 2000, 1850
S. D. Elliott, 500, 400, 30000, 3000, 2500
Francis Griffin, 1300, 1700, 50000, 10000, 4500
Montgomery & Morrell, 75, 900, 10000, 2000, 2200
Pickens Clark & Co., 700, 800, 25000, 5000, 5000
A. B. Montgomery, 800, 1600, 50000, 10000, 5000
Wm. P. Montgomery, 700, 900, 40000, 2000, 7000
Robert Cox, 600, 500, 30000, 8000, 3500
A. W. McAllister, 350, 650, 30000, 2000, 4000
Estate of W. W. Blanton, 950, 3570, 80000, 2000, 10000
L. L. Mundy, 800, 1200, 40000, 1000, 2700
Estate of H. T. Irish, 500, 1500, 40000, 2000, 3000
Russell Montgomery, 200, 440, 6400, 250, 1000
William Hunt, 1200, 2400, 50000, 3000, 8000
C. R. Bass, 700, 800, 30000, 4000, 4000
Estate of Samuel Burk, 700, 1060, 35000, 3500, 3000
Rucks & Brown, 600, 400, 30000, 3000, 4000
John A. Scott, 315, 650, 29000, 1500, 2500
Felix G. Gamble, 60, 100, 3000, 1000, 1500
Arnold Lashley, 500, 900, 30000, 8000, 4000
John Fulton, 100, 540, 6400, 500, 1500
Daniel P. Marr, 200, 440, 10000, 1000, 2000
Henry W. Vick, 600, 700, 40000, 1500, 3000
Hector R. West, 275, 3000, 10000, 1000, 2000
Barrett & Shelby, 200, 700, 18000, 500, 1500

A. & S. Carson, 240, 669, 17600, 400, 1900

Henry H. Morriss, 100, 40, 7000, 100, 1150

A. G. Carter, 1000, 6000, 125000, 3500, 4100

E. M. Robertson, 3, 317, 2000, 10, 55

B. F. White, -, 320, 2500, 10, 150

Moses Ashbrooks, 30, 170, 1000, 300, 370

James & Marion Wallace, 20, 300, 2000, -, 250

Offritt & Wilkerson, 630, 450, 22000, 2000, 3500

Z. C. Offritt, 120, 360, 5700, 40, 500

R. W. Durfrey, 250, 150, 8000, 250, 1000

Mrs. Mary Brown, 30, 140, 1500, 20, 500

Benjamin Roach, 550, 800, 43000, 1200, 2000

William R. Campbell, 1000, 2820, 35000, 4000, 5000

Gish & Mitchel, 10, 60, 600, -, 400

Wm. H. Lee, 500, 754, 25000, 1000, 1500

John P. Cunningham, 350, 520, 19000, 1000, 2500

Estate of Thos. G. Percy, 750, 700, 27000, 2500, 3500

James Rucks, 450, 300, 15000, 2000, 2500

A. &. J. T. Rucks, 100, 500, 12000, 500, 1000

R. L. Dixon, 250, 530, 15000, 1500, 1500

Grant A. Bowen, 250, 250, 12000, 1500, 3000

George Shall, 130, 270, 3000, 150, 100

Alexander Yerger, 140, 260, 4000, 200, 500

Jacob S. Yerger, 550, 500, 25000, 2500, 4000

William Yerger, 550, 600, 15000, 1000, 2000

Estate of R. H. Buckner, 370, 900, 12000, 800, 1000

W. S. Hood, 550, 700, 30000, 1500, 1500

John S. Courtney, 320, 880, 30000, 1500, 200

Bernard H. Buckner, 320, 745, 20000, 2500, 1800

James B. Jackson, 550, 650, 25000, 2500, 2000

R. M. Carter, 400, 600, 20000, 1500, 2500

Samuel R. Dunn, 230, 1000, 24000, 1500, 1500

Smith & Roberts, 400, 620, 30300, 2000, 3000

John _. Miller (Durbrick), 500, 1500, 3000, 1900, 2000

Mrs. S. R. Taylor, 300, 700, 6000, 1000, 1600

N. J. Nelson, -, 600, 7000, 300, 1500

Ann D. Jackson, 500, 400, 4000, 2500, 4000

Thomas W. Wilson, 300, 575, 17500, 2000, 1200

Hanna & Johnson, 600, 1300, 38000, 2500, 2500

John H. Robb, 400, 700, 17000, 2000, 1200

Victor M. Flurnoy, 1000, 250, 25000, 3000, 6000

Johnathan McCaleb, 650, 1250, 57000, 2000, 2500

John L. Chapman, 800, 600, 42000, 3000, 3000

Wade Hampton Jr., 900, 1327, 55675, 6000, 4500

Christopher Hampton, 1000, 9000, 48000, 2000, 4500

A. W. Dunbar, 800, 400, 36000, 2500, 3500

William Elley, 500, 500, 50000, 2500, 3500

Robert Johnson, 872, 828, 50000, 5500, 4000

J. R. Ward, 750, 1200, 60000, 5000, 5400

T. Joyner & Co., 700, 310, 24000, 4000, 3500

Henry Johnson, 1100, 1200, 60000, 8000, 10000

Barr & Griffin, 500, 400, 16000, 500, 1735

A. &. J. Paxton, 120, 580, 10000, 500, 815

Mrs. E. A. McNutt, 300, 295, 11500, 1500, 1560

Wm. F. Smith, 600, 1400, 40000, 2000, 4360

A. C. Downs, 350, 1000, 17000, 500, 318

Marcus F. Johnson, 300, 340, 12800, 1400, 2088

James Johnson, 500, 950, 20000, 5000, 2350

E. P. Johnson, 800, 1200, 60000, 5000, 6224

Harvey Miller, 650, 300, 50000, 5000, 5260

S. J. James, 650, 3000, 36500, 4500, 5000

Thos. H. Buckner, 800, 460, 50000, 5000, 5200

Mrs. Cathrine Egg, 400, 25, 8500, 300, 1000

Seth C. Cocks, 250, 500, 22500, -, -

R. W. Johnson, 325, 500, 16500, 4000, 1800

Phillip A. Cocks, 500, 320, 40000, 1000, 3000

Joseph M. Brooks, 500, 350, 20000, 3000, 2800

Miss Fanny Smith, 1600, 1500, 62000, 6000, 8000

Estate of John C. Miller, 750, 41, 20000, 5000, 40000

Elvlene Kilpatrick, 300, 1200, 15000, 2000, 1800

Wm. H. Hammet, 900, 1350, 67500, 5000, 5000

D. F. Blackburn, 700, 300, 25000, 2000, 2500

Isaac Worthington, 1400, 800, 36000, 5000, 8000

Aaron Wickliff, 400, 350, 15000, 2000, 2500

W. W. Worthington, 550, 450, 40000, 3000, 4000

Samuel Worthington, 1100, 2400, 90000, 5000, 12400

Viley & Johnson, 350, 350, 20000, 3000, 2000

Thomas Kershon, 900, 1000, 60000, 8000, 3130

Ambrose Knox, 700, 300, 30000, 5000, 5000

W. R. McAlpin Recs., 700, 1100, 40000, 5000, 4000

Mrs. Mary Evans, 170, 80, 7000, 2000, 1500

Wm. Berry Prince, 500, 300, 20000, 300, 2500

Wayne County, Mississippi
1850 Agricultural Census

The University of North Carolina at Chapel Hill filmed the 1850 agricultural census for Wayne County from originals at the Mississippi State Department of Archives and History under a grant from the National Science Foundation in 1963.

Columns 1, 2, 3, 4, 5, and 13 represent the following information on the census:
1. Name of Owner, Agent or Manager of Farm
2. Acres of Improved Land
3. Acres of Unimproved Land
4. Cash Value of the Farm
5. Value of Farming Implements and Machinery
13. Value of Livestock

Henry Gray, 30, 50, 400, 20, 300
David K. Red, 25, -, 150, 15, 300
Simpson McCarty, 50, 110, 400, 125, 500
Mary Wattson, 50, -, 150, 20, 300
James Nasworthy, 250, 212, 1200, 300, 900
Manerva Cook, 18, 31, 120, 10, 200
F. R. Williams, 18, 80, 130, 10, 250
P. C. Duvall, 15, -, 150, 7, 150
John Duvall, 25, -, 10, 7, 140
Camron Grayson, 30, 130, 175, 20, 175
William A. Chapman, 60, 240, 180, 10, 150
William Chapman, 160, 105, 600, 300, 700
Thomas Covington, 15, -, 150, 20, 200
Lucinda Daugherty, 100, 200, 400, 125, 400
Abijah Ganda, 50, 110, 450, 50, 600
Jesse Mays, 15, -, 100, 3, 40
William Russell, 70, 370, 800, 250, 480
R. P. Pou, 175, 50, 800, 300, 600
H. C. Chapman, 30, -, 250, 10, 250
John A. Barksdale, 60, 100, 250, 10, 170

John L. Gandy, 25, 55, 400, 10, 200
Thomas Bishop, 40, -, 291, 30, 200
James Jones, 30, 130, 260, 35, 250
James W. Cockran, 14, 66, 290, 5, 190
John West, 150, 300, 1000, 300, 1000
Miles Ganus, 20, -, 150, 10, 80
F. Russel, 15, -, 160, 6, 150
Calvin Scarborough, 26, 114, 100, 15, 200
Jehu Everett, 40, -, 130, 7, 200
James W. Goodman, 50, 175, 300, 80, 110
Samuel Fulton, 50, 110, 200, 240, 350
Euin Fulton, 20, -, 150, 5, 150
Wm. G. Hinton, 30, -, 150, 10, 220
Samuel J. Rogers, 25, 135, 110, 25, 100
Josiah Watts, 20, -, 160, 10, 150
Z. Rogers, 160, 160, 600, 250, 700
Jackson Singley, 35, 38, 190, 10, 200
L. C. Martin, 30, 90, 100, 150, 275
Wm. Martin, 25, 15, 125, 8, 100
J. M. Frost, 150, 250, 800, 325, 500
J. W. Burows, 15, -, 100, 7, 150
Ebenezer Frost, 100, 300, 200, 65, 360

James Walker, 25, 25, 130, 37, 200
John W. Waits, 20, 60, 200, 10, 100
Mary Moody, 25, 175, 250, 20, 400
James Norton, 35, 65, 200, 10, 200
George J. McFarland, 30, 160, 500, 125, 400
T. T. Bishop, 12, 28, 160, 12, 120
John Clarke, 30, 490, 200, 50, 170
Edward Cooley, 35, 250, 460, 80, 220
Elias Cooley, 15, 25, 150, 10, 110
Benjamin Davis, 40, 40, 500, 100, 420
Samuel Keahey, 45, 75, 500, 150, 450
Willey Rogers, 145, 55, 490, 130, 460
David Jackson, 18, -, 200, 10, 60
Michael Rogers, 150, 240, 1200, 350, 500
Thomas J. Hays, 30, -, 2650, 10, 180
Randale McDonald, 200, 700, 1900, 125, 650
William T. Linson, 125, 200, 300, 125, 450
Rowel Boykin, 30, 10, 140, 10, 200
John H. Horne, 1180, 1500, 15000, 850, 5000
R. A. Moody, 100, 200, 1000, 100, 800
Gadi Moody, 30, 130, 300, 90, 150
Hiram Fulton, 45, 300, 700, 150, 500
J. C. Bingefield, 70, 60, 500, 15, 300
Landfard Taylor, 20, 300, 250, 7, 110
Samuel Jones, 100, 300, 900, 175, 700
John Wattman, 17, 600, 50, 50, 300
Thomas Toomy, 100, 500, 500, 100, 240
James Moody, 25, 135, 250, 50, 250
Joseph M. Frost, 60, 80, 375, 100, 400
David M. Satler, 75, 150, 350, 75, 160
A. Price, 40, 40, 300, 40, 300

John Keahey, 40, 80, 400, 100, 200
William Mackey, 20, -, 250, 10, 150
John E. Wright, 120, 70, 600, 130, 400
Elias Davis, 150, 200, 400, 80, 580
Carney Slay, 50, 100, 300, 25, 425
T. C. Caver, 45, 25, 250, 80, 725
Henry Caver, 40, -, 300, 80, 210
Alexander Gordon, 35, -, 150, 10, 1300
Nancy Gordon, 80, 100, 600, 130, 1700
Angus McDonald, 70, 530, 1000, 125, 750
Erasmus W. Poue, 150, 1100, 1300, 260, 1250
Thomas Bishop, 80, 170, 350, 100, 460
Stanma S. Bishop, 20, 100, 125, 10, 180
William Keahey, 160, 700, 700, 300, 1000
J.B. Britton, 20, -, 350, 6, 300
George W. Grayson, 30, 50, 400, 80, 270
Jacob Collins, 150, 750, 160, 15, 400
Daniel Kelley, 20, 180, 200, 10, 250
James W. Davis, 15, 70, 100, 100, 1870
H. Shoemake, 45, 250, 300, 10, 200
John W. Pitman, 40, 120, 600, 100, 1800
James W. Pitman, 25, 135, 100, 100, 500
Blakeley Shoemake, 60, -, 400, 100, 400
Jacob Summers, 40, -, 500, 55, 762
Nathan Busby, 25, -, 150, 110, 710
A. Vaun, 45, 200, 1000, 50, 300
Thos. G. Chambers, 120, 800, 1000, 150, 900
A. McLeod, 60, 300, 400, 200, 700
S. H. Poue, 280, 720, 2900, 300, 1600
Thos. Poue, 200, 440, 2000, 150, 900

E. G. Poue, 120, 1170, 1500, 200, 860
R. M. Poue, 100, 400, 3450, 100, 400
John Gordon, 130, 170, 800, 150, 2530
John McKay, 14, 106, 120, 10, 260
James Davis, 40, -, 200, 60, 900
William R. Wilber, 60, 570, 200, 70, 1400
Lovick Benich (Burich), 35, 265, 225, 6, 320
David Bunch, 11, -, 160, 10, 120
David McCall, 100, 600, 1200, 100, 200
John McLeod, 100, 230, 700, 230, 1200
Neill McKay, 40, 400, 200, 75, 530
D. Holley, 18, -, 200, 7, 225
Jas. Holley, 15, -, 120, 75, 605
William L. Kelley, 10, -, 115, 7, 470
William Douglass, 15, -, 100, 5, 200
Daniel Nicholson, 30, -, 200, 20, 2000
Drury Douglass, 20, -, 100, 7, 80
Patience Breuner, 20, -, 110, 7, 680
Edward McLauglin, 200, 450, 1600, 50, 650
Dugld McLaughlin, 20, -, 250, 15, 200
Catharine McKay, 30, 50, 175, 5, 180
F. A. McKae, 75, 85, 700, 60, 825
Francis Britton, 50, -, 300, 110, 330
David Britton, 30, -, 75, 5, 500
A. D. Britton, 40, 40, 350, 35, 435
John W. McKae, 60, 20, 400, 100, 500
Alexander McKae, 55, 25, 500, 45,400
Collon McKae, 50, 75, 600, 60, 500
Murdoc McKae, 50, 70, 250, 60, 320

H. Cooley, 35, 45, 300, 35, 1400
William Best, 20, -, 125, 7, 150
Joseph Collens, 30, -, 200, 100, 620
Robert McCann, 56, 37, 500, 125, 365
Jeremiah Busby, 30, 10, 200, 80, 580
E. Hays, 100, 200, 700, 80, 1330
David Kelley, 30, -, 120, 80, 700
Jane Veach, 30, -, 102, 5, 400
John C. Patton, 450, 970, 5550, 400, 4700
Thomas Loper, 20, -, 130, 80, 200
J. J. Lovett, 18, -, 100, 7, 200
H. Landrum, 20, -, 75, 80, 800
B. Overstreet, 40, -, 210, 15, 1400
Daniel Watters, 30, -, 300, 75, 540
D. C. Shaw, 180, -, 3200, 200, 1450
Abraham Trigg, 100, 300, 700, 50, 400
John Stanlee, 20, -, 125, 10, 75
Wm. Riley, 25, -, 230, 15, 175
F. Hough, 400, 1400, 3000, 420, 2135
C. D. Lang, 600, 3400, 10000, 1050, 3300
Byrel Arington, 200, 200, 1400, 200, 3400
Thomas Arington, 80, -, 450, 225, 500
Edward McCarty, 150, 125, 21000, 125, 1500
James Keahey, 14, -, 175, 10, 100
T. L. D. Covington, 20, -, 125, 13, 100
G. W. Hughs, 50, 30, 800, 100, 300
Charles Rhoden, 25, 55, 320, 25, 260
Angus Taylor, 150, 150, 720, 135, 700
James Cook, 25, -, 150, 10, 200
Margaret Gray, 250, 500, 3000, 450, 1800

Wilkinson County, Mississippi
1850 Agricultural Census

The University of North Carolina at Chapel Hill filmed the 1850 agricultural census for Wilkinson County from originals at the Mississippi State Department of Archives and History under a grant from the National Science Foundation in 1963.

Columns 1, 2, 3, 4, 5, and 13 represent the following information on the census:
1. Name of Owner, Agent or Manager of Farm
2. Acres of Improved Land
3. Acres of Unimproved Land
4. Cash Value of the Farm
5. Value of Farming Implements and Machinery
13. Value of Livestock

Wm. R. Sims, 85, 21, 900, 60, 500
Charles Sims, 220, 110, 4950, 195, 920
Frank Lurget, 1400, 953, 20000, 2000, 3300
Jehu Humphrey, 200, 280, 600, 25, 750
C. N. Stuart, 35, 95, 150, 10, 400
N. G. Still, 600, 1000, 6000, 500, 3000
Wilson Brown, 240, 80, 3200, 200, 750
E. C. Middleton, 200, 500, 2100, 50, 700
Amanda King, -, -, -, -, 300
Elis(Eliz) Rawlings, 75, 187, 1000, 25, 170
Thos. J. Brown, 400, 900, 10000, 500, 2000
Walter Sropshire, 100, 650, 5000, 140, 600
Moses Cavin, 40, 150, 600, 15, 200
Wm. Cavin, 40, 200, 200, 10, 200
John McNeely, 350, 1000, 7000, 400, 1550
Henry Conrad, 20, 21, 100, 10, 150
James F. Brown, 35, 125, 800, 120, 500
Rachel Brown, 160, 800, 3000, 200, 800
Richard Clampit, 150, 370, 2500, 30, 250
David L. Jeter, -, -, -, -, 200
Wm. C. Green, 24, 16, 150, 20, 190
Eliz. E. King, 300, 40, 1700, 240, 1280
Mary Netterville, 50, 30, 400,-, 60
John King, 800, 300, 5500, -, 350
Stephen Jones, 50, 30, 700, 15, 365
Benj. Bryan, -, -, -, 100, 200
Charles Hester, 1200, 722, 3800, 300, 1284
Charles Netterville, 40, 410, 1500, 50, 730
Jeremiah Netterville, 60, 220, 660, 20, 450
Victor Netterville, 40, 200, 2500, 60, 318
Davis Bryan, 9, 7, 200, 10, 150
Wm. A. Simrall, 75, 219, 1000, 10, 200
Mary Walker, 20, 30, 500, 10, 150
Mary Conner, 10, 156, 650, 50, 350
Western Marr, 60, 30, 350, 150, 350
John Grinstead, 200, 250, 100, 200, 800

Susan Herbert, 235, 315, 6000, 165, 1085
Eliz. Chambers, 100, 160, 1500, 100, 180
A. A. Chambers, 100, -, 500, 50, 100
Martha Lindsay, 120, 30, 700, 18, 350
Monroe Morris, 200, -, 600, 20, 450
Maria Ogden, 400, 140, 6000, 50, 1400
Robt. Morris, 200, 150, 1850, 50, 510
Thos. McDonald, 25, 15, 200, 50, 250
Martha Conner, 40, 80, 200, 10, 250
Danl. H. Prosser, 85, 162, 2470, 160, 1400
Wm. Stamps, 12, 480, 12000, 8, 314
Meredith Reneau, -, -, -, 50, 500
Danl. Hoard, 450, 150, 10000, 250, 1026
Jehu S. Smith, 120, 599, 3438, 130, 760
Felix Embrel, 150, 385, 5000, 100, 600
Wm. T. Jones, 300, 352, 5000, 250, 1876
C. E. Stewart, 200, 998, 5694, 450, 2485
R. R. Richardson, 130, 120, 4000, 300, 1300
J. F. Richardson, 40, 160, 400, 10, 200
A. T. Moore, 400, 1600, 12000, 300, 1580
Francis Bacon, 300, 500, 2400, 200, 695
Jarot Castor, 100, 52, 1000, 125, 500
George Jackson, 10, 10, 60, 4, 120
John L. Jones, 60, 340, 1000, 100, 450
Vincent Vaughan, 350, 380, 2000, 150, 880
Elsey Abbott, 100, 60, 400, -, 250
Benj. White, 200, 620, 1000, 150, 800
Elizabeth Scudder, 100, 200, 1000, 150, 540
Wm. Crisp, 120, 40, 800, 25, 470
Elizabeth Sims, 70, 90, 600, 85, 600
Wm. Vodrey, -, 40, 100, -, 50
Wm. P. Dixon, 120, 270, 2700, 200, 1058
Wm. Winans, 500, 350, 8000, 350, 1200
___. F. R. Richardson, 600, 600, 4000, 250, 2000
Hartwell Stafford, 800, 550, 2700, 240, 1705
H. & A. G. Cage, 700, 150, 3000, 600, 3370
Joseph C. Riley, 250, 50, 1500, 120, 500
Martha N. Riley, 225, 230, 2500, 150, 700
Charlotte McKinzie, 225, 230, 2500, 150, 527
Joseph Redhead, 300, 350, 6000, 260, 1295
Wm. F. Dison, 50, 207, 1000, 50, 400
Jones Stewart, 2000, 1733, 22398, 500, 4680
___ldred Coleman, 300, 421, 2160, 50, 726
Phillip Huff, 650, 1317, 5900, 400, 2504
Merrill Smith, 20, 60, 150, 10, 400
W. W. & J. M. Hunt, 125, 235, 1600, 50, 700
George W. Kellar, 600, 40, 1280, 25, 470
John Whitaker, 250, 500, 3000, 350, 2330
Mathew Gauldin, -, -, -, -, 400
A. E. Wall, 600, 729, 6400, 200, 1640
Pulaski Cage, 600, 900, 4500, 350, 1795
Wilson P. Burton, 400, 800, 6000, 400, 2095
James Holloway, -, -, -, -, 275

James Rushton, 100, 220, 1600, 100, 440
Parthenia Wheeler, 80, 80, 800, 50, 450
Martha Newman, 230, 230, 3000, 200, 700
Joseph Smith, 300, 420, 3700, 200, 1450
Christian Miller, 260, 400, 3300, 100, 700
John J. McCrea, 150, 170, 550, 100, 643
John McCrea, 200, 280, 3500, 130, 895
David Johns, 300, 384, 7000, 175, 1624
John B. Draughan, -, -, 500, -, 200
David L. Pharis, 300, 170, 13000, 500, 2200
Milos Criswell, 125, 299, 2500, 60, 1000
Joanna McCready, 180, -, 180, 100, 500
Henry Miller, 150, 100, 2500, 200, 536
Danl. Miller, 70, 70, 2000, 150, 624
John P. Smith, 100, 100, 800, 50, 300
S. H. Stockett, 800, 745, 23175, 400, 2480
Dorcas Bryan, 50, 30, 200, 5, 300
Stanhope Posey, 113, -, 1500, 150, 200
John Stockett, 350, 550, 4500, 150, 820
George H. Gordon, 450, 150, 30500, 500, 3070
Lydia Newell, 250, 1300, 40000, 400, 3300
Nancy Pinson, 750, 850, 16000, 600, 1260
Chas. G. McGehee, 600, 600, 6000, 200, 1700
Thos. Johns, 300, 300, 4000, 150, 1170
Parker Smith, 450, 275, 3105, 225, 840
Henry R. Hampton, 150, 170, 1600, 170, 790
Danl. McLean, 100, 100, 800, 90, 380
Wm. James, 110, 528, 3200, 100, 855
Wm. B. Madden, 150, 420, 1750, 300, 700
J. T. Netterville, 100, 70, 700, 50, 400
Saml. M. Turner, 50, 73, 350, -, 100
David Carter, 150, 310, 2000, 75, 700
A. C. Holt, 200, 360, 5600, 75, 750
George Shropshire, 100, 60, 800, 75, 400
Jesse M. Netterville, 120, 200, 1500, 40, 350
Lewis O. Henderson, -, -, -, 25, 200
Thos. E. Shannon, 450, 350, 9000, 160, 1720
H. E. Custis, -, -, -, 150, 400
Mathias Overman, 25, 15, 100, 50, 100
Cynthia Sapp, 25, 35, 100, 10, 100
Wm. K. Prater, 115, 1385, 4500, 150, 1200
Wm. Havard, 70, 407, 1250, 130, 600
Thos. S. Dawson, 70, 160, 920, 30, 300
Thos. P. Harris, 80, 520, 1800, 100, 500
Wm. D. Allen, 50, 175, 800, 20, 150
W. B. Netterville, 200, 230, 1000, 150, 880
Abigail Gower, 40, 42, 100, 30, 100
Joseph A. Henderson, 40, 120, 600, 75, 430
John Bryce, 60, 100, 800, 200, 450
Danl. Fliner, 25, 450, 940, 30, 400
Wm. J. Dove, -, -, -, -, 350
Elizabeth Roach, 30, 270, 160, 10, 265

Wm. Dawson, 100, 300, 800, 100, 465
Wm. Rule, 150, 330, 1440, 250, 940
S. E. McDonald, 70, 275, 1400, 150, 350
George W. Jones, 25, 135, 400, 70, 110
Benj. Kilgore, 5, 15, 100, 400, 1720
Absalom Lankford, 45, 235, 600, 100, 400
Wm. M. Helm, 500, 660, 26780, 500, 2970
Henry Strong, 30, 170, 2000, 80, 250
Mary A. Leake, 100, 400, 1500, 100, 250
Rebecca Beck, 25, 135, 600, 10, 125
David Hubbard, 160, 130, 2000, 200, 750
Theodore Molerman, 45, -, 400, 150, 400
Thos. Brannon, 210, 890, 3300, 100, 1255
Wm. D. White, 40, 60, 400, 16, 350
Argless Jeter, 100, 219, 960, 100, 500
Caleb Swayze, -, -, -, -, 150
Joseph Lankford, 40, 90, 400, 75, 150
Isaac H. King, 100, 560, 2000, 175, 350
Thos. W. Hays, 140, 450, 3000, 150, 1250
Margaret Ellis, 200, 250, 10000, 200, 1280
John Wheeler, 25, 95, 300, 15, 200
Routh Phipps, 500, 660, 4600, 250, 1000
Stephen M. Dawson, 12, 68, 160, 15, 250
Wm. A. Holmes, 170, 336, 2100, 125, 600
James McCrory, 50, 50, 400, 110, 250
Wm. J. Hodges, -, -, -, -, 852
Thos. F. Lanier, -, -, -, -, 110
John H. Reid, -, 850, 2000, -, -
Rebecca Haislip, 36, 110, 750, 45, 250
Wiley Wood, 120, 200, 2000, 275, 1000
Saml. Haslip, 130, 370, 4000, 150, 500
Sarah Lindsay, 130, 30, 2000, 500, 1000
Joshua Lindsay, 125, 265, 2000, 150, 1025
James Dunkley, 210, 765, 5850, 955, 1315
Green B. Morris, 300, 300, 4200, 200, 1090
Feriby Iler, 30, 70, 500, -, 200
Henry Thoms, 60, 267, 1700, 120, 470
Wm. Walker, 50, 120, 680, 15, 250
Rebecca Mahoney, 180, 120, 600, -, 120
Chas. Henderson, -, -, -, -, 150
Jessee Carter, 65, 115, 1000, 300, 885
Nancy Davis, 400, 300, 7000, 400, 800
Hamilton Philbrick, 300, 450, 7500, 400, 2100
John Phipps, 40, 320, 800, 100, 460
Lorenzo Ives, -, 40, 100, 10, 100
Ephraim Estes, 30, 130, 1000, 50, 300
H. K. W. Ford, 70, 143, 2500, 150, 634
Wm. McGehee, 50, 30, 300, 50, 150
Sarah Mitchell, 6, 155, 250, 5,100
Jessee Lanehart, -, -, -, -, 200
Mary Lanehart, 200, 220, 2100, 100, 800
Mary Swayze, 200, 200, 2000, 100, 481
Benj. F. Swayze, 10, 67, 350, 25, 150
Austin Lanehart, 60, -, 150, 50, 200
Hiram Enlow, 12, 188, 564, 50, 310
John Sternbridge, 12, 62, 200, 3, 40
G. W. Duty, 25, 15, 200, 20, 150

T. B. Ewell, 50, 150, 800, 100, 250
_____. Daghlgreen, 700, 2661, 20033, 400, 4000
Wm. Rowan, 600, 120, 7200, 350, 2400
Isabel Semple, 800, 250, 10500, 410, 1890
Robt. Semple, 1000, 1000, 20000, 600, 4250
John C. Jenkins, 500, 1500, 20000, 200, 2650
B. F. Young, 800, 220, 10200, 250, 2330
Alex. Powell, 1000, 500, 21000, 600, 2430
Wm. Johnson, 550, 50, 9000, 500, 3610
Est. G. C. Brandon, 250, 250, 5000, 150, 2485
Mary W. Williams, 450, 840, 4500, 300, 1910
John C. Jenkins, 700, 1510, 22100, 800, 2000
Thos. J. Thompson, 80, 220, 1500, 100, 400
V. O. Brian (O'Brian), 700, 1800, 37500, 700, 4000
James A. Row, 120, 360, 1920, 150, 1200
H. A. McKey, 20, 80, 100, 15, 215
John B. Courtney, 10, 182, 800, 100, 250
Nathaniel Boren, 50, 90, 750, 100, 400
Stephen Tickell, 200, 200, 2000, 200, 700
Joshua Presler, 160, 98, 1300, 200, 1200
Elisha S. Sims, 40, 95, 675, 75, 1000
John M. Deloach, 300, 900, 7200, 300, 2000
Wm. Dowty, 350, 650, 5000, 300, 1630
Henry H. Wall, 150, 750, 6300, 100, 350
Wm. W. Wall, 65, 565, 2220, 75, 420
J. & D. Williams, 250, 150, 2000, 200, 2580
Est. Robt. Norwood, 280, 450, 5050, 200, 1890
Eviline Liggin, 140, 110, 2000, 50, 865
Henry F. Bass, 130, 320, 7000, 200, 600
Est. Sam Leslie, 150, 250, 2500, 125, 875
Willis Hunter, 325, 421, 7460, 300, 2410
John N. Hunter, 425, 357, 7820, 350, 2850
H. H. Bell, 80, 240, 3200, 100, 980
Nancy Quine, 400, 240, 4000, 120, 1750
Benj. Inman, 100, 700, 3200, 50, 100
Ellen Moore, 200, 583, 5784, 250, 1000
Overton Bell, 100, 250, 2800, 175, 1215
James A. Stewart, 600, 1800, 20000, 1000, 4450
Elijah Slocumb, 100, 125, 1125, 80, 800
Naz. Bell, 140, 85, 1125, 100, 700
George B. Collier, 400, 2130, 15180, 465, 3250
S.S. Boyd, 650, 467, 15638, 300, 3050
P. F. Keary, 750, 800, 15500, 500, 4205
Bithell Wright, 60, 180, 2500, 15, 310
Wm. B. & J. M. Davis, 1000, 500, 15000, 300, 4000
Wm. Tigner, 800, 1500, 23000, 500, 6000
Mary Noland, -, -, -, -, 340
Mary Frazier, 412, 521, 9330, 280, 1925
Emily Joor, 300, 200, 2500, 250, 2170

Chas. McMorris, 10, 170, 540, 10, 300
John L. Downs, 160, 355, 6500, 200, 1100
James Hanham, 640, -, 1500, -, -
David Holt, 300, 1200, 20000, 35, 550
Jonas Platt, 160, 150, 150, -, -
H. M. Farrish, 35, 35, 2000, 10, 380
Saml. Thomas, -, -, -, 40, 400
John Alexander, 100, 292, 1500, 175, 550
Wm. N. Chisholm, 8, 80, 3100, 10, 150
Val. C. Grooms, 160, 730, 8000, 200, 1540
John J. Chandler, 125, 115, 960, 125, 800
Levin R. Marshall, 900, 2940, 20305, 500, 2850
John Sims, 1000, 1300, 23000, 600, 5000
Thos. H. Oswald, 920, 300, 10540, 400, 2120
Eliza C. West, 300, 540, 5000, 100, 1170
J. & P. W. Ferguson, 300, 200, 7500, 40, 1000
L. N. Vaden, 60, 211, 2000, 50, 600
Hardy H. Herbert, 250, 205, 3000, 350, 1200
Esaias Kaigler, 200, 168, 3680, 250, 850
Vandy V. Kaigler, 100, 161, 2340, 200, 700
Est. G. W. Lewis, 300, -, 3000, -, -
H. D. Holland, 75, -, 500, 10, 250
Noah James, 5, 155, 300, 10, 300
P. H. Lovelace, 100, 841, 8000, 220, 215
Wm. L. Cage, 150, 150, 4500, 30, 100
Eunice W. Lewis, 350, 918, 25732, 250, 1600
James Hays, 65, 2000, 1000, 50, 588
George Morris, 500, 330, 4980, 175, 1500
Thos. Woodsides, 500, 600, 11000, 300, 2200
Benj. F. Sibley, 40, -, 1500, 140, 500
Thos. Stockett, 500, 150, 20000, 400, 2680
Sarah D. Brown, 150, 50, 2000, 150, 560
Jehu Holland, 80, 78, 1480, -, 470
A. B. Leatherman, 350, 428, 7800, 60, 1000
Ann L. Eggleston, 140, -, 1400, 26, 600
Jane Glass, 200, 290, 4900, 125, 1600
H. B. Pettibone, 400, 300, 5000, 250, 2100
Mason E. Saunders, 1200, 1200, 24000, 500, 4400
Abrm. Saunders, 300, 500, 6500, 100, 800
J. C. Patrick, 1000, 1000, 22000, 500, 4200
Wm. Sr. John Elliot, 1000, 1000, 10000, 250, 4050
Thos. J. Brown, 200, 537, 3500, 150, 800
James Stephens, 60, 350, 1500, 100, 420
James M. Iler, 90, 130, 1350, 45, 560
Moses Ginn, 230, 230, 4000, 200, 1000
Quirlus Ginn, 70, 60, 200, 35, 350
Eleanor Stephenson, 80, 220, 1500, 50, 600
Lavina Bullock, 60, 230, 1500, 50, 300
Mary Quine, 80, 40, 600, 75, 700
John H. Smith, 40, 30, 400, 5, 200
Cath. McDonald, 60, 38, 500, 10, 150
Ann Weed, 150, 250, 1600, 70, 200
James L. Trask, 1600, 3400, 40000, 600, 8325

Claibr. Kaigler, 200, 446, 5650, 300, 1000
Trustee J. Kaigler Decd., 60, 175, 2350, 100, 250
J. D. & N. Stewart, 800, 850, 16500, 1000, 2000
Fontaine Bless, 900, 450, 15000, 1800, 200
Duncan Cage, -, -, -, 150, 2500
Wiley Deloach, 80, 170, 1250, 150, 440
David Anderson, 100, 500, 750, 150, 800
Est. C. Netterville, 400, 1600, 6000, 150, 1500
C. P. Smith, -, 428, 1080, -, -
Benj. C. Stewart, 150, 130, 2800, 200, 1680
Wm. Hastings, 15, 14, 1000, -, 100
Mary Leslie, -, 300, 1200, -, -
Elizabeth Combs, 40, 17, 300, -, 100
Saml. Leatherman, 200, 410, 3050, 100, 600
Benj. Rogers, 130, 550, 2500, 200, 1200
Wm. Wilson, 25, 98, 500, 20, 100
Robt. Woodsides, 50, 75, 500, 10, 150
A. M. Feltus, -, -, -, 150, 1500
R. S. McCraine, 60, 100, 480, 125, 400
Fulding Davis, 580, 480, 14500, 600, 2440
R. D. Gill, 300, 275, 6990, 200, 1500
Doug. H. Cooper, 500, 800, 2600, 460, 2000
John Slade, 30, 105, 1500, -, 175
John D. Kaigler, 255, 1089, 10000, 350, 2000
J. C. Whitstone, 175, 470, 3500, 30, 400
Est. Robt. Layson, 400, 133, 30000, 150, 2000
Robt. Richardson, 700, 300, 4000, 200, 1775
Wm. Hays, 100, 395, 2000, 100, 800
John P. Dellingham, 100, 60, 4000, 200, 875
Wm. L. Brandon, 800, 900, 17000, 500, 2740
F. H. Hook, 1000, 810, 20000, 300, 5000
Moses Hook, 1000, 1320, 11600, 500, 6000
A. M. Feltus, 400, 1203, 14037, 150, 1800
Robt. Watson, 15, 85, 500, 50, 250
Frances Smith, -, 88, 350, -, 150
James McChonchie, 20, 193, 21030, -, 100
James Lovey, 80, 426, 5560, 50, 700
John H. Sims, 225, 135, 4320, 400, 2065
James Hill, 350, 412, 7620, 405, 3000
Edward McGehee, 2446, 1818, 50000, 2000, 13950
D. D. Withers, 1000, 2682, 36820, 375, 3500
Lemuel Conner, 700, 1200, 17000, 350, 2500
Wm. Baker, 30, 154, 2500, 150, 1000
T. McCowen, -, 800, 2000, 300, 2000
James A. Ventress, 850, 460, 6550, 575, 2600
L. H. Bryan, 600, 270, 8700, 200, 1200
Est. Wm. Newell, 450, 287, 7370, 350, 1500
Est. Joseph Johnson, 600, 4400, 9000, 500, 4080
James A. Faust, 50, 23, 100, 10, 60
Labern Floyd, 40, 80, 200, 10, 200
Rebecca Heatherington, 20, 60, 180, 5, 200
Lucinda Kellar, 30, 130, 350, 10, 150
Mary Ferguson, 150, 150, 3000, 120, 1200
John Ives, 34, 40, 300, 70, 150

Est. Mary A. Kellar, -, -, -, -, 2000
Thos. King, 60, 40, 400, 40, 200
Thos. Havard, 120, 520, 800, 70, 800
Martha Tillery, 30, 190, 500, 10, -
William Crumb, 25, 135, 200, -, 150
Neil McCraine, 80, 350, 600, 150, 500
David Day, 30, 50, 100, 10, 75
R. R. Hamilton, -, -, -, -, 150
Thos. McGraw, 80, 80, 400, 40, 150
Susan Rabb, 30, 370, 1000, -, 30
Davis H. Saunders, 160, 200, 3600, 250, 1200
Richard Swayze, 150, 168, 1200, 100, 700
James Tyler, 40, 20, 150, 20, 150
Caleb Swayze, 320, 400, 4000, 150, 500
Margaret Duval, 25, 85, 400, 70, 250
John Wisner, 60, 60, 150, 200, 500
Micajah Lusk, 100, 300, 1200, 100, 450
Alfred S. Fowler, 200, 700, 4500, 100, 700
Jas. W. Swayze, 60, 93, 500, 50, 150
James B. Moore, 100, 400, 3000, 175, 1000
Henry Perry, 12, 68, 200, -, 200
Kinson Aswell, 30, 90, 300, 25, 200
Saml. D. Crumb, 20, 20, 100, 10, 200
David Hopkins, 30, 75, 400, 10, 250
Robt. Shropshire, 20, 180, 200, 5, 100
Sterling Jeter, 40, -, 200, 20, 250
Isaac Perry, 60, 150, 1000, 90, 350
Mary Watkins, 40, 110, 600, 150, 250
Chas A. McNeil, 25, 15, 200, 15, 200
Richard Tillery, 5, 35, 50, 10, 100
Leroy McKerly, 30, 10, 100, 15, 100
Thos. F. Haynes, 100, -, 500, 50, 230
Peter Fausse, 80, 320, 1800, 90, 450
Wm. E. Fausse, 25, 95, 600, 10, 250
Jas. L. McDowell, 8, 112,600, -, 75
Wm. Haynes, 50, 10, 100, 10, 250
Elbert McNeil, 30, 223, 1200, 125, 250
James Johns, 30, 125, 500, 60, 300
S. H. Smith, 50, 110, 800, 100, 500
Frank Hitchcock, -, -, -, 50, 240
F. B. Haynes, 150, 250, 1200, 120, 965
Johnathan Day, 20, 60, 200, 5, 250
Barnabas Partan, 80, 470, 1000, 100, 380
Peter Smith, 40, 120, 500, 15, 200
Elisha McGraw, 100, 150, 1250, 100, 120
William Hughs, 40, -, 200, 20, 200
J. F. McGraw, 10, 190, 1000, 150, 600
Est. Wm. Hall, 180, 127, 1500, 100, 550
Benj. L. Coons, 125, 105, 460, 100, 300
Archibald White, 50, -, 250, -, 250
Melissa Humphrey, 25, 63, 200, 10, 200
Louis McCartney, 50, 110, 800, 150, 225
Felix McGraw, 50, 117, 1200, 10, 200
David Bowling, 40, 120, 800, 10, 250
C. _. Magoun, 150, 100, 1000, 50, 500
Wm. E. L. Baum, 5, 35, 100, 100, 250
Thos. B. Heilmer, 40, 120, 350, 50, 200
Joseph P. Moore, 9, 31, 100, 15, 150
John Shropshire, 30, 342, 2500, 15, 300
Archibald McCraine, 120, 200, 1000, 225, 400
Thos. Shropshire, 25, 55, 400, 10, 100
Murdock McCraine, 225, 525, 1520, 150, 1000

Nancy McCraine, 30, 130, 320, 75, 400
David Murray, 50, 30, 100, 100, 300
Wm. A. McDaniels, 400, 572, 4500, 400, 1260
Chas. B. Haynes, 100, 60, 480, 125, 700
Silas Perry, 31, 70, 250, 50, 200
George Perry, 35, 135, 250, 80, 200
Cath. Slocumb, 45, 425, 2000, 50, 200
John Perry,-, -, -, -, 300
John McKerly, 20, 60, 200, 100, 325
John Cavin, 20, 20, 100, 75, 400
Benj. Hornsby, 150, 225, 1125, 110, 300
John D. Ashley, -, 83, 100, 10, 100
Wm. Tillery, 60, 100, 1000, 100, 450
Hiram Ashley, 40, 160, 300, 10, 75
John Ashley, 16, 34, 100, 30, 100
Wm. Floyd, 40, 80, 250, 70, 250
Wm. Cole, 25, 16, 100, 25, 300
Wm. Embree, 20, 80, 400, 150, 125
H. R. Davis, 400, 600, 12500, 900, 3500
James Heatherington, 40, 40, 300, 10, 75
M. Dunlop, 700, 483, 11000, 500, 3060
C. C. Cage, 250, 150, 4000, 300, 1600
Joseph Embree (Embrel), 120, 290, 1230, 150, 450
Susan Davis, -, -, -, -, 130
E. J. McGehee, 500, 300, 20000, 250, 3000
Robt. H. Davis, 250, -, 1250, 150, 800
James Angill, -, 30, 30, -, 190
John W. Burruss, 340, 200, 6000, 400, 1750
T. B. Netterville, 40, 100, 280, 45, 410
Thos. H. Scott, 20, 280, 900, 25, 250
Wm. Deloach, 40, 40, 400, 20, 400
Thos. H. Rouark, -, 120, 600, 100, 300
John G. Brown, 9, 74, 150, 5, 100
Wm. Gaines, 10, 40, 100, 10, 210

Winston County, Mississippi
1850 Agricultural Census

The University of North Carolina at Chapel Hill filmed the 1850 agricultural census for Winston County from originals at the Mississippi State Department of Archives and History under a grant from the National Science Foundation in 1963.

Columns 1, 2, 3, 4, 5, and 13 represent the following information on the census:
1. Name of Owner, Agent or Manager of Farm
2. Acres of Improved Land
3. Acres of Unimproved Land
4. Cash Value of the Farm
5. Value of Farming Implements and Machinery
13. Value of Livestock

Robert D. Brown, 400, 1100, 3000, 500, 1810
Robert Redding, 8, 22, 150, 15, 75
Jas. A. Malone, renter, -, -, 10, 140
Isaac Malone, 35, 125, 500, 40, 82
James Barron, 25, 15, 200, 100, 250
Waller Ford, 60, 140, 600, 115, 537
Richard Gladney, -, 160, 80, 100, 160
Benjamin Turner, 40, 120, 500, 50, 225
James Worrell, 20, -, 300, 5, 65
Abram Miller, 400, 160, 820, 624, 1370
Jesse Shumaker, 100, 140, 1200, 5, 195
Thomas Wier, 100, 700, 1440, 270, 1012
Isaac Coleman, 150, 570, 1800, 150, 787
William Smith, 35, 160, 600, 150, 301
Jno. S. Smith, 30, 90, 350, 20, 190
Jno. Kennedy, 500, 1630, 6000, 500, 1630
Wm. R. Coleman, 350, 440, 3950, 1175, 1320
Richard Blackwood, 65, 135, 500, 150, 600
Thos. P. Miller, 440, 1260, 2600, 600, 2075
Stephen Steel, -, -, -, -, 100
Anderson Blackwood, 40, 40, 375, 75, 75
Edward Blackwood, Public Land, -, 75, 75, 407
Wm. McCammon, Public Land, -, -, 5, 139
Jno. W. Lane, 60, 340, 1000, 60, 340
W. R. Gray, 70, 90, 1120, 75, 314
Geo. W. Woodward, -, 40, 60, 11, 160
William Bigby, renter, -, -, 35, 110
John Ragan, 16, 304, 200, 15, 215
Carlisle Black, 100, 180, 840, 60, 614
William Donalson, renter, -, -, 100, 268
Jason Pool, 250, 570, 2400, 385, 1447
Andrew Passons (Papons), 15, 24, 200, 70, 450
Lewis Balis, Public Land, -, -, 70, 291
Wm. B. Potts, 200, 300, 1920, 600, 1330
Robert Blackwood, Public Land, -, -, 10, 155

Mary Clements, renter, -, -, 85, 650
Stephen Kribbs, 100, 140, 480, 200, 700
Benj. Lowrey, renter, -, -, 30, 60
Simeon Pew, Public Land, -, -, 50, 145
Jonathan Rabb, 160, 320, 1500, 75, 449
Billington Germany, -, -, -, 5, 135
R. C. Canterbury, 100, 260, 1100, 75, 465
James M. Oxford, 20, 100, 180, 45, 253
C. C. Strait, 55, 145, 300, 100, 362
Charles Kerr, 65, 55, 300, 200, 371
William Hannah, 100, 500, 1500, 375, 780
Ewell Lampkin, 160, 280, 320, 380, 935
John A. Thompson, 80, 1020, 1100, 100, 594
Thos. B. Cox, 110, 90, 700, 120, 717
Horatio Flint, 50, 310, 600, 130, 240
Jno. M. Barineau, 40, 120, 1000, 300, 729
William Kennedy, 90, 150, 1500, 75, 305
D. B. Nesmith, 45, 35, 300, 30, 152
John Shaw, renter, -, -, 6, 129
Wm. H. Alexander, -, 40, 100, 5, 210
Jessee H. Ivey, 25, 15, 240, 48, 212
Wm. C. Coleman, 430, 1670, 9000, 470, 1845
Henry Fox, 150, 610, 2000, 225, 672
William Attaway, 40, 60, 400, 115, 125
Jno. G. Humphries, 60, 140, 400, 15, 170
Reubin P. Barmore, 25, 55, 300, 15, 168
Murphy Vaughan, 40, 120, 800, 100, 495
Michael Henreter, 65, 95, 800, 235, 443
A. Y. Holeman, 60, 20, 300, 100, 475
Silas M. West, 45, 235, 600, 40, 230
Peter R. McClanahan, renter, -, -, 20, 672
J. E. Shoemaker, 30, 20, 200, 45, 219
James Hamil, 90, 310, 150, 130, 535
Nathan Turknett, 34, 125, 400, 15, 217
William Wood, renter, -, -, 15, 127
Griffin Coleman, 135, 125, 1000, 205, 609
H. W. Coleman, renter, -, -, 1, 209
John Childress, 50, 190, 1200, 20, 433
David Brewer, 30, 210, 600, 12, 255
James Bevil, 60, 292, 1500, 75, 350
Jno. W. Turner, 160, 160, 1000, 125, 555
David McMillan, 40, 420, 160, 235, 650
Davis N. Bell, 50, 30, 250, 15, 315
Reese Perkins, 130, 375, 1200, 160, 538
Thomas Green, 35, 245, 240, 50, 297
Robert G. Sims, 35, 45, 200, 85, 445
Moses Yarborough, 300, 1700, 2500, 425, 1657
James Boswell, 52, 228, 580, 107, 500
David Qualls, 100, 140, 1200, 120, 920
Joseph Sandifer, 20, 100, 400, 10, 310
James Tate, 20, 60, 300, 10, 140
Joshua Vance, 39, 361, 500, 95, 435
David Newell, 20, 60, 150, 10, 180
John McCollum, 40, 80, 300, 15, 178
L. T. Tarner, 70, 91, 400, 85, 571
Zachariah Ivy, 75, 107, 325, 60, 288
Benjamin Prestige, 65, 186, 2000, 115, 451
Allen F. Neighbors, 70, 410, 440, 45, 219
Samuel Carr,-, 100, 125, 120, 325
John Beard, Public Land, -, -, 10, 88
J. R. Webb, Public Land, -, -, 10, 16

Richard McDuff, 35, 45, 225, 35, 220
Thomas H. Reed, -, 80, 144, 80, 121
Geo. W. Hill, 30, 130, 400, 115, 327
Almond Barron, renter, -, -, 15, 213
Edward McCoy, 170, 190, 1200, 330, 635
P. C. Higgarson, 30, 70, 300, 10, 206
James Stegall, Public Land, -, -, 15, 157
Simeon M. Jamerson, 20, 420, 1500, 70, 144
Isaac Letherwood, 80, 80, 1200, 175, 672
Thos. W. Finkleay, 18, 62, 120, 80, 295
G. C. Hudson, 25, 55, 350, 15, 102
L. P. Tate, 50, 30, 1000, 10, 350
Tobias Farr, 100, 380, 1200, 100, 690
Tobias O. Farr, 30, 60, 200, 10, 100
J. S. Edwards, Public Land, -, -, 10, 240
Mastin Johnston, 12, 118, 420, 10, 138
Hartwell Lyon, -, 40, 300, 70, 80
Nathan Tabour, 250, 820, 4000, 650, 1605
James Beauford, 40, 280, 1000, 65, 270
Samuel A. Arnett, 30, 110, 600, 25, 385
Wm. McMinn, 90, 70, 40, 25, 345
Wm. L. Durham, 16, 65, 160, 10, 230
J. C. Hemphill, 75, 55, 225, 85, 249
J. H. Hemphill, 20, 90, 225, 17, 210
Josiah Cade, 165, 105, 265, 115, 272
Wm. M. McDuff, 160, 200, 2000, 75, 415
Wm. F. McDuff Jr., -, -, -, 75, 375
John S. McDaniel, 60, 100, 1375, 115, 286
Wm. M. C. Webb, 50, 510, 1200, 45, 225

James Lamma, 60, 260, 600, 150, 612
Wiley A. Park, 16, 144, 600, 105, 273
Henry Barfield, 100, 140, 750, 55, 375
Lewis Barfield, 35, 45, 500, 15, 162
Wm. J. Cox, 90, 150, 480, 95, 274
Saml. Murphy, Public Land, -, -, 6, 50
Wm. N. Adams, Public Land, -, -, 15, 110
Almedia Tolbird, Public Land, -, -, 3, 85
William Pierson, Public Land, -, -, 3, 32
Thos. Hudson Jr., 25, 115, 600, 8, 333
John H. Hardy, 250, 6750, 9000, 200, 1175
Alfred Leech, 200, 600, 600, 100, 860
Edward B. Clark, 25, 15, 250, 60, 208
Jackson Leigh, 15, 145, 150, -, 7
Benjamin B. Steed (Stud), 15, 145, 150, 10, 161
William Hudson, 70, 250, 300, 60, 510
James M. Sandifer, 15, 50, 500, 15, 275
Susanna Wallace, 40, 40, 500, 63, 175
Isaac Gittell, 60, 20, 300, 20, 458
B. H. Bradley, 60, 260, 800, 125, 175
George Robuck, 65, 94, 500, 60, 400
Jno. W. Lowrey, -, 160, 250, 10, 78
Saml. T. Allen, Public Land, -, -, 5, 30
William J. Harris, Public Land, -, -, 10, 85
Jas. M. Terry, 6, 24, 180, 45, 80
Andrew Webb, 100, 620, 680, 245, 490

Thomas H. Smith, 80, 126, 500, 65, 143
Beverly Greenwood, renter, -, -, 15, 75
Thos. Wood, renter, -, -, 10, 127
Griffin R. Coleman, 70, 570, 1280, 15, 923
Jno. A. Bevil, renter, -, -, 20, 250
Wm. B. Welch, 100, 9000, 800, 200, 450
James Stark, 90, 150, 1500, 65, 375
J. W. Crasley, Public Land, -, -, 12, 147
Jas. M. Scott, renter, -, -, -, 70
Asa Bunt, 100, 160, 1000, 70, 355
Thos. Bunt, 50, 90, 200, 10, 180
James Casey, 30, 50, 160, 15, 255
H. S. Potts, 200, 800, 2500, 260, 1000
Thos. B. Osborne, 40, 130, 855, 50, 230
Ferril Oldford, Public Land, -, -, 2, 35
William S. Brown, 34, 45, 400, 35, 220
Jno. F. Moore, 24, 176, 460, 131, 394
Thos. S. McCulley, 40, 120, 640, 50, 308
Saml. Tankesley, 50, 38, 175, 20, 261
Joel Wood, Public Land, -, -, 8, 107
Hamilton Kyle, 55, 65, 600, 40, 288
James Miller, 18, 22, 50, 10, 120
Jesse Ray, Public Land, -, -, 15, 60
Edward Shumaker, Public Land, -, -, 12, 83
William Ray, Public land,-, -, 20, 100
William Murry, Public Land, -, -, 15, 55
Hugh Greenlea, Public Land,-, -, 10, 41
Joseph Crawford, 75, 85, 1000, 125, 735
Jas. P. Shaw, 103, 620, 1000, 65,445
Ezekiel Barron, 140, 900, 3120, 280, 565
Henry Pierson, renter, -, -, 10, 186
Arthur Neighbors, Public Land, -, -, 5, 38
John Micou, 170, 80, 1200, 500, 1285
Saml. S. Boyt, 15, 65, 400, 10, 355
Saml. T. Potts, 675, 1506, 5000, 600, 1849
Asa Harrington, 15, 65, 200, 10, 135
Stephen Ashcraft, Public Land, -, -, 10, 120
David Cotton, 150, 225, 1200, 90, 405
Alson Cottege, 25, 15, 150, 15, 175
John Lowrey, Public Land, -, -, 5, 20
Elisha Ray, renter, -, -, 6, 113
Jno. B. Crawford, 55, 145, 800, 100, 325
Jas. Butler, Public Land, -, -, 15, 80
James Moore, 130, 370, 1000, 420, 940
Quincey Adams, renter, -, -, 3, 120
Lucian J. Norrel, renter,-, -, 10, 95
Joseph Norrel, renter, -, -, 10, 150
Alfred Jackson, 20, 75, 300, 8, 310
Saml. Green, 18, 22, 200, 10, 192
Jno. P. Poteet, 100, 633, 300, 45, 514
Jas. N. Curry, renter, -, -, 3, 125
Peter Crawford, 500, 860, 2720, 535, 1735
Lindsey Neighbors, 30, 90, 240, 40, 334
Jno. W. Sharp, 30, 30, 200, 6, 90
James Savage, 25, 35, 180, 12, 247
N. D. House, renter, -, -, 12, 153
John W. Lowrey, 5, 155, 400, 5, 75
Jephtha Webb, 8, 49, 171, 4, 185
Wiley Shaw, renter, -, -, 55, 317
G. W. Weeks, Public Land, -, -, 10, 11
Thomas Sullivan, Public Land, -, -, 55, 160
Jno. W. Martin, Public Land, -, -, 5, 116

John Johnston, 15, 65, 400, 25, 266
Nathan Talley, 30, 144, 241, 4, 655
Jno. T. McIlvaney, 40, 43, 300, 65, 393
Edward Brown, 1, 79, 200, 10, 155
Nancy McIlvaney, 25, 15, 160, 40, 416
William Roach, renter,-, -, 35, 160
Wm. Yarbrough, 20, 20, 200, 45, 184
Sandy White, 35, 40, 300, 20, 209
Wm. Haden, 50, 110, 720, 30, 270
Stephen Flowers, 24, 240, 750, 75, 100
Moses S. Kellums, 170, 270, 1320, 1300, 1250
Robert F. Flowers, -, 200, 250, 85, 261
Wm. D. Johnson, 30, 50, 240, 10, 81
M. A. Metts, 80, 320, 1000, 100, 422
Isaac Calloway, 35, 125, 240, 10, 302
Haden Lancaster, Public Land, -, -, 10, 200
Austin Whitten, 50, 30, 160, 35, 344
Pleasant Whitten, 25, 55, 160, 110, 241
Jas. F. Hamil, renter, -, -, 5, 117
James Jones, 35, 45, 320, 15, 239
P. J. Harris, renter, -, -, 10, 129
John Boatman, 45,115, 850, 160, 308
Jessee Harris, 34, 126, 640, 30, 165
J. C. Morehead, 65, 255, 1280, 100, 30
John Gray, renter, -, -, -, 146
John Cross, 30, 570, 1300, 135, 760
Jas. Alexander, 60, 220, 1500, 150, 328
Jno. Shumite, 25, 65, 300, 15, 155
A.W. Porter, 42, 118, 1000, 700, 980
George Sheoplif, 10, 70, 240, 5, 92
Mason Colbert, renter, -, -, 5, 92
Reubin Mason, 30, 370, 1000, 40, 455
William Keene, Public Land, -, -, 40, 275

Neil C. Morrison, 45, 150, 800, 70, 425
John G. Hiberlin, renter, -, -, 10, 120
George Richmond, renter, -, -, 10, 180
Robert Riley, Public Land, -, -, 5, 35
George Stinnet, 50, 30, 200, 25, 195
Mathias Kinard, 100, 220, 640, 61, 229
Gasper Kinard, 35, 365, 1500, 95, 230
James Long, 30, 50, 450, 10, 195
Thomas Sharp, Public Land, -, -, 15, 223
Nelson Taylor, 30, 130, 500, 10, 220
Wm. L. Tutton, 60, 180, 1400, 90, 423
Jas. W. Dickey, 50, 190, 1000, 130, 375
Jesse B. Covington, 75, 85, 1000, 25, 475
Jno. M. Robinson, renter, -, -, 178, 250
David R. Hull, 70, 170, 840, 85, 485
Allen G. Lindsey, 42, -, 500, 90, 860
J. L. Conner, 150, 170, 1600, 200, 555
U. M. Conner, 20, 100, 420, 10, 295
J. C. Long, 35, 85, 650, 85, 121
William Kinard, 18, 102, 150, 70, 258
Russel Brown, 50, 30, 600, 20, 329
Jas. L. Brown, 30, 90, 30, 50, 219
Solomon Skew, renter, -, -, 10, 190
Wm. P. Lloyde, -, 40, 400, -, 119
Saml. P. Brown, 18, 142, 400, 10, 112
Robert Buckner, 10,70,3 20, 5, 85
Hugh Hamil, renter, -, -, 30, 279
Samuel Ragg, 80, 120, 800, 155, 480
Reubin McClanahan, renter, -, -, 5, 100
Wilson Kelan, renter, -, -, -, 105
Reubin Ragg, renter, -, -, -, 74
Reubin McKinsey, 70, 200, 800, 50, 375

Thomas T. Welch, 80, 200, 1120, 175, 258
D. W. Metts, 22, 20, 150, 40, 130
Sarah Neighbors, 70, 170, 600, 50, 287
Allen J. Neighbors, 25, 16, 150, 55, 295
Hamett Shaw, Public Land, -, -, 10, 100
John Long, 150, 200, 1400, 80, 395
Abner A. Hood, renter, -, -, 15, 10
Thomas Ousley, Public Land, -, -, 10, 150
John McKnight, Public Land, -, -, 10, 175
George T. Bayley, Public Land, -, -, 5, 170
Thomas J. Smith, Public Land, -, -, 32, 250
Saml. J. Lowrey, 15, 25, 100, 5, 105
Isaam Green, Public Land, -, -, 5, 70
H. C. L. Hendricks, 80, 440, 1500, 100, 1025
Stephen Miller Sr., 335, 404, 640, 150, 1270
John S. Miller, 500, 300, 2500, 800, 1655
William Reed, -, 40, 80, 5, 50
Wm. B. Smith, 100, 540, 1500, 120, 559
Thos. J. Hughes, 250, 350, 3500, 150, 1335
R. J. Gill, 29, 611,800, 250, 302
Jno. W. Hudson, 20, 60, 200, 10, 213
Benj. Jordan, renter, -, -, 5, 47
Jno. Qualls, renter, -, -, 5, 217
Lewis J. Fonville, renter, -, -, 5, 165
Priscilla Moore, Public Land, -, -, 10, 149
James McGee, -, 80, 160, 10, 105
Jno. F. Haynes, 10, 150, 500, 85, 287
J. H. P. Woodruff, 105, 254, 600, 135, 467
H. W. Portwood, 40, 200, 600, 15, 435
Benj. F. Carr, 25, 95, 350, 3, 125
S. W. Smith, 50, 510, 1300, 175, 382
Jno. J. Gage, 20, 780, 1000, 100, 580
C. H. P. Smyth, 60, 100, 1000, 150, 394
Wm. H. Fox, 50, 190, 600, 65, 380
Jno. M. Gunnel, renter, -, -, 70, 259
Erastus Huntley, renter, -, -, 120, 403
Hiram Woodruff, -, -, -, 20, 120
H. T. Payne, -, -, -, 150, 270
J. J. Jones, 7, 160, 800, 93, 170
S. R. McClanahan, renter,-, -, 40, 206
Peter Ponder, renter, -, -, 10, 142
Henry S. Erwin, 125, 275, 1200, 111, 582
Jas. B. Meek, 80, 144, 2450, 200, 655
David D. Steed, 30, 130, 1600, 10, 81
James Hughes, 70, 30, 600, 350, 488
Wm. B. Hudson, 55, 65, 400, 180, 936
Mrs. M. Gage, 300, 200, 1200, 500, 1060
Josiah H. McCulley, 100, 150, 1200, 20, 620
Alfred Ellis, 40, 160, 1000, 100, 325
Margaret Davis, 70, 290, 175, 500, 515
J. C. Hughes, -, -, 700, 6, 172
A. G. Garrigus, 70, 130, 1000, 150, 515
Dorothy G. Godden, -, 40, 80, -, 75
Geo. G. Snedien, 60, 600, 1500, 1000, 980
Robert Hight, 55, 20, 300, 50, 140
Daniel A. Mitchell, 70, 90, 200, 50, 173
Jesse S. Simmons, 65, 107, 300, 60, 352
Wm. J. Howell, 15, 65, 200, 60, 114
Benj. Richardson, -, -, -, 120, 413
Ebinezer Gaston, 100, 220, 1200, 115, 280
Saml. Norton, 40, 55, 500, 60, 211
Geo. W. Taylor, 12, -, -, 10, 55

Susannah Hickman, 120, 40, 200, 75, 285
Geo. W. Sanders, 38, 85, 500, 45, 275
Wm. Thompson, 40, 140, 600, 10, 198
Wm. Fox, 250, 150, 2000, 640, 1128
Jno. W. Hamilton, 55, 109, 328, 10, 48
Jacob A. Thompson, 10, -, -, 2, 50
Martha H. Stebbins, 25, 135, 500, 50, 233
Jno. Coulter, 100, 300, 2400, 2400, 180, 927
Watson Shumaker, 80, 80, 320, 100, 620
Josiah Ferguson, 35, 105, 200, 15, 98
Willis Couch, renter, -, -, 70, 212
Preston Morgan, 12, 68, 100, 30, 80
Thomas Wilkins, 50, 325, 408, 60, 257
Ann Spicely, Public Land, -, -, 50, 87
Wm. G. Berry, Public Land, -, -, 15, 150
Jno. S. Speaks, 35, 130, 300, 85, 274
Jno. Moore, Public Land, -, -, 10, 161
Saml. S. Kelley, 100, 320, 1500, 300, 789
Joseph M. Bennet, 35, 45, 120, 50, 164
Daniel Sutherland, 25, 15, 50, 6, 95
Sarah Allgood, 60, 100, 250, 50, 231
Geo. W. Wilkerson, renter,-, -, 15, 155
Elizabeth M. Clark, 30, 130, 320, 75, 292
James B. Chambers, 60, 20, 400, 100, 300
Henry G. Simmons, 30, 50, 300, 100, 225
Robert Boyle, Public Land, -, -, 26, 101
Jno. W. Dotson, 35, 5, 300, 100, 270
Josiah Taylor, 70, 230, 200, 20, 432
Jefferson Bozeman, 40, 200, 500, 85, 252
Jno. L. Tyler, 40, 120, 400, 15, 286
Wm. H. Ferguson, renter, -, -, 10, 151
A. E. Woodruff, 30, 130, 600, 20, 320
A.M. Letherwood, 18, 142, 300, 10, 112
M. G. Letherwood, 32, 128, 960, 15, 288
Saml. Watkins, 20, 80, 400, 10, 274
Thomas H. Comer (Comes), 20, 80, 500, 10, 142
James Welch, renter, -, -, 95, 627
Elizabeth Hughes, 100, 60, 700, 65, 243
Wm. W. Robinson, 70, 90, 500, 175, 430
Jno. B. Fulton, 25, 50, 250, 125, 337
David Watkins, 30, 130, 320, 125, 332
A. T. Humphries, renter, -, - 90, 193
Benjamin Shaddock renter, -, 200, 10, 130
John Hardy, 17, 63, 400, 16, 115
Madison Fulton, 25, 135, 500, 10, 250
Mary Fulton, 35, 125, 480, 90, 300
Peter Sanders, 90, 110, 250, 75, 281
Josiah Whitehead, 25, 135, 200, 135, 332
Robert Pierce, renter, -, -, 15, 300
Seth Kendrick, renter, -, -, 15, 131
Thomas Golden, 40, 40, 30, 10, 96
Jackson Sanders, 50, 130, 220, 15, 130
Daniel Wood, Public Land, -, -, 50, 92
Shermma Wood, Public Land, -, -, 10, 95
A. J. Shields, Public Land, -, -, 90, 348
Moses Flemming, 50, 116, 1000, 30, 350

Alexr. Deal, Public Land, -, -, 10, 205
Wm. Johnson, 60, 20, 200, 85, 279
Jno. H. Johnson, 20, 140, 240, 15, 204
James Tier, 80, 80, 400, 70, 348
L.P. Metts, 45, 107, 228, 10, 170
Amos Humphries, 50, 400, 800, 100, 298
David Evans, 30, 43, 175, 65, 304
Richd. Evans, 65, 135, 400, 35, 465
Wilson Carter, 40, 40, 100, 15, 260
L. E. Ivey, renter, -, -, 50, 60
Joseph N. Norman, Public Land, -, -, 15, 170
David Domas (Downs), 40, 40, 300, 15, 204
James Brown, 150, 460, 1800, 100, 565
James W. Wilcox, 75, 97, 600, 75, 800
Thomas Ferrel, 45, 115, 650, 40, 262
Parthenia Horton, 200, 360, 1500, 185, 634
James Horton, renter, -, -, 5, 300
Hudson Higgarson, -, 80, 80, 5, 20
R. W. Rogers, 20, 60, 200, 40, 93
Joseph J. Cooper, 25, 15, 200, 65, 292
Robert S. Hudson, 200, 85, 1200, 200, 1000
Jno. F. Gray, 700, 2500, 250000, 2000, 5000
Calvin W. Patterson, Public land, -, -, 10, 71
Wm. P. Smith, Public Land, -, -, 5, 50
Benj. Hodges, 100, 860, 2000, 500, 479
A. J. Higgarson, 17, 103, 720, 100, 325
Jno. A. Hall, 25, 90, 180, 5, 270
Saml. Welch, 50, 100, 400, 20, 160
Edward Foster, 400, 780, 3000, 500, 1085
Jno. C. Brown, 80, 200, 1000, 70, 395
Colby McDaniel, renter, -, -, 175, 680
Warren D. Jeffries, Public Land, -, -, -, 36
Stephen Miller Jr., 360, 940, 2600, 400, 990
Hugh G. Wier, 25, 15, 300, 125, 410
Jno. E. Wier, 60, 20, 300, 15, 115
Hezekiah Ingram, 100, 180, 2000, 365, 410
Wm. H. Smith, 40, 80, 400, 60, 370
M. W. Havis, 18, 112, 300, 10, 97
Wm. B. Lee, 50, 100, 600, 100, 227
Wm. T. Mills, 30, 20, 200, 10, 197
Thomas Hudson Sr., 35, 45, 400, 40, 326
Joel R. Locke, renter, -, -, 10, 172
Abner Meek, 200, 400, 1760, 400, 471
Benj. F. Smith, 100, 80, 900, 380, 488
Simeon C. Watson, 100, 180, 2000, 80, 688
Felix Ellis, 22, 58, 320, 20, 160
Archibald Holt, 70, 50, 420, 10, 76
Eliza Lindsey, renter, -, -, -, 35
Riley Jones, 60, 60, 800, 45, 150
Jno. B. Hathorn, 130, 570, 1500, 100, 537
Pleasant H. Harris, 160, 160, 200, 60, 278
David Dempsey, 50, 190, 480, 70, 263
James Coleman, renter, -, -, 10, 183
Jno. B. Harris, 60, 340, 1000, 35, 436
Wm. D. Kelley, 20, 380, 550, 65, 640
Wm. Chancellor, 35, 45, 400, 10, 224
Wm. R. Dotson, 33, 137, 425, 100, 420
Sampson Walker, 27, 53, 400, 50, 180

Rackley Pope, Public Land, -, -, 10, 202
Denman Files, 25, 215, 400, 75, 367
F. T. Poor, 11, 69, 50, 15, 203
Sarah Poor, 10, 70, 50, 5, 62
William Wave, Public Land, -, 200, 15, 175
Peter Kilpatrick, Public Land, -, -, 15, 147
Matilda Mathews, Public Land, -, -, 20, 490
Jos. J. Moorhead, renter, -, -, 150, 441
Mathew J. Wood, 13, 627, 1000, 200, 135
Archibald Jerry, Public Land, -, -, 3, 92
Calvin Barnet, Public Land, -, -, 10, 400
Jonathan Barnet, Public Land, -, -, 10, 125
Levi Algood, Public Land, -, -, 10, 525
Burrel Dye, Public Land, -, -, 8, 365
Ivey G. Green, Public Land, -, -, 10, 210
Mary Thrasher, Public Land, -, -, 65, 215
Wm. Buckles, renter,-, -, 90, 495
John Null, 35, 57, 115, 40, 400
Wm. Ethridge, 40, 38, 125, 45, 192
Geo. A. Walker, 20, 20, 100, 100, 823
Moses Langley, 35, 45, 400, 20, 185
John Ayres, renter, -, -, 120, 642
J. J. Fielder, 20, 37, 100, 10, 57
Elias Edwards, 35, 265, 1000, 100, 606
P. M. Ray, Public Land, -, -, 10, 91
Geo. Sanderson, Public Land, -, -, 10, 75
Wm. Ray, Public Land, -, -, 10, 63
Joseph P. Lowry, Public Land, -, -, 10, 70
Wm. F. Smith, 17, 143, 100, 75, 307
Simeon Berry, 55, 345, 2000, 50, 422
Saml. B. Morgan, 35, 25, 200, 15, 165
James M. Sims, 40, 40, 300, 115, 600
Henry Adams, Public Land, -, -, 5, 125
Joshua Peevy, 20, 140, 480, 45, 115
Archibald Peevy, 25, 55, 160, 10, 117
Nelson Adams, Public Land, -, -, 10, 105
John Tolbird, 35, 45, 250, 10, 205
Josiah Woodruff, 4, 111, 37, 20, 290
Joel Haynes, 48, 192, 720, 10, 290
John Caperton, 100, 100, 1000, 100, 1310
Jacob F. McAdora, 50, 30, 100, 90, 443
Aaron Moore, 250, 470, 900, 190, 558
A. J. Moore, 20, 380, 500, 65, 449
Jephtha Moore, 60, 60, 480, 15, 363
Joseph M. Brown, 60, 500, 350, 105, 580
Wm. H. Scoggins, 45, 115, 320, 15, 371
Sterling Hilton, 25, 55, 150, 30, 141
Joseph B. Young, 25, 135, 400, 10, 183
John Forest, 22, 138, 320, 10, 112
Samuel F. Porter, 25, 135, 160, 25, 114
Jesse Hisaw, 30, 130, 200, 10, 117
Jno. H. Snow, 30, 130, 1200, 60, 366
Aaron M. Stewart, renter, -, -, 10, 127
Wm. D. Stewart, 11, 149, 400, 10, 142
James Durham, renter, -, -, 20, 85
Wm. Stewart, Public Land, -, -, 6, 154
Lindsey Shumaker, 50, 110, 1000, 100, 389

Jno. M. Pettygrew, renter, -, -, 100, 236
A. P. Sanders, 75, 96, 300, 150, 264
Elizabeth Lemon, renter, -, -, 25, 260
F. N. Ellis, 22, 158, 500, 10, 137
Wm. Forest, 15, 65, 100, 10, 130
Jno. McIlroy, 20, 120, 500, 20, 139
Jesse Patty, 100, 140, 1200, 75, 1020
F. M. Ball, 100, 140, 1500, 375, 505
Jared Richardson, 40, 120, 600, 320, 230
Saml. Houston, 35, 50, 500, 15, 150
Thomas Houston, 25, 56, 500, 15, 277
Lewis Campbell, 14, 26, 150, 10, 27
John Simmons, 20, 60, 500, 10, 110
Wm. G. Meek, 75, 65, 500, 10, 213
A. J. Bell, -, renter, -, 10, 191
Jas. McCracken, 70, 203, 600, 85, 501
Jas. W. Boothe, 14, 146, 120, 10, 163
Howell J. Hodge, 20, 140, 500, 60, 121
Elijah Kelly, 35, 125, 600, 150, 878
Martin Davie (Davis), 100, 220, 1500, 100, 830
Jno. D. Kelly, 25, 135, 800, 10, 273
Moses Steed, 8, 72, 80, 10, 42
Martha Head, 130, 270, 300, 100, 508
Jno. McGee, 30, 130, 500, 10, 254
Elijah Kilpatrick, Public Land, -, -, 10, 100
Madison Massey, 35, 45, 250, 40, 200
Geo. B. Cooper, 200, 13, 1600, 375, 1150
James Barrow (Barron), 60, 230, 1450, 100, 732
Mathew Cook, 4, 76, 300, 10, 115
William Hill, Public Land, -, -, 10, 50
Malcomb McLoud, 115, 205, 1250, 60, 500
Uriah Berry, 160, 320, 1760, 150, 1000
Ira Tucker, 30, 130, 370, 20, 237
P. M. Johnson, 50, 270, 400, 10, 185
James Camron, 26, 54, 80, 10, 110
John B. Curtis, renter,-, - 10, 260
John McLoud, 60, 100, 400, 90, 500
Isaac Sanders, 160, 480, 1400, 590, 927
J. J. Hyde, 100, 140, 80, 100, 640
John Poteet, 170, 170, 800, 100, 936
William Turner, 30, 10, 200, 52, 256
Henry Malone, 45, 115, 500, 10, 390
Hudson Lanham, 65, 575, 960, 300, 820
D. S. Thompson, Public Land, -, -, 10, 147
John W. Patty, 55, 225, 700, 65, 535
Isaac Suttles, 100, 490, 2500, 20, 760
Benjamin McGee, 50, 110, 500, 70, 427
Green J. McGee, 30, 250, 600, 60, 377
Oliver Clark, 250, 750, 2000, 370, 960
Franklin Clark, renter,-, -, 15, 202
J. L. Austin, 42, 53, 186, 35, 145
Westley Coley, renter, -, -, 100, 452
John F. Hill, Public Land, -, -, 10, 100
James Avary, 35, 85, 300, 10, 375
James Golden, 40, 40, 300, 10, 228
William Cutts, 60, 20, 400, 150, 153
Samuel Avary, 150, 330, 400, 50, 703
Nathaniel Hudson, 75, 45, 300, 90, 291
Jas. B. Rather, renter, -, -, 325, 712
Joseph Watson, 225, 135, 1400, 150, 616
Ivey Rather, 30, 10, 160, 10, 175
J. L. D. Holder, 6, 75, 600, 4, 176
James White, 80, 200, 730, 75, 525
John Suttles, 70, 60, 520, 55, 433

John E. Onley, Public Land, -, -, 10, 226
John Shields, 280, 261, 2455, 300, 670
William Shields, 25, 15, 225, 20, 328
John W. Shields, renter, -, -, 120, 452
Eugene Farris, 200, 230, 1620, 500, 650
Margaret Ellison, 40, 170, 500, 100, 321
John Watkins, 100, 180, 1000, 200, 525
Elijah Anderson, 600, 1080, 6000, 500, 1338
Daniel McDonald, 500, 103, 2110, 750, 2040
William Hollingsworth, renter, -, -, 125, 345
Thomas Loving, 200, 30, 2000, 50, 796
William Cook, 75, 205, 1500, 15, 335
Saml. G. Askew, 105, 130, 775, 125, 275
Robert W. White, 150, 170, 320, 500, 517
Lemuel Knowles, 100, 500, 1500, 150, 700
Edward Burrage, 100, 120, 900, 100, 535
Wm. Richardson, 12, 28, 225, 10, 125
Geo. W. Billingsly, 50, 110, 320, 75, 339
Thomas Limbrick, Public Land, -, -, 5, -
Isaac Medley, 40, 120, 300, 15, 300
John Jackson, 150, 300, 1500, 100, 790
John Burrage, renter, -, -, 20, 440
Addison Rosemond, renter,-, -, 90, 166
William Burrage, 160, 153, 1600, 400, 560
Thomas Finklea Sr., 15, 65, 150, 10, 250
Saml. Evett, Public Land, -, -, 10, 250
Mary White, renter,-, -, 51, 250
John Sullivan, 20, 60, 150, 15, 300
John Tatum, 24, 16, 80, 12, 176
John E. Prestley, 15, 25, 150, 75, 420
Thomas J. Reed, 60, 100, 240, 30, 262
James White, 75, 345, 480, 60, 632
P. F. White, 20, 20, 150, 8, 231
David Cherry, 25, 15, 250, 10, 150
Sarah Stewart, 92, 290, 1600, 25, 484
Wm. C. McAlister, 25, 65, 500, 30, 170
Thomas Holmes, 150, 1130, 2000, 400, 837
John Roof, 20, 48, 408, 10, 92
Lewis G. Taylor, 23, 37, 250, 10, 120
John H. Schooler, 60, 100, 200, 10, 100
William G. Hudson, 15, 65, 200, 10, 140
Adam Jenks, Public Land, -, -, 5, 56
John Cockrell, 70, 130, 310, 70, 432
William Eaves, 8, 32, 200, 10, 51
William Hyde, 9, 31, 100, 10, 90
William Kirk, 250, 450, 1500, 150, 400
Wiley Coleman, 250, 670, 1840, 420, 1187
Jas. Pea, 50, 110, 350, 20, 212
Jacob Copp, Public Land, -, -, 10, 151
J. C. Cook, 18, 22, 50, 110, 248
Saml. A. Rogers, 50, 110, 500, 100, 310
Rachiel Rogers, 50, 40, 150, 70, 290
Henry Cutts, Public Land, -, -, 5, 50
Charner Triplett, 80, 420, 1500, 300, 553
William O. McCown, 10, 70, 100, 5, 107

Charles Peters, 35, 45, 200, 45, 750
Mathew Gibbs, 200, 600, 3000, 300, 850
A. J. Triplett, 150, 450, 2240, 250, 814
H. D. W. Cherry, Public Land, -, -, 10, 84
Ambrose Parks, 40, 20, 60, 10, 232
Elisha Parks, Public Land, -, -, 5, 140
Noah McDaniel, Public Land, -, -, 5, 182
Jane A. Clark, 30, 50, 100, 25, 261
John C. Clark, 40, 120, 640, 15, 260
Gustavius B. Robinson, 30, 10, 60, 6, 194
Ellison Fuller, 45, 15, 60, 15, 412
Jane C. Warford, 50, 30, 200, 35, 240
Henry Lanham, 200, 480, 2000, 610, 744
James Ashmore, 100, 140, 360, 75, 360
Geo. Barrott, Public Land, -, -, 5, 170
Andrew Byerley, 40, 40, 350, 30, 260
Wm. H. Head, 50, 200, 500, 50, 210
Reuben F. Gray, 60, 260, 1200, 25, 446
Hugh Kerr, 30, 610, 1000, 175, 416
Henry Shumaker, 90, 210, 1500, 100, 643
J. R. Kennedy, 85, 275, 1100, 175, 597
John McDaniel, 50, 110, 600, 150, 310
Peter Brown, 30, 90, 360, 40, 250
Able Bennett, 30, 10, 120, 55, 336
James K. Hemphill, 10, 150, 240, 10, 100
Maria Roberts, 120, 280, 1500, 190, 360
John W. Taboris, renter,-, -, 450, 582
John C. Holmes, 120, 400, 2000, 400, 814

Saml. H. Penry, 35, 125, 480, 25, 453
Nimrod Triplett, 240, 586, 1600, 300, 656
Asbury Fleetwood, 9, 2, 500, 12, 350
James Moody, Public Land, -, -, 25, 306
Hugh M. McQueen, 7, 1, 140, 100, 594
Solomon Triplett, 375, 145, 2000, 225, 1820
Geo. W. Triplett, -, -, -, 10, 50
Sanford H. McGraw, 75, 85, 1000, 15, 129
Saml. Hyde, 40, 120, 400, 15, 448
John Peterson, 60, 100, 400, 75, 484
James Eaves, 70, 270, 1000, 35, 170
Jno. B. Eaves, -, -, -, 10, 137
Alexr. Murff, 40, -, 100, 45, 412
Jas. A. Moore, 12, 148, 400, 15, 157
Saml. Murff, 150, 170, 400, 350, 721
Moses Aldridge, Public Land, -, -, 80, 169
Jacob Frazier, Public Land, -, -, 60, 29
Benjamin Hambrick, 100, 60, 450, 75, 403
Joseph Hambrick, renter, -, -, 6, 50
Willis Nivis, renter, -, -, 10, 239
Jesse Barfield 18, 22, 200, 15, 90
Mary Craig, renter, -, -, 10, 100
Nathan Murff, Public Land, -, -, 100, 561
William Price, Public Land, -, -, 12, 92
Robert Hemphill, 40, 80, 240, 30, 400
James Moore, Public Land, -, -, 10, 130
Joseph Singleton, 100, 20, 200, 15, 296
Charles Roof, Public Land, -, -, 10, 172
Jas. Liddle, 70, 63, 400, 100, 361
Esther Liddle, 190, 250, 1050, 100, 75

John M. Chapel, 35, 35, 120, 10, 178
Jas. H. Clark, Public Land, -, -, 10, 150
Thomas Johnson, 6, 34, 100, 50, 150
Alexr. Young, 50, 210, 2000, 100, 767
William R. Parks, 40, 26, 130, 30, 120
Jefferson Mitchell, 40, 212, 315, 470, 474
Wm. D. Blue, -, -, -, 10, 390
Archibald Gillis, 30, 50, 300, 30, 250
Thomas O'Banion, renter, -, -, 10, 136
James Rogers, 50, 20, 200, 15, 175
Geo. W. Agent, 40, 40, 320, 15, 256
Wm. McCown, 60, 20, 260, 100, 264
Nancy Parks, Public Land, -, -, 5, 52
Joel A. Howell, 20, 60, 240, 10, 105
A. R. Howell, 24, 19, 575, 60, 180
John Crosby, 30, 77, 500, 75, 255
Nathaniel Curtis, 50, -, 30, 50, 350
S. A. Durham, Public Land, -, -, 5, 200
James Barber, 40, 48, 320, 50, 370
Thomas Boykin, Public Land, -, -, 90, 130
Wm. M. Porter, -, 80, 350, 30, 230
John Glenn, 200, 300, 1400, 110, 370
C. C. Clark, 20, 140, 600, 15, 221
Thomas T. Roland, 8, 72, 300, 5, 271
Geo. T. Roland, 60, 260, 1000, 80, 267
James C. Doss, renter,-, -, 10, 135
John C. Doss, 12, 28, 200, 15, 168
Joseph D. Doss, Public Land, -, -, 5, 200
James Wilson, 50, 70, 500, 30, 231
Wm. D. Nowell, renter, -, -, 10, 50
Thomas Skipper, Public Land, -, -, 3, 77
Jno. W. Shields, 20, 14, 100, 10, 60
Wm. C. Lowrey, 22, 98, 250, 10, 110
Wm. Jeffries, Public Land, -, -, 10, 260
Mary Phillips, 10, 30, 100, 10, 170
Hugh Caperton, 35, 45, 250, 10, 100
Willis Kelly, 130, 310, 1500, 200, 880
Jiles C. Lynch, 60, 100, 500, 100, 370
Bennet Proctor, 30, 50, 160, 90, 200
James Johnson, 20, 300, 200, 80, 241
J. J. J. Howard, 250, 1036, 2895, 375, 1200
Dillin Fulcher, 35, 25, 200, 10, 335
Morgan Fulcher, Public Land, -, -, 7, 45
A. J. Osborne, Public Land, -, -, -, 85
Esley Hunt, 60, 100, 600, 80, 581
Hiram Weeks, 25, 35, 120, 10, 162
Jas. W. Norris, 30, 50, 100, 80, 150
Willis Norris, 12, 68, 200, 8, 148
Daniel Blane, 45, 115, 320, 45,175
Sanford N. Norris, Public land, -, -, 5, 90
Henry VanLaningham, 65, 335, 280, 140, 405
Wm. Sanders, Public Land, -, -, 3, 80
William Peevy, Public Land, -, -, 3, 34
Hiram Harkins, 25, 15, 120, 10, -
Derrill Harkins, 1,-, -, 10, 240
Jno. B. Berry, 12, 60, 200, 10, 90
Thos. P. Brown, 40, 120, 300, 65, 284
J. P. S. Brown, Public Land, -, -, -, 85
H.C. Durant, 70, 170, 600, 36, 285
Saml. J. Marshall, renter,-, -, -, 45
Maria King, Public Land,-, -, 5, 120
Henry Steel, 45, 115, 300, 15, 290
Peter Lowrey, 100, 40, 300, 160, 886
Jas. Moore, 150, 290, 200, 75, 775
Jno. Lockridge, renter,-, -, 15, 242
A. T. Hannah, 180, 540, 200, 215, 1035
D. W. Knox, 65, 116, 600, 65, 486
A. T. Hannah, renter, -, -, -, 135
David Stephens, 40, 160, 500, 120
Geo. Bradley, 5, -, -, -, 110

Jno. Gaston, 15, 25, 175, 5, 83
C. S. Malone, 25, 25, 175, 15, 105
Jas. Cottege, 20, 60, 400, 60, 138
Elijah Cottege, Public land, -, -, 5, 137
Nathaniel Woodward, 60, 60, 4000, 850, 1713

Elizabeth Hannah, 40, 200, 600, 100, 384
Elizabeth McMillan, 150, 500, 3000, 100, 755
Hartwell Macon, renter, -, -, 50, 287
A. D. Blackwell, 8, 152, 160, 6, 120

Yalobusha County, Mississippi
1850 Agricultural Census

The University of North Carolina at Chapel Hill filmed the 1850 agricultural census for Yalobusha County from originals at the Mississippi State Department of Archives and History under a grant from the National Science Foundation in 1963.

Columns 1, 2, 3, 4, 5, and 13 represent the following information on the census:
1. Name of Owner, Agent or Manager of Farm
2. Acres of Improved Land
3. Acres of Unimproved Land
4. Cash Value of the Farm
5. Value of Farming Implements and Machinery
13. Value of Livestock

E. S. Fisher, 60, 40, 2800, 140, 570
O. P. Carr, 25, 200, 1000, 250, 750
John Taylor, 50, 110, 100, 25, 315
O. B. Hooper, 80, 155, 1100, 30, 300
B. F. Burne, 75, 235, 900, 75, 500
Nimrod Marcum, 90, 110, 1250, 100, 350
John Brown, 165, 634, 3000, 375, 1300
Ben Williams Jr., 80, 580, 2000, 100, 500
H. W. Winter, 200, 275, 4000, 300, 700
J. H. Rayburn, 130, 70, 1600, 250, 350
John Connor, 75, 300, 1400, 120, 335
James Broadstreet Jr., 36, 127, 800, 20, 175
J. W. Irby, -, -, -, -, 100
W. A. Bryant, -, -, -, -, 10
Tilley W. Carr, 300, 300, 8000, 600, 1000
D. M. Rayburn, 5, 7, 32, -, 75
James Baker, 70, 150, 1200, 200, 300
John Baker, -, -, -, -, 33
J. Q. Rayburn, -, 6000, 6000, -, 100
Bartley Brown, -, -, -, -, 35
Geo. W. Chapman, -, 160, 400, -, 25
Robert Littleton, 40, 120, 600, 100, 175
S. Bell, -, 80, 250, 100, 350
Thomas Casbry, 500, 500, 7000, 500, 1500
Lilla A. Harrison, 70, 130, 1000, 25, 200
J. K. Patton, -, -, -, -, 30
J. M. Fory, -, -, -, -, 18
W. D. Johnson, -, -, -, -, 30
W. W. Alexander, -, -, -, -, 65
Simeon Rinnels, 8, -, 500, 8, 122
W. E. Ballard, 3, -, 400, 100, 66
Curtis Terry, 75, 480, 1400, 65, 250
H. H. Bridgen, -, -, -, 10, 200
Joseph Caldwell, 7, -, 500, 500, 400
Wm. Cook, -, 80, 400, -, 15
J. T. Bland, 50, 350, 600, 7, 200
Dubart Barton, 54, 200, 750, 125, 425
W. R. Booth, 150, 210, 2500, 200, 400
Z. T. Tankersly, 70, 90, 500, 150, 200
M. M. Tankersly, -, -, -, -, 200
Daniel Young, 150, 410, 3000, 150, 300
R. F. Holt, -, -, -, -, 130

E. W. Smith, 65, 172, 600, 75, 200
Wm. Johnson, 40, 93, 400, 15, 133
James R. Finch, 75, 300, 1150, 10, 225
Isaiah Brannam, 18, 600, 3200, 10, 295
F. M. Marcum, -, -, -, -, 57
Andrew Irby, -, -, -, -, 100
A. S. Campbell, 40, 280, 200, -, 100
Green Wood, 120, 520, 850, 50, 350
Moses Woody, 40, 65, 400, 75, 135
Lewis P. Taylor, 80, 520, 1500, 75, 550
Thomas Bayley, -, -, -, -, 160
John Williams, 80, 560, 2560, 30, 1050
R. J. Murphy, 65, 100, 800, 25, 360
J. C. Campbell, 50, 270, 800, 150, 500
Ben Williams Sr., 300, 340, 2000, 250, 2000
A. K. Duke, 100, 340, 1800, 15, 430
A. M. Wamack, 40, 120, 560, 120, 450
Gershorn Hunt, 25, 40, 100, 10, 142
J. H. White, 25, 55, 400, 10, 170
Larkin Turner, 50, 110, 500, 15, 250
Elbert Bayless, 60, 420, 1500, 125, 400
Philip Miton, 40, 60, 250, 20, 200
Dempsey Dietz, 150, 370, 780, 300, 1150
Jno. W. Phelps, 40, 300, 400, 15, 175
Elias York, -, -, -, 80, 404
J. M. Duranet, 20, -, 100, 10, 160
Isaac Dismukes, 100, 185, 1500, 175, 450
James D. Bell, 60, 60, 360, 65, 250
Isaac Jones, 100, 380, 1200, 90, 465
Cordy Pate, 25, 15, 100, 10, 110
L. Nelson, 30, 130, 400, 65, 90
James Gordon, 65, 255, 900, 50, 330
Wm. S. Metcalf, 115, 350, 3000, 100, 605
R. Spearman, 230, 410, 2500, 350, 690
James R. Fox, 200, 180, 2000, 500, 850
W. B. Johnson, 36, 150, 500, 20, 390
Wm. N. Terry, 25, 140, 300, 10, 250
Willis Terry, -, -, -, 10, 90
Calloway Harbor, 25, 300, 500, 60, 130
W. N. Metcalf, 40, 170, 400, 75, 290
Edwd. Spearman, 120, 100, 700, 75, 570
Henry Carter, 75, 1120, 1400, 140, 750
Geo. W. Wood, -, 50, 400, 60, 100
Peter Graham, -, -, -, -, 10
Thomas Ward (Wood), -, -, -, 5, 30
H. B. Johnson, 15, 115, 200, 10, 190
W. W. Hamlet, 60, 100, 350, 100, 330
Miles Ginn, 30, 130, 300, 60, 480
Wm. M. Pollan, -, 120, 250, 200, 170
Danl. Roberson, 1 ½, 4, 400, 150, 170
T. A. Cheves, 65, 65, 1500, 200, 250
Annis Burns, 180, 180, 1500, 200, 805
Jno. W. Derden, 200, 250, 500, 200, 1200
Sam. L. Burns, 40, 80, 300, 60, 703
T. J. Neely, -, -, -, -, 70
P. Summerlin, 40, 230, 650, 130, 90
J. P. Boydston, 120, 100, 2500, 300, 950
J. P. Boydston Jr., 50, 110, 500, 200, 410
R. B. Thacker, 130, 240, 900, 150, 352
B. T. Bowen, 65, 255, 800, 25, 490
Danl. T. Weaver, 110, 90, 1000, 100, 614
Jno. Jones, 100, 340, 1000, 800, 450
Chas. W. Cooke, 53, 130, 600, 100, 300
J. M. Holmes, -, -, -, 150, 320
Sarah Abels, 100, 60, 1200, 100, 300
Sam Wood, -, -, -, -, 130
S. M. Harris, 30, 130, 250, 20, 120

R. H. Morrison, 70, 103, 1000, 75, 450
Elisha Moore, 200, 500, 3000, 300, 860
E. J. Moore, 40, 280, 1300, 100, 410
Lewis W. Moore, 90, 390, 2000, 200, 580
John Sperry, 30, 1800, 4000, 200, 3700
L. Roberson, 100, 100, 1200, 50, 420
Rasha Roberson, 150, 210, 2500, 175, 1070
John O. Hudspeth, 30, 178, 700, 125, 675
David Pate, 34, 125, 200, 10, 105
Thos. S. Johnson, -, -, -, -, 60
M. D. Nirane, 200, 416, 2000, 500, 1135
P. L. Lankford, 65, 575, 1000, 70, 435
Geo C. Buntin, -, -, -, 20, 310
Wm. Buntin, 180, 1770, 3500, 100, 945
T. J. W. Bridgers, 1400, 2950, 25000, 3000, 256
Isaiah Harbour, 200, 760, 9500, 580, 780
John Hall, 70, 280, 640, 60, 400
Jno. S. Sanborn, 600, 7800, 10000, 840, 2875
J. H. Hall, 70, 150, 600, 80, 260
Jesse B. Porter, 35, 190, 500, 15, 185
Esther Porter, 30, 50, 250, 10, 313
Eli Dethero, 10, 150, 100, 5, 31
Gideon T. Hervey, 300, 900, 2000, 500, 800
Wm. Avent, -, -, -, -, 200
Fred. Hill, 55, 95, 500, 25, 225
Geo. W. Hill, -, -, -, 15, 40
Wm. Hill, 80, 80, 400, 60, 175
D. L. Young, 30, 110, 600, 10, 100
Winifred Higgs, 40, 65, 624, 160, 440
Carter Wheelus, 30, 190, 450, 75, 185
Carter Philips, -, -, -, 25, 140
Samuel Johnson, -, -, -, -, 150
L. M. Dew, -, -, -, -, 100
Henry Persons, 250, 2250, 5000, 200, 900
Isaac B. Pearson, 250, 3750, 8000, 350, 1600
Abram Harrell, 40, 120, 450, 25, 175
G. W. Merrell, 160, 310, 1000, 150, 470
Jno. Armstead, 20, 140, 100, 10, 144
J. G. Coleman, 290, 600, 2600, 200, 300
B. W. Avent, 50, 110, 300, 150, 350
Sylvester Wilkie, 65, 270, 1000, 125, 335
J. C. Nicholson, 180, 380, 2500, 500, 560
Wm. Gilmer, 50, 100, 1100, 100, 520
D. Lusk, 25, 295, 200, 17, 50
J. G. Shilinger, -, -, -, 16, 138
Elizabeth Morrison, 140, 160, 1200, 200, 725
Wm. A. Carr, 300, 960, 6000, 450, 1287
Jona. Gilleland, -, -, -, -, 240
B. L. Thompson, -, -, -, -, 95
J. W. Perkins, 90, 230, 1000, 150, 725
W. S. Perry, -, -, -, -, 85
C. H. Gray, 80, 260, 1650, 100, 375
E. D. Greene, 60, 100, 700, 80, 300
J. W. Keesler, -, -, -, -, 85
Wm. Elzey, -, -, -, 10, 137
Thomas L. Coffer, 22, 275, 500, 65, 225
Thos. B. Brandon, -, -, -, 10, 50
H. P. Coffer, 15, 155, 200, 10, 260
S. Carmichael, -, -, -, 5, 60
Isaiah Stafford, -, -, -, -, 35
Isaac Hobart, 150, 530, 2700, 200, 625
Jno. Broadstreet, 40, 120, 400, 35, 370
W. H. Mylam, 15, 145, 400, 15, 180
Annie Durrett, 25, 115, 150, 10, 240

W.B. Johnson, 40, 270, 1600, 200, 500
J. M. Martin, 20, 140, 300, 10, 75
Berry Barton, 12, 68, 300, 12, 60
Z. A. McElroy, 40, 760, 5000, 250, 380
John Burgess, 75, 325, 1500, 420, 325
J. D. Crawford, -, -, -, 10, 185
M. Bailey, 75, 145, 1000, 20, 130
J. Simmons, 25, 120, 600, 15, 215
John Coffer, 25, 420, 300, 20, 100
John Momac, -, -, -, -, 20
Joseph Roberts, 40, 120, 300, 15, 125
Alex. Tabb, 1000, 300, 2200, 330, 680
Isaac Dunham, -, -, -, 10, 85
M. Dickerson, -, -, -, 10, 28
David Hill, 23, 300, 900, 300, 200
J. M. Rice, 75, 300, 1500, 200, 780
Pliny S. Turk, 70, 180, 1000, 250, 260
Gray Cobb, 70, 320, 400, 100, 590
Thos. W. Shannon, 120, 700, 5000, 200, 690
B. F. Wilson, 30, 130, 200, 40, 115
H. F. Hayle, 15, 145, 500, 15, 80
M. McCrelis, -, 80, 80, 50, 140
E. Broam, 60, 280, 1300, 100, 330
Benj. B. Langham, 80, 80, 1250, 200, 350
Robert Waters, -, -, -, 8, 16
J. P. Ragan, 20, 100, 500, 100, 350
James Turner, -, -, -, 10, 80
William Hare, -, -, -, 21, 110
Joseph Riddick, -, -, -, 276, 950
Henry Booth, 40, 80, 500, 55, 225
L. Johnson, 80, 500, 2000, 55, 425
James W. Gibson, -, 805, 150, 15, 75
N. C. Snider, 30, 150, 2000, 100, 320
Henry Cloniger, -, -, -, -, 35
Henry Cloniger, -, -, -, -, 112
John M. Bradford, 100, 400, 900, 100, 300
Asa M. Bradford, 100, 60, 800, 100, 440
J. M. Boyd, 600, 1320, 5500, 370, 1970
B. Benson, 90, 230, 1000, 125, 510
Jane Groce, 13, 27, 50, 65, 100
Henry Craig, 60, 400, 1000, 40, 300
M. Prince, -, -, -, 10, 165
J. S. Alexander, -, -, -, 10, 235
Geo. W. Wright, 65, 555, 1500, 150, 460
J. L. Hutson, -, -, -, 15, 270
Saml. Scott, 30, 130, 400, 25, 336
Jos. Matheny, 20, 30, 500, 10, 300
Tarlton Hughes, 75, 130, 900, 80, 640
Wm. Taylor, 95, 383, 1800, 310, 825
Claiborne Taylor, 20, 80, 260, 50, 160
Leeman Haile, 75, 205, 1200, 100, 460
D. P. Philips, 50, 347, 2000, 100, 415
Wm. Bobbitt, 125, 250, 4500, 325, 650
S. V. Gillespie, 40, 280, 600, 75, 320
J. A. M. Jeffrys, 30, 130, 500, 15, 265
W. Mills, 40, 120, 600, 40, 340
Wm. H. Brown, 250, 500, 300, 150, 720
Jno. Kuykendall, 40, 120, 500, 15, 175
A. Turner, 200, 280, 1600, 600, 1000
B. Kuykendall, 15, 145, 200, 75, 230
Thomas Martin, 90, 110, 1000, 60, 340
James Mullens, 18, 22, 150, 20, 170
Geo. W. Durrett, 30, 130, 500, 20, 60
W. Telay, -, -, -, 30, -
Pleasant Irby, 70, 250, 500, 100, 390
S. Murphy, 60, 240, 1200, 120, 450
W. R. McMullen, -, -, -, -, 30
J. M. Quinn, -, -, -, 10, 160
Mar. J. Newberry, 65, 100, 800, 125, 430

S. Greene, 15, 145, 200, 8, 100
Joseph P. Kelly, 75, 125, 600, 50, 375
A. S. Hamilton, 40, 120, 300, 10, 290
S. Jackson, 4, 156, 200, 15, 215
John Wade, 100, 180, 850, 25, 614
J. H. McKinney, 40, 120, 250, 110, 700
J. M. Creekmore, -, -, -, 15, 390
W. H. W. Wyatt, 300, 150, 500, 500, 1455
Henry Mann, 35, 45, 200, 10, 240
D. R. Pitman, 80, 120, 600, 40, 500
W. Hollingsworth, -, -, -, 90, 390
E. Rutherford, -, -, -, 20, 425
Mary Smith,-, -, -, 15, 500
O. Carpenter, -, -, -, 15, 115
R. B. Chambliss, 50, 150, 1000, 350, 445
John Criss, 85, 115, 1200, 330, 614
John Guffee, -, -, -, -, 45
William Spears, 60, 600, 1000, 100, 375
Peter Smith, 80, 180, 1200, 50, 415
James Holly, -, -, -, 30, 285
Stephen Smith, -, -, -, 20, 350
Wm. Loper, -, -, -, 10, 275
Anelly Cohea, 30, 130, 500, 55, 125
P. Tilman, 110, 130, 1500, 590, 675
R. Koones, 30, 60, 400, 20, 428
R. Smith, 20, 140, 300, 15,125
W. F. Hendricks, -, -, -, 15, 30
J. S. McKelvey, -, -, -, 10, 150
J. M. Means, -, -, -, 10, 14
G. J. Ryan, 40, 120, 750, 65, 265
G. J. Davis, 25, 55, 500, 15, 200
R. Currington, 20, 20, 200, 15, 140
James Weir, 60, 150, 1000, 60, 500
J. Vanhoosen, 170, 790, 5000, 100, 460
W. Vanhoosen, -, -, -, 5, 70
D. R. Sanderson, 50, 110, 1000, 160, 630
Major Kael, 30, 50, 500, 15, 480
Danl. Peet, 40, 120, 500, 125, 245

J. W. Traywick, -, -, -, 35, 145
F. E. Dailey, 100, 220, 1520, 100, 595
Thos. B. Gage, 80, 80, 1000, 35, 415
R. Horton, 120, 500, 8500, 510, 800
J. O. J. Smith, 80, 160, 1200, 80, 300
M. F. Davis, -, -, -, 100, 490
David Carter,-, -, -, 10, 180
S. Mounger, -, -, -, 10, 175
W. Howell, -, -, -, 10, 160
D. Dulaney, -, -, -, 90, 270
R. W. Creekmore, 40 185, 825, 340, 580
E. P. Provide, 60, 140, 800, 15, 230
Jno. L. Campbell, 75, 150, 600, 75, 395
Allen Barr, 30, 130, 400, -, -
Jacob Parker, 50, 190, 600, 110, 650
D. Strickland, 15, 25, 100, 10, 110
Eli Merritt, 30, 50, 500, 10, 218
Joel Mills, -, -, -, 115, 680
A. D. Mills, 50, 110, 560, 6, 260
T. R. Davis, 30, 130, 400, 15, 160
Benj. Flowers, 50, 110, 1200, 95, 630
Wm. Flowers, 30, 120, 400, 15, 250
A. Stearns, 30, 130, 300, 20, 200
Thos. H. Alsup, 30, 260, 700, 140, 360
Richd. Easley, 45, 195, 1000, 80, 775
H. Wilkinson, -, -, -, 10, 337
Saml. Denton, 40, 60, 150, 80, 275
D. Denton, 70, 290, 1500, 75, 614
Thomas T. May, 250, 430, 2000, 400, 00
Wm. Parr, 60, 80, 200, 95, 170
J. H. Stokes, -, -, -, 100, 200
P. M. Cuess, 50, 70, 300, 10, 185
E. R. Gill, 30, 90, 1000, 20, 130
Robert Weldon, 40, 40, 150, 20, 130
H. Fox, 40, 360, 1100, 90, 236
J. F. Combes, 50, 110, 400, 15, 365
S. Doolittle, 70, 90, 300, 25, 440
S. Griffin, 80, 130, 800, 6, 200
Thomas Johnson, -, -, -, 10, 215

Hugh Johnson, 40, 40, 150, 110, 300
John Shaw, 150, 490, 1000, 280, 840
V. Lay, 75, 120, 2000, 366, 580
N. Coe, -, 80, 200, 25, 250
R. Fushome, 45, 125, 550, 20, 144
S. Long, 200, 440, 100, 150, 1000
Wm. B. Brooks, 200, 280, 2500, 400, 850
J. H. Harris, 45, 80, 700, 140, 540
Jonathan Dietz, 75, 125, 600, 100, 275
Silas McMullen, -, -, -, -, 10
Thomas McMullen, -, -, -, -, 110
J. H. Ferguson, -, -, -, 15, 470
Richard Godfrey, 25, 40, 300, 20, 445
W. H. Hardin, 100, 240, 1000, 60, 590
Alfred C. Craig, -, -, -, 75, 500
M. Reed, 100, 500, 4250, 80, 760
David Craig, 40, 120, 600, 60, 160
Moore Moore, 340, 700, 4300, 624, 1225
M. Crenshaw, 50, 190, 500, 100, 365
Miles Pipkin, -, -, -, 25, 160
M. W. Emerson, 45, 160, 700, 20, 185
Stewart Pipkin, -, -, -, 15, 185
W. B. Crosswait, 25, 120, 400, 13, 160
James P. Ming, 120, 370, 1400, 125, 590
W. Elam, 40, 120, 600, 15, 135
R. F. Alexander, -, -, -, 140, 380
N. B. Thweat, 40, 120, 400, 70, 390
J. E. Thweat, -, -, -, 40, 500
R. Hardin, 80, 210, 2000, 230, 600
W. D. Moore, 387, 500, 2360, 430, 1080
Wm. Hughes, -, -, -, 40, 95
L. C. Barnett, 300, 340, 4000, 550, 1065
W. J. Hamilton, 250, 450, 3500, 700, 1500
T. B. Hamilton, 130, 510, 3280, 120, 400

Geo. Landon, 30, 240, 1200, 15, 130
W. Ramsey, -, -, -, 20, 160
Ransom Turner, 55, 165, 800, 45, 520
T. A. Buckley, -, -, -, 50, 1400
G. W. Thacker, -, -, -, 5, 180
T. M. Duke, 160, 160, 1100, 600, 1395
James Henderson, 100, 300, 2000, 150, 630
Rufus Cato, -, -, -, 90, 420
A. B. Alexander, -, -, -, 45, 540
J. J. Ward, 150, 350, 700, 320, 775
Jackson Little, 16, 40, 300, 15, 190
G. W. Calvert, -, -, -, 15, 300
Hugh Rogers, -, -, -, 15, 120
P. B. Thweat, -, -, -, 20, 140
J. T. Ward, -, -, -, 400, 565
Sam Taylor, 50, 110, 600, 68, 270
Wilson Ferrell, -, -, -, 25, 108
L. A. Hugh, 150, 100, 50, 275, 400
Alanson Herron, 130, 145, 425, 125, 330
James Herron, 110, 50, 700, 150, 585
Jackson Bell, -, -, -, 25, 120
F. H. Davis,-, -, -, 25, 190
T. McCluney, 120, 40, 900, 320, 410
W. M. Duke, 100, 450, 1650, 55, 450
R. A. Duke, 100, 260, 1280, 20, 365
Alex. Buntin, -, -, -, 225, 170
Elenor Duke, 200, 400, 1500, 530, 990
B.M. Harris, 400, 80, 1440, 500, 1230
Wm. O. Perkins, 200, 150, 850, 350, 760
B. T. Witt, 700, 300, 3000, 300, 1200
J. J. Hutson, -, -, -, 15, 250
Henry Gray, 60, 100, 250, 65, 340
Richard Coulter, 40, 310, 00, 72, 415
Stewart Pipkin, 50, 430, 1000, 55, 300
M. Pipkin, 30, 66, 400, 15, 215
E. Bruce, 20, 50, 400, 15, 110

J. M. Long, 20, 260, 900, 70, 325
R. W. Parker, 80, 100, 800, 600, 400
Isaac Harris, 32, 158, 550, 30, 255
H. A. Riddick, 600, 400, 4000, 1400, 1850
Judith Towne, 300, 150, 3500, 600, 1300
Rawley Dodson, 80, 80, 800, 85, 400
J. C. Robinson, 30, 90, 550, 50, 200
W. S. Jones, 200, 342, 1350, 780, 1425
Seth W. Jones, 1100, 1300, 7000, 1350, 2050
J. A. Maris, 700, 260, 1330, 1050, 1860
S. Mallory, 600, 200, 4200, 800, 1230
Nathan Clay, 50, 300, 200, 40, 375
M. W. Powell, 350, 330, 3500, 1200, 940
John J. Garner, 190, 280, 4000, 85, 1050
Priestly Glasscock, -, -, -, 15, 125
Robert Brooks, 175, 140, 3000, 275, 900
W. C. Mitchell, -, -, -, 8, 48
S. Barnes, 77, 450, 1500, 35 290
J. J. Gage, -, -, -, 115, 310
J. G. Hall, 150, 300, 3000, 425, 624
Benj. Land, 300, 300, 000, 300, 800
John L. Skure, 300, 420, 5000, 350, 925
John C. Stokes, 300, 500, 6000, 910, 1125
James T. Williams, 200, 40, 900, 50, 1060
Hugh Torrance, 600, 600, 7500, 1300, 2450
H. N. Thornton, 80, 80, 1600, 60, 265
Julia Huggins, 200, 200, 2500, 750, 1100
James G. Kelly, 150, 140, 800, 400, 950
L. Spearman, 300, 520, 300, 360, 1120

P. Summerlin, 25, 200, 600, 125, 120
Carrol Marcum,-, -, -, 15, 80
Sarah Coffelt, 50, 100, 700, 20, 160
W. T. Williams, -, -, -, 20, 230
R. A. Hervey, 90, 60, 800, 75, 390
S. Holley, -, -, -, 10, 15
Jordan Williams 150, 700, 4500, 115, 890
Wm. M. Martin, 60, -, 300, 20, 325
John E. Holley, 30, 48, 400, 15, 105
G. W. Holley, 12, 28, 148, 300, 90
T. P. Duncan, -, -, -, -, 30
James M. York, 80, 230, 2000, 190, 330
Daniel York, 30, 210, 600, 1030, 340
Robert Perkins, 50, 280, 700, 80, 550
John Milton, 50, 270, 500, 60, 135
Ivey Stafford 30, 130, 200, 25, 80
Geo. Stafford, -, -, -, 10, 20
John M. French, -, -, -, 10, 95
Alfred Johnson, 28, 132, 400, 10, 75
T. J. Rector, 30, 227, 500, 60, 235
Thos. S. Holland, 75, 125, 600, 60, 120
Matthew Richards, -, -, -, 325, 1790
Mary Montgomery, 100, 300 2000, 95, 288
W. Barton, 100, 60, 500, 110, 350
James Boyle, 75, 457, 500, 50, 185
Raborn Davis, 60, 270, 1000, 80, 480
J. A. Crozier, 30, 500, 300, 60, 200
J. G. Brown, -, -, -, 18, 140
Geo. W. Bellamy, 50, 80, 1300, 165, 320
A. Goodwin, -, -, -, 10, 75
James Broadstreet, 90, 110, 600, 60, 275
Richard Renshaw, 40, 40, 250, 15, 145
M. E. Thompson, 350, 350, 3000, 700, 1800
J. E. Leigh, 155, 320, 3200, 570, 725
J. M. Wilbornn, 80, 40, 600, 100, 550

Peter Slaughter, 30, 100, 200, 15, 150
E. McCracken, 180, 250, 300, 80, 525
M. Butler, 40, 80, 600, 35, 175
Richard Hardy, 120, 80, 600, 100, 460
Lewis Keys, -, -, -, 190, 190
Jesse Griffin, 80, 300, 1000, 55, 500
Joel Hill, 220, 480, 2100, 420, 720
S. Parks, 100, 200, 1200, 75, 570
A. J. Johnson, -, -, -, 80, 200
John Wrenn, -, -, -, 10, 115
Lucy M. Leigh, 800, 1600, 10000, 660, 1900
M. Talbert, 400, 350, 2500, 600, 1140
H. J. Cunk, 65, 279, 600, 65, 300
Jno. Yates, 80, 15, 500, 50, 300
A. T. Townes, 850, 350, 3000, 1050, 1900
Rob. G. Harrison, 50, 70, 330, 70, 260
Thoms. Dollahite, 30, 150, 1100, 40, 195
Thoms. Dollahite, -, -, -, -, 1
Mack Minter, 100, 140, 400, 60, 375
Eben. Minter,-, -, -, -, 430
E. Newbury, 50, 30, 400, 50, 140
Richd. Towns, 270, 420, 1300, 650, 1590
Rachel Stone, 23, 10, 50, 20, 200
John B. Reid, 75, 400, 600, 60, 315
Henry Harris, -, -, -, 50, 250
Isaac D. Baker, 185, 300, 1200, 370, 630
L. N. Whiten, 50, 150, 700 60, 240
W. G. Curry, 22, 88, 400, 15, 325
J. P. Lemay, 30, 130, 300, 50, 150
Alanson Curry, 35, 85, 500, 15, 210
John Matthews, 45, 300, 400, 25, 320
Jno. M. Curry, 15, 85, 500, 105, 290
Asa Holland, 60, 520, 1000, 100, 550
John Hall, 200, 240, 3000, 600, 1180
John Boone, 140, 160, 1500, 450, 955
L. Quarles, 40, 200, 1000, 10, 220
W. J. Brown, -, -, 70, 10, 125
Albert Holt, 50, 110, 300, 25, 130
J. G. Leigh, 30, 130, 500, 30, 260
A. J. Johnson, -, -, -, 10, 100
W. A. Crems, -, -, -, -, 80
D. D. Patterson, 55, 105, 1200, 55, 580
W. T. Doyle, 100, 450, 800, 85, 880
Elias Gentry,-, -, -, 10, 290
D. Greenhill, -, -, -, 25, 450
Wiley Gentry, 130, 170, 1000, 175, 850
Thomas Simmons, 700, 700, 12000, 1200, 2200
J. T. Evans, -, -, -, -, 320
W. T. Wortham, -, -, -, -, 80
Margaret Cachorey, -, -, -, -, 380
M. D. Murray, 350, 330, 3500, 375, 1050
J. F. Yates, 120, 40, 700, 100, 790
E. Palmer, 250, 50, 1600, 300, 850
Samuel Brunson, 75, 90, 700, 50, 230
E. F. Brunson, -, -, -, 10, 125
Levi Davis, 150, 350, 1500, 350, 800
Joseph Tillman, 60, 20, 500, 60, 360
John Willbornn, 50, 420, 3000, 600, 840
John Trible, 250, 250, 1600, 80, 360
W. T. Birdeshaw, 100, 200, 1000, 125, 500
H. Moring, 100, 130, 500, 70, 624
James Cook, 400, 500, 2000, 275, 750
Saml. R. Garner, 500, 300, 4000, 640, 1650
T. C. Leland, 40, 120, 1000, 30, 370
Wm. Norwood, -, -, -, 10, 100
John Roach, 400, 360, 2500, 260, 560
Myra Purde, -, -, -, 65, 300
J. _. Turner, 150, 420, 3000, 600, 840

Joel H. Walter, 150, 100, 3500, 10, 260
M. Skurlock, 200, 200, 2000, 540, 1050
Ed. Dalbert, 70, 290, 1600, 70, 362
Martha White, 30, 130, 400, 20, 435
John Leigh, 220, 460, 2500, 70, 730
Edwd. Wade, 60, 190, 2000, 48, 400
F. G. Wrenn, 50, 210, 2500, 75, 480
S. F. Crabb, -, -, -, -, 145
Rob. Mullens, 20, 12, 200, 80, 500
Susan Ragsdale, 6, -, 30, 75, 675
Eliza Tubeville, -, -, -, -, 40
John Campbell, 1200, 500, 5000, 1300, 1350
John McSwine, 380, 500, 5000, 600, 1750
W. H. Winter, 350, 550, 4000, 1500, 1500
J. R. Baker, 360, 280, 2000, 400, 1350
S. Cartledge, 100, 100, 1000, 150, 420
Thomas Carrol, 8, 82, 200, 3, 60
Giles B. Carrol, 100, 120, 1000, 80, 500
D. G. Ewing, 50, 190, 800, 75, 350
J. B. Harris, 60, 60, 650, 50, 510
John Harris, 10, 70, 200, 10, 210
John Harris, -, -, -, -, -
John Owens, 40, 160, 500, 20, 210
Jesse D. Maloney, 250, 50, 1500, 75, 670
W. Jennings, 110, 400, 200, 125, 750
W. Priddy, 160, 350, 1600, 255, 535
R. S. Bowles, 300, 230, 15600, 600, 1260
Egbert Martin, 80, 160, 2000, 120, 800
James H. Davis, 400, 240, 3800, 465, 965
A. Martin, 425, 400, 7000, 800, 1540
S. P. Kendall, -, -, -, 20, 100
Wm. Minter, 600, 1200, 14000, 1200, 1490
Richd. B. Stokes, 300, 290, 6400, 800, 1520
A. Stratham, -, -, -, 900, 10745
Harris Walton, 300, 160, 3200, 400, 850
J. E. Crenshaw, 150, 200, 2200, 150, 850
G. L. Martin, 110, 210, 1500, 500, 640
D. A. Martin, 50, 70, 600, 10, 175
H. Tomlinson, 130, 130, 1000, 30, 350
Robert Winn, 300, 160, 3500, 800, 1500
Thos. Hardeman, M, 450, 510, 8000, 1500, 1800
W. B. Wilbourn, 400, 500, 5000, 840, 1500
Alex. Barksdale, 600, 400, 5000, 800, 2200
E. Johnson, 60, 100, 700, 50, 270
E. Pate, -, -, -, 10, 90
Wm. C. Bell, 55, 70, 800, 70, 275
L. H. Poytress, 70, 90, 1500, 40, 225
H. N. Edmonds, 600, 1800, 12000, 1200, 1800
A. C. Thompson, -, -, -, -, 20
Henry Stephens, -, -, -, -, 180
Henry Gibson, 10, -, 175, -, 75
Isaac Kuykendall, 150, 210, 2000, 460, 700
Wilson Frost, 200, 250, 1000, 385, 840
Eliza Darby, 100, 350, 1600, 100, 675
H. J. Douglass, 25, 15, 300, 100, 245
Wm. Price, 60, 100, 600, 75, 400
J. H. Payne, 30, 60, 300, 50, 185
P. B. Littleton, 55, 65, 200, 85, 520
Elizabeth Corvan, 40, 80, 500, 65, 375
N. Wilks, 100, 310, 1000, 70, 485
John Johnson, 10, 30, 150, 40, 380
J. J. Hunt, 15, 25, 150, 35, 220
E. Welch, 30, 130, 600, 15, 285
Henry Wolfe, 12, 143, 250, 10, 78

Letley Gilmer, -, -, -, 10, 80
R. T. Shaw, 40, 120, 100, 40, 240
Charles Mattox, -, -, -, 115, 15
Thomas Ederington, 140, 320, 1200, 250, 1050
Jno. G. Ramsay, 100, 270, 1300, 130, 600
Jno. Aymett,-, -, -, -, 120
Thos. Sutton, 20, 400, 400, 70, 320
Asa. Burrell, -, -, -, -, 75
Jno. Gore, 25, 210, 200, 15, 315
C. Gore, 33, 190, 600, 20, 500
J. J. Edwards, 60, 270, 800, 100, 325
Nathl. Hawkins, 12, 150, 400, 70, 220
Moses Hunt, 60, 100, 400, 70, 230
Henry Maulden, 70, 90, 60, 50, 225
Levi Thomasson, -, -, -, 30, 25
G. T. Payne, 35, 125, 500, 75, 200
S. D. Hawkins, 30, 130, 500, 70, 450
H. Hawkins, 30, 230, 600, 65, 450
D. L. Vanwinkle, 40, 60, 600, 75, 163
J. S. Dyer, -, -, -, 35, 165
Thomas Reed, 30, 130, 600, 20, 270
John Stephens, 45, 112, 400, 60, 250
E. Smith, 40, 120, 600 60, 260
James Henderson, -, -, -, 15, 180
Saml. Henderson, 22, 138, 300, 10, 120
Susan Osborne, 20, 35, 300, 10, 125
James Lester, 150, 275, 1000, 365, 600
S. Wardlow, 100, 1800, 1000, 140, 400
Henry Keiblen, -, -, -, 40, 150
G. B. Robinson, -, -, -, 10, 120
Susan Brown, 15, 65, 500, 10, 25
Hezekiah Wilcox, -, -, -, 10, 115
Daniel Harrison, -, -, -, 100, 120
D. Brown, 60, 60, 400, 10, 75
James Murray, 130, 270, 2000, 200, 550
J. S. Tatem, 25, 175, 800, 15, 325
John Doherty, 100, 150, 1000, 20, 400

Wm. Brown, 50, 110, 800, 450, 450
C. Harkreader, 45, 75, 550, 46, 60
Wm. Holliday, 16, 34, 200, 20, 190
T. P. Waits, 40, 60, 600, 75, 280
M. Gattes, -, -, -, -, 125
Allen Gattes, 100, 200, 1600, 140, 665
W. H. Pointer, 275, 365, 2500, 575, 1300
J. Swearingen, 150, 200, 1200, 280, 1400
W. Swearingen, 120, 100, 1000, 80, 900
Geo. Swearingen, 120, 120, 1000, 350, 700
Sidney Davidson, 75, 20, 1000, 100, 730
Johnson Buntin, 80, -, 500, 155, 225
T. M. Sims, -, -, -, -, 55
J. W. Leach,-, -, -, -, 90
Green D. Moore, 36, 15, 550, 50, 260
D. T. Sayle, 300, 550, 2100, 950, 1300
Rob. Chance, -, -, -, 200, 300
R. E. Wilbourn, 60, 20, 800, 70, 300
W. H. W. Price, -, -, -, -, 10
John B. Ashe, 17, 320, 500, 100, 215
Wm. Black, 25, 50, 400, 15, 550
James Moore, -, -, -, 200, 565
John Collins, -, -, -, 75, 198
B. F. Davis, -, -, -, 150, 145
W. Vanoy, -, -, -, -, 380
W. Jackson, 12, -, 150, 10, 160
Isaac Emerson, 80, 80, 400, 68, 275
Greene Sayle, 150, 50, 600, 75, 670
R. S. Rayburn, 1200, 800, 13000, 2700, 2300
W. Henderson, 50, 110, 300, 85, 215
Saml. Steel, -, -, -, 15, 140
T. J. Hunt, 20, 140, 350, 15, 165
S. Marcum, 15, 145, 350, 10, 130
R. Savage, 50, 110, 200, 100, 500
Eli M. Driver, 700, 1000, 5000, 700, 2250
P. M. Cobb, 16, 68, 250, 10, 150

Jno. H. Fergerson, 50, 270, 600, 50, 260
Geo. W. Callicoat, -, -, -, 75, 160
Jno. B. Stevens, -, -, -, 6, 135
B. B. Duke, -, -, -, 10, 120
J. M. Tridall, 60, 100, 600, 90, 500
Isaac Sharpe, 90, 210, 600, 50, 770
A. Morman, -, -, -, 10, 14
R. D. Sharpe, -, -, -, 10, 80
Jno. Sharpe, 80, 80, 800, 60, 525
T. B. Whitworth, 6, 160, 100, 15, 150
A. J. Goforth, 25, 135, 150, 12, 210
Jesse Tatum, 60, 100, 300, 12, 225
W. E. Tatum, -, -, -, 10, 95
F. Counts, 25, 135, 400, 15, 330
R. D. Easter, 90, 150, 900, 20, 450
G. C. Hendrick, 15, 60, 200, 10, 200
James Sartain, 100, 380, 900, 75, 360
Russell Sartain, 20, 60, 173, 10, 110
S. R. Davis,-, -, -, -, 200
C. W. Davis 70, 230, 1000, 70, 320
H. K. Williams, -, -, -, 10, 60
S. H. Reese, 110, 210, 720, 100, 770
J. H. Hendrick,-, -, -, 10, 120
Lewis Lawsha, 350, 450, 4000, 1200, 2250
Isaac Long, 20, 300, 180 10, 315
William Cobb, -, -, -, -, 115
Reubin Cox, 100, 6450, 1000, 120, 370
James Miles, 30, 130, 40, 50, 130
Seth Jones, 635, 850, 8000, 1350, 2050
Jno. Spann, 200, 300, 1500, 475, 765
J. L. Sperry, 50, 60, 500, 75, 400
Jno. B. Pass, 200, -, 1000, 500, 1050
James Jones, 200, 260, 2500, 200, 950
Joseph Hale, 80, 240, 900, 15, 378
James M. Barnard, 400, 240, 4000, 620, 1050
Thos. Kirkman, 1300, 1300, 15000, 900, 2475
R.J. Howell, 20, 20, 200, 10, 220

S. F. Logan, -, -, -, 5, 160
J. T. Kimball, 250, 500, 4000, 200, 1150
S. M. Murphree, 80, 240, 800, 130, 735
Jesse Turner, 180, 1250, 2300, 225, 1280
Thompson Turner, 40, 280, 200, 315, 255
Robert Evans, 40, 120, 400, 15, 250
B. Black, 60, 100, 1200, 60, 400
D. Bullock, -, -, -, -, -
Jno. Johnson, 60, 100, 400, 75, 490
W. S. Johnson, -, -, -, 25, 185
Jno. Frazier, 50, 110, 160, 110, 820
J. L. Wright, 80, 260, 400, 120, 950
John Dodd, 80, 80, 800, 125, 535
A. Robinson, 140, 130, 800, 100, 720
Thos. J. Riley, -, -, -, 20, 235
Henry Caraway, 100, 100, 600, 150, 300
Thos. Carter, -, -, -, 10, 90
Martin Cooper, 60, 120, 300, 20, 20
O. W. Shipp, 20, 140, 400, 100, 300
D. C. Dulaney, 60, 20, 350, 75, 330
U. Black, 35, -, 125, 40, 950
S. Stephens, 10, 140, 200, 25, 180
J. H. Clark, 130, 70, 2000, 90, 563
J. R. M. Duberry, 10, 150, 600, 115, 185
T. D. Montgomery, 35, 115, 350, 15, 200
B. F. Maples, 40, 35, 200, 20, 240
C. C. Faust, 50, 110, 500, 15, 380
J. W. Yates, 25, 160, 500, 20, 185
P. Dooling, 75, 40, 1000, 60, 460
Jno. Wisdom, 40, 500, 1500, 15, 70
James Hubbard, 40, 180, 400, 15, 140
William Allison, 30, 50, 200, 225, 440
T. B. Alton, 30, 80, 200, 20, 420
James Leggett, 41, 160, 300, 25, 140
J. H. Rowland, 20, 140, 250, 10, 120
James Wrenn, 50, 210, 800, 20, 364

J. A. Tully,-, -, -, 20, -
W. Bell, 100, 200, 1000, 100, 700
B. H. Humphry, -, -, -, 10, 300
Arthur Hudson, 70, 90, 1200, 50, 100
Daniel Nations, -, -, -, 10, 150
Philemon Parker, 60, 600, 1500, 60, 500
Jane Leggett,-, -, -, 5, 115
Sarah Hudson, 30, 420, 600, 50, 240
Lemuel Amyett, -, -, -, 5, 48
Joab Maudlin, -, -, -, 5, 138
Albert Johns, 30, 130, 300, 10, 175
John A. Cook, -, -, -, -, 50
C. Stephens, 10, 150, 200, 20, 115
Joel Ham, -, -, -, 7, 130
Sam Martin, -, -, -, -, 30
C. Moore, 12, 68, 100, 20, 30
W. S. Bryant, 15, 135, 65, 10, 70
John Brower, -, -, -, 65, 210
Isaac Nations, 63, 320, 600, 90, 350
A. G. Nations, 25, 320, 600, 10, 200
W. Coker, -, -, -, 10, 100
Green B. Stearns, 17, 64, 300, 150, 175
James M. Stearns, 12, 84, 300, 10, 95
Wm. McKinney, -, -, -, 5, 115
L. L. Pryor, -, -, -, 7, 105
W. W. Neville, -, -, -, 25, 220
Joseph W. Nations, 35, 125, 400, 20, 350
Saml. Brown, 15, 58, 100, 15, 150
Wm. Brown, 15, 145, 150, 20, 270
Josh. Clark, -, -, -, 50, 20
Wyatt Barton, 20, 30, 300, 15, 60
Lewis Goler, 20, 260, 400, 15, 210
Isaac Williams, -, -, -, 10, 120
Robert Parton, -, -, -, -, 38
Matthew Moore, -, -, -, 100, 135
Charles Coker, 60, 320, 500, 60, 430
John Daniel, 60, 160, 100, 60, 630
Christopher Cox, 20, 40, 100, 15, 165
A. B. Mitchell, 45, 275, 300, 40, 300
J. T. Wood, -, -, -, 5, 70

J. C. Flanagan, 35, 160, 600, 70, 138
B. M. Newman, -, -, -, -, 80
A. Goodwin, -, -, -, 5, 28
L. Vaughan, -, -, -, 6, -
Thompson Ross, -, -, -, -, 40
S. Vickery, -, -, -, 15, -
James Woodall, 50, 110, 600, 15, 135
Archd. Woodall, 50, 590, 750, 15, 400
Thomas Lassiter, 25, 135, 200, 135, 317
Mary Northam, 15, 145, 300, 15, 95
W. H. Lovejoy, 144, 180, 3000, 970, 1050
W. H. McGuirk, 50, 280, 800, 40, 624
James M. Strain, 40, 120, 500, 20, 130
D. M. Duke, 29, 130, 250, 25, 200
Rebecca Duke,-, -, -, 10, 60
J. A. Murphree, 30, 130, 250, 10, 135
Hiram Ray, 75, 245, 800, 28, 140
Jno. Woodall, 80, 300, 1200, 70, 260
Wm. Buford, -, -, -, 14, 100
Rob. McCurlee, 20, 60, 300, 10, 45
Joel McLemore, 50, 516, 400, 15, 340
M. Billings, -, -, -, 12, 128
M. R. Ham, 40, 280, 1500, 220, 800
J. Thompson, 40, 100, 700, 80, 400
Thos. McAdams, 40, 120, 250, 65, 200
N. S. Brantley, 20, 200, 250, 50, 135
Aaron Hughes, 60, 230, 1000, 140, 400
Jno. Prescott, 70, 120, 400 60, 450
James Shepherd, 40, 290, 1200, 50, 250
Moses Prescott, 40, 290, 700, 115, 335
B. W. Turner, 30, 130, 200, 50, 25
B. Turner, -, -, -, 50, 100

A. W. Edmonson, 30, 130, 300, 20, 260
J. A. Park, 25, 135, 250, 20, 285
Benj. Brown, 35, 125, 400, 10, 295
Josiah Turner, 40, 120, 325, 50, 260
P. Reasons, 130, 600, 1100, 355, 950
James Reasons, -, -, -, 15, 200
Isaac Parton, 50, 110, 800, 15, 1125
L. Bayliss, 40, 120, 275, 70, 400
E. M. Morris, 40, 280, 400, 70, 340
J. M. McAdams, -, -, -, 10, 80
Saml. Brown, 30, 210, 600, 75, 520
J. Robbins, 40, 195, 800, 85, 370
A. G. Vickery, 40, 200, 800, 45, 475
A. B. Vickery, 17, 147, 300, 7, 185
Pitts Chandler, 50, 110, 500, 15, 180
Wiley Jones, 60, 340, 500, 40, 345
J. H. Knight, -, -, -, 5, 90
M. McAdams, 70, 230, 800, 65, 430
D. Murphree, 40, 280, 600, 90, 330
Wm. Graves, 12, 160, 300, 10, 160
W. Tankersly, -, -, -, 75, 280
W. C. York, 50, 110, 400, 70, 300
W. H. Turner, 30, 50, 300, 10, 110
H. E. Young, 30, 50, 300, 10, 100
Abram Woodall, 20, 140, 600, 10, 100
Wm. Woodall, 20, 140, 300, 10, 140
Jona. Woodall, 70, 330, 500, 5, 634
John Simmons, -, -, -, -, 150
John Bounds, 15, 140, 300, 8, 125
Raborn Jones, 150, 10, 1230, 350, 570
Benj. Terry, 50, 190, 500, 30, 325
W. L. Philips, 80, 280, 300, 65, 500
N. Anderson, -, -, -, 15, 95
A. D. Brown, -, -, -, 75, 118
Wm. Carpenter, 20, 140, 400, 200, 275
H. Carpenter, 25, 135, 500, 100, 320
Isaac Yates, -, -, -, 10, 95
Michael Diggs, 7, 153, 75, 10, 75
J. K. Wood, 10, 150, 300, 10, 135
Elizabeth Wood, 12, 148, 200, 10, 115
C. W. Johnson, -, -, -, 5, 70

W. Cozart, 25, 135, 250, 16, 210
Jno. Bullock, 50, 460, 1000, 40, 695
B. Vaughan, 40, 280, 700, 40, 195
J. C. Vaughan, 5, 150, 300, 8, 115
J. L. Strain, 40, 120, 350, 10, 158
J. R. Rowland, 25, 135, 100, 15, 110
Thomas Terry, 13, 147, 200, 10, 115
C. P. Hogshead, 15, 145, 200, 50, 75
J. T. Palmer, -, -, -, 10, 130
J. H. Palmer, 70, 270, 1000, 100, 30
W. C. Terry, 100, 170, 1000, 90, 510
Wm. Denley, 200, 440, 2000, 360, 740
George Killgore, 60, 240, 600, 15, 560
Elias Killgore, 30, 290, 600, 10, 215
James Killgore, -, -, -, 110, 240
James Mormon, -, -, -, 10, 150
Wynne Johnson, 150, 170, 1000, 420, 725
J. Taylor, -, -, -, 10, 135
A. D. Gwinn, 50, 800, 700, 40, 370
J. B. Munger, 25, 135, 600, 75, 230
A. Carver, 40, 120, 315, 60, 95
Isaac Spears, 15, 143, 300, 10, 268
W. T. Lawson, -, -, -, 50, 360
Martin Cooper, 30, 130, 150, 10, 140
Mary Crenshaw, 300, 150, 1200, 300, 850
N. P. Denley, -, -, -, 35, 530
L. Bird, -, -, -, 20, 415
J. B. Thomas, 40, 180, 600, 70, 355
Richd. Havens, -, -, -, 10, 10
Joel Abney, 40, 50, 300, 15, 235
Henry Jones, 40, 130, 200, 10, 230
Tabitha Mounger, 50, 110, 320, 15, 5624
P. P. Atkinson, 35, 125, 300, 45, 410
Joseph Ryan, 60, 200, 450, 15, 145
Thos. Rasberry, 30, 130, 400, 20, 75
D. Warner, 40, 600, 300, 65, 370
E. Bardwell, -, -, -, 30, 115
J. J. Wamble, -, -, -, 10, 140
Henry Bounds, 100, 973, 1800, 350, 790
Saml. Pitman, 50, 410, 800, 95, 335

A. M. Moreman, -, -, -, 6, 75
J. R. Bounds, 60, 1020, 3000, 25, 315
James F. Bounds, 30, 290, 500, 15, 195
James G. Bounds, 12, 142, 75, 6, 28
Benj. Mormon, -, -, -, 6, 132
Lincus Long, 30, 300, 100, 10, 150
S. W. Turner, 50, 490, 500, 50, 440
N. Smith, 20, 60, 160, 14, 140
J. D. Holbrook, 20, 69, 300, 10, 125
Amos Hendrick, 35, 45, 200, 10, 180
Wm. Hendrick, 25, 20, 150, 10, 85
J. H. Kerr, -, -, -, 10, 380
Abram Sellers, 200, 100, 600, 70, 985
B. F. King, 40, 140, 100, 125, 350
Lawson Smith,-, -, -, 10, 125
P. C. Woods, 80, 220, 1500, 100, 560
Mary Cooke, 50, 170, 1000, 25, 355
W. A. Morrison, 270, 950, 4000, 100, 550
H. N. Orr, 40, 280, 600, 40, 150
John Chance, -, -, -, 75, 128
J. P. McCord, 100, 540, 1000, 140, 330
Robt. Lusk, 350, 1560, 13000, 475, 1300
John J. Long, 140, 160, 900, 180, 720
Wm. Vance, 30, 130, 700, 502 30
Harriet Meece, 50, 270, 700, 65, 215
Giles Leggett, 40, 320, 325, 20, 260
Shad. Hale, 100, 380, 1200, 100, 875
James Q. Morrison, 50, 110, 600, 140, 720
C. S. Cooke, 75, 36, 300, 40, 510
Richard Bowen,-, -, -, 15, 270
L. S. Folsom, 12, 31, 215, 10, 200
H. S. Cole, 600, 900, 10000, 800, 1100
Wm. Early, 30, 130, 520, 30, 420
W. P. Allison, 1300, 4700, 5000, 600, 2175

Jno. McFarland, 130, 270, 1700, 120, 840
Benj. H. Carr, 40, 40, 500, 75, 960
J. T. Bankhead, 100, 80, 900, 100, 360
N. T. Means, 60, 100, 800, 100, 375
James Smith, 75, 590, 1640, 175, 690
P. R. Thornton, 80, 80, 500, 160, 270
James McCoy, 23, 300, 600, 50, 250
Tarpley Sartain, -, -, -, 10, 110
W. C. Bennett, 30, 160, 300, 100, 280
Geo. W. Chance, 30, 130, 300, 25, 245
Joshua Gore, 40, 120, 400, 50, 480
Wm. H. Page, 40, 280, 300, 25, 360
H. Farrar, 70, 130, 375, 115, 580
A. Cloniger, 30, 130, 300, 10, 190
G. W. Ragland, 18, 138, 250, 80, 400
David B. Sorrels, -, -, -, 15, 305
John Wilson, 40, 120, 200, 30, 220
W. H. Martin, 120, 250, 700, 50, 253
W. Ragland, 75, 240, 800, 50, 660
W. J. Williamson, -, -, -, 100, 175
S. G. Whelus, 45, 230, 800, 100, 400
Asa Southern, 30, 375, 300, 75, 212
Isaac Lawrence, 30, 50, 300, 100, 375
E. J. Killingsworth, -, -, -, -, 55
Edward Smith, 80, 350, 1500, 125, 255
Jno. E. Smith, 25, 140, 400, 75, 220
Peter Smith, -, -, -, 20, 125
James W. Rowland, 25, 125, 300, 15, 80
James Pritchett, 30, 130, 500, 100, 360
Elijah Brown, -, -, -, 65, 200
Wm. Kuykendall, 16, 24, 300, 15, 50
E. B. Perkins, 80, 80, 1200, 140, 440
S. M. Harris, 20, 140, 500, 25, 10
Willis Southern, 25, 145, 500, 80, 325
Hiram Long, 40, 94, 500, 25, 185
Bluford McGee, 50, 95, 700, 80, 290

Jesse O. May, -, -, -, 6, 35
B. M. Bailes, -, -, -, -, 80
Wm. Barton, 80, 260, 680, 30, 380
Hezekiah Barton, -, -, -, -, 120
Rob. J. Lacey, 20, 70, 300, 15, 400
R. L. Ferguson, 15, 145, 300, 20, 105
Jno. Pipkin, 12, 208, 300, 10, 187
Kenion Pipkin, 27, 127, 380, 15, 340
J. N. Bowen, 35, 125, 600, 15, 225
T. R. Bowen, 30, 290, 300, 50, 150
Woodward Roane, 40, 120, 500, 50, 245
Caleb Fly, 50, 100, 700, 60, 260
G. L. Berry, 12, 218, 1000, 20, 150
E. McCracken, 50, 30, 400, 80, 500
Joshua Fly, 160, 200, 1000, 75, 700
Joseph Berry, 80, 90, 1200, 100, 530
David Fly, 80, 70, 500, 100, 540
Thomas Fly, 60, 100, 100, 25, 300
James J. Walker, -, -, -, -, 75
Alfred Magee (Mazee), 70, 100, 500, 50, 250
James Craig, 1000, 1200, 7000, 800, 2750
C. McCullor, -, -, -, -, 40
L. Y. Harden, 80, 260, 2500, 80, 390
M. Bradford, 350, 950, 3800, 450, 1150
A. Powers, 75, 95, 300, 75, 1040
Lemual Sanderson, 70, 10, 200, 55, 440
David Williams, 30, 250 900, 50, 975
James Walker, 30, 130, 200, 150, 310
E. D. Thomas, -, -, -, 10, 140
John Graves, 40, 200, 975, 30, 235
Berry Moody, 25, 15, 175, 55, 325
R. Mussey, 40, 120, 600, 115, 335
N. Carpenter, 25, 20, 120, 10, 275
Isaac Rogers, 13, 27, 100, 10, 122
J. E. Jones, 60, 140, 2000, 650, 1220
Jackson Smith, 40, 60, 300, 10, 275
George Mounger, 30, 50, 500, 10, 235
Willis Smith, 40, 120, 300, 180, 823

Joseph Ligon, 300, 980, 3500, 730, 1521
Lurana Williams, 250, 310, 3500, 770, 1440
James T. Shaw, 80, 80, 800, 60, 380
D. Pitman, -, -, -, -, 60
D. H. Hicks, 24, 135, 300, 12, 95
L. R. Stewart, 135, 345, 3500, 350, 925
E. S. Eggleston, 400, 400, 8300, 350, 2000
Sam. W. Carr, 30, 70, 1400, 175, 280
J. M. Townes, 400, 500, 1750, 840, 1750
P. R. Leigh, 650, 1000, 10000, 1140, 2000
H. L. Cook, 50, 270, 700, 80, 295
F. A. Tyler, 300, 180, 2000, 500, 770
P. Forester, 14, 29, 175, 20, 150
Hilary Talbut, 250, 470, 5000, 675, 1470
W. H. Talbut, -, -, -, 100, 725
Joseph Collins, 500, 1350, 1760, 1187, 2370
Lewis Aldridge, 400, 350, 2000, 850, 1950
Jno. Bosworth, -, -, -, -, 825
Jno. Bosworth, -, -, -, -, -
John Caraway, -, -, -, 100, 225
M. Morrow, -, -, -, -, 175
Asa Walker, -, -, -, -, 120
W. Carpenter, -, -, -, -, 200
Jno. Morrow, -, -, -, -, 100
A. Lockridge, 200, 150, 2000, 400, 800
W G. Towne, 235, 180, 1660, 600, 1050
Abram Naile, 270, 850, 3500, 100, 920
Andrew Little, 130, 30, 1500, 50, 662
Joseph Naile, -, -, -, -, 100
Sarah Sutton, 15, 65, 150, 25, 175
J. J. Frazier, -, -, -, -, 35
M. Thomas, 225, 575, 1500, 100, 745

J. G. Donley, 100, 540, 1000, 125, 788
A. C. Smith, 200, 440, 1500, 100, 683
J. P. Koonce, 150, 370, 1800, 100, 839
J. T. Dubard, -, -, -, 20, 260
Wm. Dubard, 150, 1250, 2000, 150, 1215
R. Z. Dubard,-, -, -, -, 198
Richard Nason, 350, 1490, 2500, 200, 950
Leah Nason, 120, 520, 1000, 150, 895
J. Anderson, -, -, -, -, 150
Jacob Porterent, 90, 390, 1000, 1000, 50, 400
John Porterent, 200, 659, 1000, 145, 820
Peter W. Ganse, -, -, -, -, 135
Edward W. Hughes, -, -, -, -, 255
H. J. Nipper, 60, 180, 400, 10, 130
John Bernhard, 80, 80, 400, 75, 435
Samuel Harper, -, -, -, 80, 430
Samuel Ely, 90, 200, 440, 75, 570
A. Killingsworth, 75, 45, 400, 75, 380
Gideon Merchant, 30, 50, 250, 15, 280
Jeremiah Easterwood, 35, 95, 250, 15, 210
W. B. Owens, 90, 390, 1000, 400, 590
James Easterwood, -, -, -, -, 180
Nancy Ubanks, -, -, -, -, 80
Wm. Bush, -, -, -, -, 475
Wm. Gibbs, 20, 180, 300, 50, 432
Henry Johnson, -, -, -, -, 55
Wm. Berry, 160, 480, 5000, 175, 1185
E. L. Acee, 150, 450, 4000, 200, 1070
H. J. Gordon, 15, 105, 400, 110, 320
James Abels, 130, 270, 2500, 400, 447
Clement Edger, 30, 50, 600, 15, 520
W. D. Patton,-, -, -, 75, 275
Wm. L. Murphree, 500, 1000, 7500, 200, 850
Curtis Guy, 200, 250, 4500, 550, 1070
Cynthia Melton, 100, 140, 800, 100, 575
John Gibbs, 80, 300, 900, 100, 456
Julius T. Gibbs, -, -, -, -, 300
Jacob Lucius, 30, 50, 150, 50, 40
Jenkins Duvaney, 302, 1095, 6500, 300, 1189
Lot S. Humphry, -, -, -, 50, 1005
John P. Mitchell, 450, 310, 6000, 300, 1460
Nathl. B. Ingram, 400, 900, 4000, 200, 1560
Robert Williams, 500, 460, 4100, 200, 1350
Wiley Jenkins, 90, 310, 1500, 60, 500
Levin Lake, -, -, -, -, 216
Jesse Walsh, -, -, -, -, 200
E. F. Gibbs, -, -, -, -, 62
Saml. H. Garner, -, -, -, -, 445
Geo. W. Lake, -, -, -, -, 100
Jacob Snider, 40, 30, 2500, 200, 545
Sam. W. Land, -, -, -, -, 230
Ralph Coffman, -, -, -, -, 290
Thomas McCracken, -, -, -, -, 10
D. M. Beck, -, -, -, -, 150
L. D. Butler, -, -, -, -, 37
Wm. M. Hawkins, -, -, -, -, 100
F. M. Aldridge, 7, -, 300, 5,110
Wm. Hunley, 30, 130, 800, 40, 245
James Sims, 25, 710, 1500, 25, 295
Hannah P. Smith, 10, 80, 1000, 60, 130
Wm. Cooper, -, -, 100, -, 10
Geo. Donkin, -, -, -, -, 20
Abram Wile, -, -, -, -, 40
Wm. Lake, -, -, -, -, 120
E. P. Stratton, 20, 20, 300, 45, 120
Nathan Howard, -, -, -, -, 100
J. T. Quarles, -, -, -, 55, 350
E. L. McCracken, -, -, -, 60, 445

John W. Moore, 100, 100, 1800, 150, 600
Susan L. Jones, -, -, -, -, 40
M. K. Mister, -, -, -, -, 20
J. B. Tarpley, -, -, -, -, 60
R. D. McLean, -, -, -, -, 40
B. H. Greenhow, -, -, -, -, 200
J. C. Wells, -, -, -, -, 10
S. Caldwell,-, -, -, -, 70
Thos. E. Beaty, 200, 680, 4500, 200, 805
J. W. H. Hooper, 50, 70, 700, 75, 382
W. E. Holley, -, -, -, -, 40
J. H. Mitchell, -, -, -, -, 45
C. R. Taylor, -, -, -, -, 21
Jona. Carl, -, -, -, -, 75
Wm. T. Beauchamp, 35, 125, 100, 75, 225
Allen Corker, -, -, -, -, 95
John Mitchell, -, -, -, -, 100
E. F. Moody, -, -, -, -, 150
Daniel Rosser, -, -, -, -, 30
John Saddler, -, -, -, -, 185
J. A. Willkings, 120, 130, 1000, 100, 700
Wm. C. White, -, -, -, -, 25
Absalom Bew, 10, 40, 600, 75, 335
Wm. J. Marshal, -, -, -, -, 105
Benj. J. Fuller, 12, 28, 150, 25, 150
Wm. P. Bryant, -, -, -, -, 280
Madison Spencer, -, -, -, -, 100
W. B. Bullifin, -, -, -, -, 10
James H. Ladd, -, -, -, -, 165
A. P. Dunaway, 100, 200, 600, 200, 773
Wm. N. Sherman, 2, 325, 1500, 250, 450
Joseph Bullock, 10, 40, 100, 20, 150
Henry Allen Jr., 50, 80, 300, -, 460
J. A. Williamson, -, -, -, -, 250
Allen Gillaspie, -, -, -, - 170
Mary B. Smith, 130, 30, 2000, -, 185
James Rose, -, -, -, -, 25
Grizella Land, -, -, -, -, 25

M. H. Melton, 20, 300, 1000, 100, 160
G. S. Golladay, 100, 700, 1500, 200, 1575
Leonard Parker, -, -, -, -, 120
Sarah Baker, -, -, -, -, 60
Matilda Gomelion, -, -, -, -, 30
Wm. Twitty, -, -, -, -, 50
J. D. Howard, -, -, -, -, 35
J. A. McKidden, 30, 260, 700, 60, 330
J. M. Futhey, -, -, -, -, 280
J. D. Melton, -, -, -, -, 285
W. H. Stevens, 160, 465, 2000, 400, 865
G. W. McNamar, 30, 20, 200, 50, 120
A. S. Brown, 350, 770, 6000, 1000, 1800
Wm. C. Bryarly, -, -, -, -, 150
A. Wilson, 150, 330, 2000, 300, 350
John Brister, 200, 700, 2500, 250, 985
Saml. Brister, -, -, -, -, 200
Williamson Powell, -, -, -, -, 60
Wm. G. Long, -, -, -, -, 75
Alex. McCullough, 40, 80, 1300, 65, 350
Green Crowder, 300, 2700, 12500, 500, 2500
R. D. Crowder, 500, 2500, 12000, 500, 2290
Abner Edwards, 100, 180, 800, 150, 680
Geo. W. Williamson, 220, 780, 5000, 250, 945
Alfred Simmons, -, -, -, -, 80
John Finnar, -, -, -, -, 250
James S. Tribble, 30, 10, 200, 50, 130
Elijah Cothran, 40, 80, 500, 150, 110
Wm. Cothran, -, -, -, -, 120
J. O. Chamberlin, 80, 80, 700, 100, 350
J.M. Read, 84, 80, 500, 80, 210
Owen Lucas, -, -, -, 50, 655

John R. Lowry, -, -, -, -, 100
J. A. Morrison, 40, 90, 500, 50, 300
L. B. Willis, 60, 180, 2000, 100, 288
Isaac W. Lucas, -, -, -, -, 190
Abram B. Lucas, 400, 880, 4000, 330, 1280
D. C. Perry, 300, 820, 2200, 335, 1012
O. H. Perry, -, -, -, -, 190
L.P. Peacock, 50, 270, 700, 150, 445
Rob. E. Knox, 45, 120, 400, 75, 384
Theo. M. Knox, 60, 140, 600, 150, 485
Geo. W. Kendall, 20, 140, 150, 45, 240
Geo. G. Patterson, 50, 40, 250, 20, 205
Jesse L. Verhines, 50, 40, 125, 10, 317
John Noline, 100, 400, 1200, 130, 680
Wm. M. Beard, 25, 140, 250, 75, 200
Wm. Kincaid, 20, 20, 200, 25, 225
Noel Williams, 10, 30, 50, 40, 190
Wm. Johnson, 12, 148, 150, 15, 110
Thos. J. Williams, 45, 75, 400, 15, 205
Thos. P. Bowen, 20, 20, 200, 15, 200
William C. Williams, 20, 100, 200, 25, 120
B. F. Johnson, 45, 115, 300, 20, 250
Jacob Jordan, 60, 100, 400, 100, 305
T. W. Chamberlin, 35, 45, 250, 100, 210
Jno. W. Williams, 30, 170, 200, 30, 225
Thomas Williams, 80, 40, 600, 185, 500
J. W. Stevens, 80, 80, 600, 100, 570
Margaret Chamberlin,-, -, -, 50, 320
Wm. Chamberlin, 300, 600, 2000, 200, 1375
James Lay, 26, 224, 200, 50, 233
Archd. Lamons, 50, 190, 300, 125 430
Danl. Tyler, 60, 60, 1000, 60, 359

Thos. S. Tate, 40, 80, 300, 75, 410
Armour Chapman, 25, 135, 300, 70, 304
R. W. Whitehead,-, -, -, 20, 190
Geo. W. Johnson, -, -, -, 40, 240
Mary Patterson,-, -, -, 75, 310
Abram J. Lucas, 50, 270, 1200, 100, 358
Thomas A. Rosamond, 250, 150, 1500, 190, 445
Geo. W. Mayhead, 450, 310, 2500, 290, 1320
Zinas A. Clark, 100, 1400, 500, 216, 1010
M. F. Fields, 60, 20, 500, 87, 641
J. L. Brannam, -, -, -, -, 150
Mary L. McCashin, -, -, -, 10, 390
John O. Banion, -, -, -, 80, 395
W. R. Lee, -, -, -, 25, 300
Wm. C. Bruce,-, -, -, -, 100
Augustus Mann, -, -, -, - 110
C. A. Black, -, -, -, -, 85
Thomas Johnson, 60, 40, 200, 50, 80
Wm. Flowers, 12, 128, 160, 5, 150
Henry Trussel, 40, 200, 600, 90, 615
Geo. W. Pollan, 75, 145, 600, 50, 367
Lucinda Roberts, 70, 23, 400, 100, 510
Samuel Roberts, 40, 50, 400, 10, 250
Andrew White, -, -, -, 70, 280
John Bailey, -, -, -, 25, 100
Wm. A. Cotton, 100, 200, 500, 100, 630
John J. Goodrum, 20, 140, 200, 10, 200
John T. Bates,-, -, -, 10, 237
Allen L. James, 140, 70, 1000, 230, 790
David James, 60, 180, 600, 75, 619
Wm. Bell, 30, 50, 150, 10, 240
M. J. Parkinson, 120, 120, 600, 140, 730
Silas Watson, 75, 245, 800, 75, 530
Amanda Hardwick, 400, 750, 6000, 400, 1990

J. R. Cooley, 100, 220, 1500, 190, 670
Culpepper James, 160, 420, 2000, 280, 825
George Conley, 150, 400, 600, 50, 1005
Joseph McMath, 50, 90, 800, 70, 448
Frances E. Willis, 600, 400, 4000, 650, 2913
Dillard Hardwick, 600, 460, 4000, 624, 1495
Lamarcus Heath, 30, 50, 150, 75, 175
Henry Goin, 45, 235, 600, 75, 300
J. N. Lamons, 30, 380, 1000, 300, 415
Larkin Cleavland, 250, 850, 3000, 320, 1066
J. J. E. Lamons, 35, 45, 300, 20, 623
Elizabeth Webb, -, -, -, 10, 190
Catherine Fleming, -, -, -, 20, 150
Nicholas Mayett, 450, 1000, 5000, 420, 2370
Green W. Lee, 65, 285, 1000, 50, 300

Yazoo County, Mississippi
1850 Agricultural Census

The University of North Carolina at Chapel Hill filmed the 1850 agricultural census for Yazoo County from originals at the Mississippi State Department of Archives and History under a grant from the National Science Foundation in 1963.

Columns 1, 2, 3, 4, 5, and 13 represent the following information on the census:
1. Name of Owner, Agent or Manager of Farm
2. Acres of Improved Land
3. Acres of Unimproved Land
4. Cash Value of the Farm
5. Value of Farming Implements and Machinery
13. Value of Livestock

Mary Moore, 400, 300, 2100, 130, 788
Elizabeth Hanley, 40, -, 80, 30, 114
Joseph J. Pearson, 250, 70, 1280, 250, 1432
William Stubblefield, 480, 880, 3900, 250, 1024
Nicholas Wallace, 170, 110, 1680, 150, 590
Ezekiel Moore, 115, 85, 1000, 40, 705
C. W. Bennett, 175, 185, 2000, 225, 625
Jesse F. Heard, 350, 250, 3000, 250, 1770
Saml. Z. Dixon, 80, -, 250, 25, 339
Thomas Smith, 40, 40, 80, 25, 280
Susan Etheridge, 80, 80, 480, 25, 345
John W. Anderson, 200, 200, 1600, 300, 1741
Elisha Pepper, 75, 245, 1280, 20, 340
E. B. Pepper, 80, 160, 960, 15, 244
J. D. McCormack, 85, 75, 640, 20, 350
Isaac Towell, 50, 110, 1280, 20, 375
W. H. Capshaw, 60, 100, 1080, 20, 370
Joseph Hall, 80, -, 400, 30, 257
Kinchen Exum, 650, 240, 8800, 450, 4325
Michael Peaston, 120, 120, 1200, 50, 365
James A. Harrison, 800, 600, 1400, 450, 3409
Spencer Bale, 450, 350, 1600, 150, 935
John Lessell(Lessett), 20, 60, 400, 100, 80
Marshall R. Greer, 230, 170, 1600, 200, 844
James M. Miller, 400, -, 1200, 120, 662
W. W. Wilburn, 700, 800, 3000, 100, 1150
John Z. Bell, 160,-, 800, 20, 255
James M. Griffin, 115, 125, 1200, 100, 1522
Augustin Chew, 550, 450, 7840, 661, 2335
J. B. Clarke, 250, 490, 3700, 500, 1479
Ann E. Lure, 50, 70, 600, 25, 455
Adsmuon Waters, 200, 200, 1500, 100, 594
John W. Anderson, 900, 420, 3960, 350, 1889

Wm. Forbes, 30, 173, 1000, 35, 202
Calvin Lure, 160, -, 800, 260, 640
Gabriel Swayze, 600, 1000, 8000, 800, 5430
L. B. May, 120, 120, 1200, 10, 440
Wm. T. Grubbs, 500, 540, 10000, 150, 1000
Thomas G. Yarborough, 260, 400, 3000, 80, 611
James M. Warkom, 200, 680, 4400, 250, 1035
Saml. L. James, 360, 440, 3200, 810, 1875
James S. Brown, 65, 15, 330, 15, 260
Saml. Carpenter, 40, 120, 320, 30, 165
Wm. O. Spencer, 22, 58, 400, 15, 170
F. B. Roberts, 120, 120, 1200, 30, 940
Wiley Brown, 230, 90, 1600, 200, 1100
James Hart, 100, 140, 1200, 50, 1240
Danl. Hart, 40, 40, 320, 20, 267
John Hart, 60, 180, 960, 20, 507
Peter McEachern, 150, 190, 1360, 25, 309
Wm. T. Gill, 30, 130, 800, 15, 310
D. M. Haddick, 80, -, 240, 15, 300
Wm. Emfingers, 27, 53, 320, 12, 348
C. R. Hart, 40, -, 100, 15, 135
Chas. Irby, 58, 188, 1230, 20, 393
Peter James 300, 500, 3200, 450, 2044
H. J. Thomas, 1100, 600, 8500, 1000, 2500
Z. B. Erwin, 80, 80, 540, 20, 275
Wm. D. Ogden's Est., 300, 220, 1560, 200, 2440
J. J. Sancer, 40, 40, 160, 40, 85
James O. Quin, 20, 60, 240, 15, 300
Solomon Wells, 20, 60, 320, 10, 90
James Jeffers, 40, 40, 160, 156, 110
George Ogden, 400, 600, 3000, 250, 2560

James Wan, 320, 280, 3500, 800, 1350
James Murfree, 250, 535, 3000, 750, 1140
Cowles G. Mead Est., 500, 400, 2700, 1000, 2065
Tilman Johnson, 550, 1176, 6000, 700, 2490
T. P. Pritchard, 500, 540, 10000, 500, 2310
P. D. Gracey, 40, -, 120, 15, 147
Leonard Cresswell, 25, 400, 1200, 20, 420
Leonard M. Cresswell, 80, 160, 720, 35, 560
Robt. H. Cage, 800, 1240, 10200, 1000, 2900
John S. Paul, 200, 560, 19500, 650, 1575
Wm. M. Yandell, 500, 700, 12000, 2420, 3195
E. R. Sale, 400, 40, 1760, 35, 245
Jno. J. Purvis, 400, 840, 3770, 300, 1650
Peter Jones, 320, 160, 1440, 310, 1195
John M. Sharp, 1250, 2000, 19550, 300, 3584
Absalem Collum, 160, 160, 960, 130, 559
Daniel Hendricks, 620, 800, 16900, 600, 3146
John W. Rucker, 300, 200, 2500, 250, 1070
James Gorden, 80, 293, 1292, 160, 355
John Gorden, 150, 223, 1292, 150, 680
Wm. Gorden, 50, 150, 800, 30, 340
Margaret Coker, 40, 200, 850, 30, 340
W. W. Hendricks, 400, 808, 10000, 500, 1575
John Brister, 180, 120, 3000, 400, 1890

M. B. Lamb, 600, 345, 5670, 450, 1900
J. Campbell, 80, 160, 720, 10, 100
Joseph T. Ellison, 75, 125, 600, 100, 569
Leroy Moore, 60, 40, 300, 20, 229
Reuben Bull, 550, 360, 9600, 1090, 3515
Warrick Brister, 25, 15, 300, 15, 287
Jane Akeridge, 100, 60, 480, 15, 370
Reuben Warren, 50, 190, 680, 25, 454
J. O. Daniels, 16, 54, 240, 15, 180
Edward Berry, 60, 100, 160, 125, 663
David Daniels, 40, 40, 350, 40, 485
R. D. S. Dixon, 330, 440, 5600, 200, 1599
Duncan F. Henderson, 400, 380, 3900, 500, 1910
Jesse Alsop, 500, 800, 6500, 300, 1445
Wm. F. Wathingtson, 50, 322, 1500, 15, 180
Thompson M. Brister, 40, 40, 400, 20, 340
Thompson Brister, 300, 20, 1600, 150, 684
James Meeks, 100, 360, 1380, 300, 506
S. H. Brister, 60, 240, 1280, 15, 443
Wm. G. W. Maxey, 60, 100, 640, 15, 100
R. M. Broadnax, 170, 150, 960, 15, 215
David Newsom, 80, 40, 480, 20, 245
John Terrell, 70, 50, 720, 20, 220
John Williams, 60, 60, 600, 30, 405
Wm. Bland, 80, 80, 800, 100, 341
Lewis Ellison, 15, 35, 75, 15, 163
L. B. Burley, 65, 95 700, 25, 190
Thomas P. Ellison, 125, 30, 465, 75, 442
Zeison Burg, 100, 180, 1120, 75, 655
George Gerald, 200, 360, 2240, 180, 675
John W. Penny, 1000, 920, 5760, 150, 1003
N. S. McClintock, 300, 900, 6000, 325, 1085
Wm. Howsen, 45, 35, 560, 15, 318
Moses Ellison, 95, 265, 1960, 100, 530
Thomas J. Ford, 340, 280, 3100, 500, 1499
John Wilson, 85, 50, 850, 50, 714
Robert Day, 500, 400, 4500, 300, 2175
Wm. Blalock, 90, 30, 725, 150, 1116
Zedekiah Pepper, 300, 500, 2400, 300, 1140
James H. Nolan, 200, 120, 1500, 250, 1005
Wm. Pickett, 900, 420, 9000, 750, 3850
L. M. P. King, 600, 200, 4800, 500, 1509
Wm. M. Donaldson, 400, 640, 4160, 300, 1010
W. N. Nance, 700, 300, 5000, 300, 980
Claiborne Bowman, 700, 980, 8000, 600, 3285
Wm. Hewitt, 50, 110, 500, 20, 368
Est. R. Fisher, 200, 300, 1500, 50, 230
Milton Buie, 300, 220, 500, 50, 1242
William Boylan, 755, 500, 7536, 500, 1850
William Boylan, 770, 730, 9000, 695, 2533
William Boylan, 820, 925, 10470, 528, 2593
Henry Vaughan, 1100, 700, 10800, 656, 4156
Thos. C. Steen, 925, 1015, 11640, 680, 4188
Jno. M. Hendricks, 1400, 1600, 15000, 1000, 8305
Micajah Pickett, 1400, 1700, 18000, 750, 2765

N. T. Smith, 300, 600, 2000, 100, 908
J. C. Bull, 560, 880, 7200, 350, 2095
B. A. King, 40, 40, 400, 10, 30
James M. Pickett, 80, 80, 480, 100, 520
W. M. Williams, 70, 130, 1000, 50, 300
E. W. Cooper, 230, 410, 900, 40, 700
R. H. M. Lure, 60, 200, 520, 25, 237
Alfred Swayze, 250, 410, 3300, 200, 930
F. G. T. Pinkston, 18, 52, 400, 25, 195
Alfred T. Carson, 300, 340, 4000, 575, 1450
Nathan P. Cook, 150, 300, 2150, 55, 875
Thomas C. Lewis, 40, 43, 560, 80, 183
James Perry, 160, 80, 720, 175, 640
George Carson, 30, 217, 1200, 20, 167
F. T. Grayson, 1050, 480, 21070, 400, 3000
John Boyd, 25, 55, 500, 10, 285
James Vaughan, 15, 65, 400, 10, 125
James H. Elliott, 25, 57, 400, 5, 140
Wm. Rogillis, 70, 170, 1000, 7, 100
James W. Curack, 400, 400, 1600, 250, 1640
W. L. Clarke, 55, -, 100, 15, 280
Thompson Walker, 85, 85, 1000, 20, 545
Saml. Walker, 85, 85, 1000, 20, 545
M. P. Cheatham, 13, -, 200, -, 100
Beriah Brown, 80, 400, 400, 50, 270
H. F. Greer, 400, 300, 2800, 200, 1244
D. F. Edwards, 8, 178, 270, 5, 280
M. Pyles, 30, 170, 600, 10, 114
C. S. Whitcomb, 150, 130, 1500, 200, 471
W. Woods, 20, 3, 1200, 200, 734
Peter Moreley, 150, 150, 1500, 100, 470
John M. Lusk, 35 75, 100, 2, 95
Young C. Borard, 15, 95, 300, -, 100
E. G. Mobley, 35, 90, 600, 30, 80
Stephen Lure, 770, 330, 5200, 500, 2940
G. W. Richardson, 20, 20, 120, 10, 180
J. P. Gray, 15, 25, 80, 10, 110
W. Greasham, 125, 200, 1500, 200, 818
Robert Tatem, 60, 46, 600, 125, 434
John L. Smith, 20, 60, 150, 10, 25
S. T. Gamer, 130, 30, 960, 100, 609
C. W. Edmunds, 120, 240, 1500, 100, 1050
W. Y. Gadberry, 300, 460, 5000, 500, 1050
Chas. Hatch, 80, 120, 600, 50, 550
J. G. Caldwell, 25, 300, 1000, 10, 260
B. G. Simmons, 25, 560, 840, 150, 700
James F. Hall, 135, 175, 1500, 200, 661
Alonza L. Brown, 600, 840, 5000, 200, 1000
J. H. Peartin, 30, 100, 500, 100, 300
H. L. Ratcliff, 700, 300, 5000, 325, 2885
Joseph Collins, 45, 35, 480, 100, 364
J. J. Kirk, 105, 20, 1000, 300, 625
Ben Grimes, 100, 20, 500, 300, 950
Milton Collum, 900, 500, 10575, 700, 2560
Millidgeville Collum, 1100, 500, 6400, 500, 2010
Seaborn Collins, 350, 270, 3120, 300, 1950
John J. Friley, 800, 800, 4000, 500, 2880
Addison Burrus, 220, 360, 1680, 250, 1080
Nixon Russell, 135, 65, 1000, 175, 578
William L. King, 300, 220, 520, 40, 540

James P. Thomas, 500, 700, 7200, 180, 1133
Thomas Everett, 80, 160, 480, 20, 210
Wm. Swayze, 250, 270, 2600, 350, 939
Richd. Swayze, 350, 290, 3200, 500, 2060
D. S. King, 300, 400, 2800, 300, 1970
Hiram Selser, 250, 450, 2800, 500, 1170
R. F. Bridgforth, 550, 260, 3240, 300, 2620
Elzira Nelson, 50, 110, 950, 25, 340
Elizabeth Ross, 200, 400, 3600, 220, 724
G. W. Roberts, 33, 87, 480, 5, 100
Mary Roberts, 160, 80, 950, 25, 560
Allen Haddick, 40, 40, 320, 10, 260
M. Cunningham, 75, 85, 650, 35, 630
John White, 80, 40, 360, 10, 168
John A. Caron, 600, 200, 6000, 500, 1500
Thos. J. Dooling, 100, 60, 1200, 50, 500
Burton Yandell, 140, 304, 2220, 75, 800
William Rabb, 250, 590, 2520, 330, 1152
James C. Berry, 40, 40, 400, 15, 175
Francis Johnson, 35, 295, 640, 10, 300
Winston Banks, 14, 145, 375, 25, 95
George A. Cox, 300, 1100, 4200, 600, 1800
Joel Sherrard, 200, 600, 3200, 200, 1110
Wm. Sherrard, 120, 200, 950, 30, 810
J. R. Sherrard, 60, 100, 480, 15, 233
George A. Alton, 20, 140, 320, 25, 100
M. Stubblefield, 45, 115, 480, 15, 243
Needham Waters, 50, 110, 550, 10, 172
Anderson Parish, 80, 560, 2560, 250, 550
Thomas Marshall, 40, 96, 554, 20, 220
J. C. McCormack, 13, 157, 320, 15, 59
Henry A. Purvis, 200, 480, 5440, 425, 779
Edward W. Purvis, 225, 300, 3150, 350, 664
John W. Purvis, 500, 700, 6000, 450, 2670
Ben. R. Holmes, 150, 700, 5950, 506, 1245
George H. Shell, 30, 90, 600, 25, 400
F. W. Wheeless, 20 184, 5000, 175, 500
Jesse Hodges agt., 500, 1610, 12066, 1600, 1525
Robert Wilson, -, -, -, -, 125
Dent H. Miles, 80, 500, 12000, 400, 800
John Ballard, 20, 160, 500, 500, 250
Lydia Coody, 20, -, 25, -, 60
Robert F. Spian, 60, 299, 1500, 30, 400
Robert Spian Sr., 1000, 3000, 20000, 1500, 4606
Thomas Calvit, 85, 860, 2000, 120, 720
James W. Edmundson, 20, 60, 600, 150, 245
James B. Gale, 200, 225, 4500, 725, 1115
James W. Branin, -, -, -, -, 75
John H. Hodges, 450, 835, 8000, 825, 1679
Wm. D. Gale, 210, -, 8000, 388, 1017
Sarah M. Pritchard, 90, 470, 1580, 300, 920
G. W. Woodberry, -, -, -, -, 250
Richd. Carman, -, -, -, -, 65
Abraham Stampley, -, -, -, -, 50

Alexr. McLeod, 200, 60, 1000, 400, 995
Alex. McLeod tenant, 175, 145, 3220, -, -
Sarah M. Porter, 800, 1840, 13065, 2650, 3968
Richard M. Johnson, 600, -, 7200, 900, 4360
Caleb D. Banny, 350, 690, 9120, 1500, 2588
John McKee, 350, 690, 15600, 1000, 2400
Richard Stampley, 250, 950, 2500, 685, 1435
David Stampley, -, -, -, -, 75
Josiah Gale, 150, 1130, 18800, 190, 950
Davis Brazeale, 300, 680, 9800, 1143, 2237
Delamon Carmon, -, -, -, -, 50
Martin W. Ewing, 350, 12350, 17010, 1520, 2035
Moses H. Banny, 250, 310, 7000, 460, 848
W. W. Wildy, 250, 800, 8000, 800, 1760
Joseph W. Mabin, 400, 1400, 30000, 2250, 3930
John W. Utley, -, -, -, -, 100
Council Clark, 16, 64, 160, 100, 320
J. P. Lavender, 40, 120, 200, 20, 113
Saml. Marley, 1800, 5240, 60000, 4015, 6934
Geo. W. Calliham, -, -, -, -, 400
Abner S. Holloman, -, -, -, -, 300
Robt. M. Mabin, 200, 220, 1440 800, 1020
John L. Dickson, 25, 215, 1680, 100, 639
Wm. Clark,-, -, -, 100, 30
T. R. Holloman, 200, 1300, 15000, 550, 2450
L. M. Stater, 130, -, 1300, 40, 530
Thomas S. Mabin, 250, 350, 3600, 587 1670

Archibald Coody, 120, 360, 1500, 250, 1250
John Newbaker, -, -, -, -, 115
James Hamberlin, 80, 80, 640, 20, 110
E. R. M. Reynolds, -, -, -, -, 150
Catharine Newbaker, 60, 100, 1200, 77, 648
Moses Hamberlin, 125, 355, 1440, 50, 469
H. H. Hart, 250, 16540, 9500, 750, 1645
A. C. Hall, 100, 60, 800, 25, 570
Benjamin Smith, 40, 200, 480, 75, 6540
Ben. R. Adams, 120, 200, 1500, 340, 525
Wm. A. Yankey, 120, 200, 1200, 150, 600
Wm. S. Herald, 40, 40, 500, 50, 500
J. H. Foster, 100, 1100, 3600, 520, 773
James Hooter, 25, 140, 320, 12, 308
Wm. Johns, 130, 340, 1410, 150, 1095
James Newbaker, 24, 304, 320, 7, 70
Henry Sisson, 30, 50, 240, 15, 140
Mat Reed -, -, -, -, 100
M. Hooter, 150, 300, 3150, 225, 1472
Henry Sturdivant, 40, 120, 600, 10, 188
Saml. Dilley, 15, 275, 870, 65, 532
James H. Screws, 75, 100, 1030, 50, 614
Saml. Bullen, 175, 2500, 3344, 730, 750
B. Coody, 26, 99, 379,-, 220
Jethrew B. Clark, 150, 607, 2271, 400, 1250
Cap. McKee, 300, 1500, 8100, 425, 1620
Ransom Sturdivant, 15, 305, 960, 135, 222
Wm. N. Peers, 100, 60, 800 105, 245
Saml. N. Peers, 100, 60, 500, 50, 364

F. B. Lee, 700, -, 3500, 1100, 3647
W. W. Wilds, 70, 250, 2500, 125, 410
Philip Hilderbrand, 110, 607, 1435, 470, 786
W. E. Anderson, 20, 300, 400, 25, 200
W. C. Erwin, 60, 220, 700, 60, 677
David C. Erwin, 35, -, 200, 50, 536
J. T. Judkins, 430, 3370, 26600, 450, 1715
Wm. Regan, 500, 500, 10000, 700, 2300
A. W. Washburn, 150, 290, 4080, 700, 1266
John Everett, 40, 360, 1100, 235, 614
John Bendin, 80, 120, 600, 25, 200
Josephus Love, 286, 140, 2100, 100, 2000
Wm. Cheatham, 380, 100, 2000, 35, 800
Nat. Ingram, 200, 620, 5000, 425, 925
H. Barksdale, 250, 530, 1170, 550, 1420
Abner Russell, 125, 195, 2000, 700, 785
P. C. Goosey, 100, 130, 4600, 500, 1070
Elijah Ray, 20, 60, 400, 40, 125
Henry Hagan, 150, 1851, 2500, 130, 820
Elizabeth Calvit, 100, 40, 460, 120, 1200
R. B. Powell, 150, 500, 5200, 500, 1950
Solomon Denton, 30, 50, 320, 25, 225
Walter L. Johnson, 200, 1300, 3850, 675, 2305
J. N. Gill, 90, 130, 375, 100, 835
M. H. Rodgers, 30, 50, 240, 10, 80
Jesse G. Long, 30, 130, 600, 25, 205
Richard Boyd, 80, 80, 800, 50, 480
John Carson, 70, 345, 2500, 100, 601
M. M. Friley, 40, 80, 500, 25, 280
Hampton Cox, 160, 340, 1500, 400, 715
David Friley, 55, 185, 320, 15, 285
A. G. Wilkinson, 225, 335, 1500, 350 930
Abner Brown, 40, 180, 1280, 35, 421
Benajah Dixon, 40, 160, 600, 15, 128
Moses E. Nesbit, 80, 80, 640, 150, 365
Joseph Morton, 160, 80, 960, 150, 758
Tapley Foulks, 20, 60, 240, 12, 117
G. O. Richmond, 80, 80, 480, 15, 210
R. F. Frazier, 100, 330, 2000, 200, 433
John Carraway, 120, 240, 1080, 15, 445
Dixon Holliday, 380, 320, 2100, 400, 1340
T. C. Barfield, 37, 43, 240, 20, 389
Ephraim Gince, 180, 620, 4000, 235, 557
D. Henry, 200, 240, 880, 600, 880
B. E. Lewis, 175, 225, 1200, 250, 620
W. J. Helm, 100, 140, 1200, 120, 218
C. Broomfield, 200, 120, 960, 50, 1406
Rebecca White, 165, 495, 12920, 150, 864
Wm. Gartley, 1200, 1280, 19840, 1609, 3750
James Rose, 100, 580, 4080, 150, 760
Joseph R. Mosely, 550, 493, 10430, 450, 1773
Franklin Davis, 300, 140, 2200, 150, 1410
John P. Street (Strut), 100, 170, 1250, 40, 600
John Johnson, 700, 360, 6000, 300, 1524

Wm. Strut, 130, 110, 600, 20, 275
J. D. Ferris, 90, 70, 480, 15, 294
Martha Morton, 200, 120, 960, 30, 400
Young Berry, 300, 240, 640, 250, 1044
Celeste Anding, 800, 400, 3600, 350, 3370
W. Balfour, 650, 600, 1500, 500, 2310
H. G. Blackman, 800, 950, 14000, 1000, 4225
John Johnson, 750, 700, 12600, 300, 1870
Burwell Scott, 420, 300, 3600, 315, 1670
R. N. McCann, 350, 330, 4000, 400, 1130
Mary Thompson, 100, 60, 160, 50, 412
David Dunn, 150, 130, 1120, 300, 520
T. E. Bradshaw, 200, 300, 2710, 85, 425
W. M. Williams, 35, 125, 650, 10, 145
Thos. Mayner, 100, 73 519, 150 440
Isaac Gerald, 40, 400, 1760, 30, 575
Emily Neely, 40, 40, 320, 10, 440
R. M. Winn, -, 120, 120,-, 900
E. B. Rundell, 300, 100, 1200, 300, 600
N. D. Link, 40, 200, 2000, 400, 400
N. W. Hobson, 150, 10, 1300, 75, 500
R. O'Donnell, 300, 340, 1600, 500, 1000
J. W. Barnett, 220, 1300, 6000, 300, 1150
Jas. R. Burrus, 350, 1000, 12000, 500, 1000
J. A. Stevens, 5,-, 800, 5, 75
J. R. West, 200, 360, 5600, 1500, 1800
F. Barksdale, 1,-, -, -, 30
J. E. Shropshire, ½, -, 500, -, 35
James Jackson, 40, 200, 1500, 250, 494
F. G. Stewart, 25, 80, 500, 100, 375
Thos. J. Bruce,-, -, -, 5, 90
S. V. Stewart, 25, 55, 400, 160, 590
M. Kager, 200, 100, 600, 50, 830
P. B. Bailey, 80, 40, 480, 20, 325
Chas. B. Swayze, 300, 600, 4500, 200, 838
W. Battaile, 100, 435, 5600, 1000, 775
B. Powers, 117, 343, 2800, 50, 1265
L. P. Collins, 150, 130, 2000, 350, 595
Henry Alford, 160, 80, 480, 75, 215
H. Gill, 50, 110, 800, 80, 647
C. Tilley, 220, 100, 1920, 150, 845
C. Calvit, 200, 720, 4000, 610, 1620
J. M. Howard, 50, 360, 2000, 50, 640
Jas. Martin, 17, 63, 400, 15, 106
J. H. Robinson, 50, 156, 800, 120, 308
J. N. Hooter, 40, 120, 800, -, 505
W. A. Mansfield, 120, 80, 200, 215, 950
Moses Bains, 12, -, 60, -, 70
J. C. Patter, 60, 100, 1200, 25, 589
A. P. Smith, 150, 130, 1600, 375, 770
E. Warron, 18, 22, 600, 10, 154
Hugh Cowan, -, 12, 50,-, 189
Margaret Woodward, -, 17, 400, -, 325
Catherine Hamberlin, 25, 135, 1300, 75, 450
Wm. Martin, 30, 90, 200, 50, 465
Wm. P. Martin, 20, 60, 200, 15, 352
Thos. Hunt, 20, 20, 200, 10, 144
J. Harrold, 30, 130, 600, 15, 336
H.C. Erwin, 50, 150, 2000, 100, 850
J. McCleere, 30, -, 150, 50, 435
A. Sibley, 18, -, 72, 20, 425
E. Richardson, 340, -, 1360, 675, 1660
Jno. R. Wilson, 350, 680, 10000, 301, 1920

J. Wilborn, -, -, -, -, 100
W. C. Harris, 150, 500, 13000, 500, 2400
James Everett, 60, 145, 800, 50, 385
Robert Stevens, 250, 750, 3000, 1000, 100
Celeste Causey, 80, 80, 480, 50, 500
S.G. Chambers, 30, 280, 800, 20, 200
Mary Barfield, 30, 50, 400, 20, 220
A. Dyer, 5, 430, 2500, 50, 654
W. R. Wrenn, 20, 60, 500, 25, 283
M. T. Brown, 100, 380, 3300, 80, 705
W. Foran, 35, 45, 150, 20, 130
J. Balance, 500, 680, 4000, 1200, 2750
J. P. Sessions, 300, 350, 5000, 100, 1250
C. L. Debuisson, 800, -, 16000, 2000, 4400
John Trunk, 2, 13, 800, 5, 280
Ben. Roach, 1700, 2300, 60000, 3000, 7800
J. A. Brooks, 175, 145, 5000, 1000, 2230
C. Armstrong, 50, 150, 600, 10, 700
B. Lasiter, 3, 160, 100, 500, 135
W. Jackson, 18, 102, 500, 500, 250
Ben. Cooper, 25, 120, 550, 10, 280
E. Walker, 2, 38, 220, -, 110
G. B. Taylor, 250, 400, 1000, 15, 300
P. S. Thompson, 15, 160, 500, 40, 155
J. Ballard, -, -, -, -, 150
T. F. Alford, -, -, -, -, 95
Sarah Buchanmon, 40, 120, 200, 10, 600
W. D. Norman, -, -, -, -, 125
Leslie Gilliam, -, -, -, -, 225
W. Bently, 40, 120, 1200, 100, 662
A. Sharp, -, -, -, -, 40
N. Robinett, 60, 170, 1500, 50, 375
C. Lemons, 30, 80, 200, 100, 240
John Spiars, 70, 160, 800, 200, 1000
E. Tarner, -, 40, 125,-, -
D. M. Bell, 4, 116, 500,-, 215
M. Lemons, 55, 550, 1800, 100, 650
W. C. Beale, 30, 130, 1000, 50, 400
J. Herrod, 30, 130, 1200, 100, 545
Hiram Hagain Est., 145, 395, 5440, 700, 1000
Jos. Andrews, 536, 1164, 34000, 1350, 2600
C. D. Roberts, 250, 350, 18000, 300, 800
Sarah R. Grayson, 350, -, 3500, 150, 1200
George P. Crump, 120, 227, 5204, 1000, 850
B. S. Ricks, 800, 800, 32000, 1500, 3850
_. Q. Roberts, 300, 700, 15000, 1000, 1585
Jeremiah Lamkin, 50, 200, 3000, 100, 445
S. D. Livingston, 100, -, 1000, 30, 320
Alex. Montgomery, 600, 2400, 20000, 1000, 3000
W. R. Hill, 350, 150, 10000, 700, 1650
C. S. Morris, 400, 240, 6400, 700, 1600
S. M. Lambeth, 160, -, 1600, 200, 500
John Woolfolk, 650, 600, 24000, 1500, 3100
Dudley Woolfolk, 100, 500, 9000, 175, 660
J. J. Hughes, 600, 990, 30000, 2500, 3300
E. S. Downs, 150, 370, 4000, 60, 620
John Campbell, 200, 300, 5020, 600, 1500
A. G. Bennett, 560, 180, 12800, 1200, 3500
J. H. B. White, 700, 900, 36000, 1500, 4500

Geo. S. Yerger, 500, 600, 33000, 2000, 2650

H. F. Carrodin, 170, 510, 4000, 1000, 900

John Ingersoll, 550, 1450, 30000, 4000, 3000

H. Phillips, 40, 1147, 11000, 100, 600

C. F. Hamer, 500, 1500, 20000, 1100, 2600

W. A. Brickell, 120, 680, 10000, 225, 500

M. Langan, 600, 540, 15000, 900, 2500

Richard Abbey, 260, 510, 16000, 700, 2000

Index

Aaron, 34, 79
Abanathy, 19
Abbey, 96, 164
Abbott, 45, 114
Abels, 137, 151
Abernathy, 4, 6, 52
Abney, 47, 148
Abrams, 12
Acee, 151
Acuff, 100
Adair, 13, 40, 88
Adams, 32, 41, 55, 79, 81, 83, 88, 90, 92, 98, 101, 105, 124-125, 130, 160
Adkins, 44, 85
Agee, 70
Agent, 134
Ahrand, 10
Aills, 8
Ainsworth, 13, 21-22, 27, 30-31, 33
Akeridge, 157
Akers, 85
Akin, 40, 85
Aldridge, 53, 94, 133, 150-151
Aldrige, 41
Alexander, 4, 6, 18, 38, 51, 53, 59, 71, 118, 123, 126, 136, 139, 141
Alford, 3, 69, 73, 162-163
Algood, 130
Allbritton, 20-21
Allen, 1, 16, 26, 31, 53, 64-65, 71, 82, 85, 87, 89, 100, 105, 115, 124, 152
Allgood, 128
Allison, 71, 146, 149
Alliston, 4, 8
Alpin, 2
Alsobrook, 11, 13
Alsop, 157
Alsup, 140
Alton, 146, 159
Alverson, 105
Amer, 37, 44
Amerson, 27

Amos, 14
Amyett, 147
Anderson, 5, 8, 26-27, 30-31, 33, 40, 43, 50, 52, 119, 132, 148, 151, 155, 161
Anding, 11, 162
Andrews, 33, 163
Andros, 82
Angill, 121
Archer, 62
Arington, 112
Armstead, 138
Armstrong, 43, 69, 77, 87, 163
Arnett, 63, 65, 124
Arnold, 81, 102
Arterberry, 6
Asberry, 67
Ashbrooks, 108
Ashcraft, 46, 125
Ashe, 145
Ashley, 121
Ashmore, 71, 133
Askew, 132
Astin, 65
Aswell, 120
Ataway, 92
Atkins, 1
Atkinson, 148
Attaway, 123
Ausbern, 92
Austin, 5, 27, 39, 56, 80, 131
Autery, 85
Autry, 51
Avary, 131
Avent, 138
Avin, 39
Aymett, 145
Ayres, 49, 51, 58, 67, 87, 130
Babb, 77
Bacon, 114
Bagget, 49
Bailes, 150
Bailey, 14, 64, 70, 139, 153, 162,
Bain, 90

Bains, 162
Baker, 27, 47, 49, 60, 63, 74, 79-80, 86, 98, 119, 136, 143-144, 152
Balance, 163
Baldwin, 28
Bale, 155
Bales, 41
Baley, 29, 94
Balfour, 162
Balis, 122
Ball, 5, 35, 69, 131
Ballard, 29, 79, 82, 136, 159, 163
Banfoot, 78
Banion, 153
Bankhead, 149
Banks, 24, 159
Banny, 160
Barber, 23, 134
Barclay, 39
Bard, 47
Bardwell, 148
Barefield, 99, 102, 106
Barfield, 124, 133, 161, 163
Barger, 61, 65
Barineau, 123
Bark, 57
Barker, 50
Barksdale, 110, 144, 161-162
Barlow, 8, 23, 26
Barmore, 123
Barnard, 146
Barnes, 6, 32, 47, 49, 74, 76, 81, 93, 96, 142
Barnet, 49, 130
Barnett, 6, 37, 39, 57, 76, 84, 141, 162
Barney, 27, 76
Barr, 35, 103, 109, 140
Barrett, 107
Barron, 22, 56, 90-91, 122, 124-125, 131
Barrott, 133
Barrow, 26, 56, 131
Barry, 45-46
Bartlett, 81
Barton, 94, 136, 139, 142, 147, 150

Basdon, 44
Bashers, 90
Bass, 3, 22, 50, 56-57, 103, 105, 107, 117
Batchelor, 106
Bates, 27, 51, 65, 153
Batey, 41
Bathune, 84
Batntt, 83
Battaile, 162
Batte, 8
Battell, 102
Batto, 8
Baugh, 17
Baum, 99, 120
Bay, 103
Bayle, 81
Bayless, 137
Bayley, 127, 137
Bayliss, 148
Bazer, 13
Beal, 10, 84
Beale, 98, 163
Beard, 74, 82, 92, 100, 123, 153
Bearden, 87
Beasley, 24
Beatty, 55
Beaty, 62, 152
Beauchamp, 152
Beauford, 124
Beaver, 28
Beck, 48, 51, 90, 92, 116, 151
Beene, 76
Belaney, 92
Belew, 86, 92-93
Bell, 23, 37, 46, 49, 57, 71, 73, 77, 78-79, 98, 117, 123, 131, 136-137, 141, 144, 147, 153, 155, 163
Bellamy, 142
Bellows, 5
Bellurgo, 75
Belote, 64
Belsha, 70
Belsher, 88
Belt, 5
Bendin, 161

Benich, 112
Benison, 30
Bennet, 22, 83, 128
Bennett, 3-4, 11, 22, 43, 45, 83, 133, 149, 155, 163
Benson, 139
Bently, 163
Benton, 19, 21, 69
Berge, 50
Berne, 75
Bernhard, 151
Berry, 2, 4, 14, 22, 24, 43, 128, 130-131, 134, 150-151, 157, 159, 162
Berryhill, 83
Berryman, 56
Berrysford, 5
Bert, 45
Best, 112
Bethea, 18
Bettis, 90
Bevil, 123, 125
Bew, 152
Bibb, 51
Bickers, 66
Bigby, 122
Biggs, 24, 38, 84
Bilb, 4
Bilbro, 7
Billings, 84, 147
Billingslea, 104
Billingsley, 7
Billingsly, 79, 132
Bills, 42, 88
Bingefield, 111
Bingham, 79
Bircham, 78, 82
Bird, 30, 49, 148
Birdeshaw, 143
Birdwell, 71
Birns, 43
Bishop, 15-17, 19-21, 24, 55, 83, 110-111
Bissitt, 13
Black, 45, 62, 102, 122, 145-146, 153
Blackburn, 100, 109, 162

Blackwall, 26
Blackwell, 26, 29, 33, 85, 135
Blackwood, 58, 122
Blag, 89
Blair, 51, 63, 65
Blake, 59, 67, 98
Blakeley, 77
Blakeman, 31
Blakeney, 32, 63, 76
Blalock, 60-61, 157
Blanchard, 105
Bland, 104, 136, 157
Blane, 134
Blanton, 107
Bledsoe, 36
Bless, 119
Blount, 54, 67
Bludworth, 49
Blue, 134
Blythe, 36, 45-46, 85, 87
Board, 114
Boatman, 126
Boatner, 49
Bobb, 99, 106
Bobbitt, 139
Bogers, 19
Boggan, 19
Bohannon, 102
Boiere, 82
Boler, 29
Boley, 91
Bolls, 99, 101-103, 105
Bonds, 84
Bonham, 30
Bonner, 9
Booker, 37
Bookout, 67
Boon, 89
Boone, 3, 78-79, 143
Booth, 102136, 139
Boothe, 5, 64, 131
Borard, 158
Boreland, 78
Boren, 96, 117
Bosheres, 80
Bostick, 67

Bostin, 54
Boswell, 19, 123
Bosworth, 150
Boteler, 1
Bott, 35
Bottom, 46
Bough, 26-27
Bounds, 41, 148-149
Bowden, 65
Bowdery, 87
Bowen, 28, 52, 70, 108, 137, 149-150, 153
Bowie, 99
Bowles, 144
Bowling, 120
Bowman, 157
Bowton, 62
Box, 39, 54, 56, 58, 79
Boyce, 70, 96
Boyd, 14, 83, 92, 99, 117, 139, 158, 161
Boydston, 137
Boyers, 86
Boykin, 29-30, 111, 134
Boyl, 48
Boylan, 157
Boyle, 73, 128, 142
Boyt, 125
Bozeman, 128
Brabston, 102
Bradbury, 40
Braddock, 55, 58-59
Bradey, 40
Bradfoot, 27
Bradford, 100, 139, 150
Bradley, 40, 60, 124, 134
Bradshaw, 26, 162
Brady, 45
Brakefuld, 80
Brandon, 117, 119, 138
Branin, 159
Brannam, 137, 153
Brannon, 116
Branstetler, 82
Brantley, 64, 104, 147
Brassell, 14

Bratton, 51
Brazeale, 160
Brecount, 106
Breuner, 112
Brewer, 14, 37, 83, 123
Brewster, 82
Brian, 44, 51, 117
Briant, 30, 38
Brickeen, 75
Brickell, 164
Bridgen, 136
Bridgers, 71, 96-97, 138
Bridges, 21, 23-24, 40, 89
Bridgforth, 159
Brien, 103
Briggers, 50
Briggs, 2, 50, 65
Bright, 5, 51, 57
Briley, 22, 57
Brime, 105
Brimm, 67
Brinkley, 39
Brinson, 8, 23
Brister, 152, 156-157
Britton, 79, 111-112
Brizmar, 64
Broadnax, 157
Broadstreet, 136, 138, 142
Broam, 139
Brock, 39, 44, 55, 63, 67, 87
Brody, 71
Brook, 23
Brooks, 38, 56, 62, 66, 74, 93, 106, 109, 141-142, 163
Broom, 104
Broomfield, 4, 23, 161
Brooton, 44
Brotherton, 55, 63
Brougher, 48
Brower, 147
Brown, 5, 9, 17-19, 32, 39-40, 46, 48, 52, 55, 63, 65-67, 69, 72-73, 76-78, 80-81, 84, 86, 88-89, 96, 99, 107-108, 113, 118, 121-122, 125-126, 129-130, 133-134, 136, 139, 142-

143, 145, 147-149, 152, 156, 158, 161, 163
Browning, 35, 78
Brownlee, 48-49
Bruce, 71, 141, 153, 162
Bruerson, 76
Brunson, 72, 143
Brunstin, 90
Bryan, 102, 113, 115, 119
Bryant, 7, 29, 31, 61, 82, 88, 136, 147, 152
Bryarly, 152
Bryce, 115
Buch, 23
Buchanmon, 163
Buchannon, 79
Buckalou, 30
Buckhannon, 91
Buckhanon, 14
Buckles, 130
Buckley, 23, 141
Buckner, 108-109, 126
Buford, 147
Bufort, 82
Buie, 157
Buir, 35
Bull, 157-158
Bullard, 75
Bullen, 160
Bullifin, 152
Bullock, 20, 37, 70, 118, 146, 148, 152
Bullret, 43
Bumpas, 38, 46
Bumpass, 83
Bunch, 1, 112
Bunt, 125
Buntin, 73, 138, 141, 145
Bunyan, 4
Burbridge, 100
Burch, 20
Burg, 157
Burgess, 52, 54, 139
Burgiss, 55
Burich, 112
Burk, 107

Burke, 4
Burkes, 11
Burkhalter, 69, 72-74
Burks, 65
Burley, 157
Burne, 136
Burnes, 42, 85-86, 88
Burnett, 72, 82
Burnham, 12
Burns, 36, 137
Burows, 110
Burrage, 132
Burrell, 145
Burress, 86-87
Burris, 77
Burrus, 158, 162
Burruss, 121
Burton, 41, 64, 78, 86, 114
Burwell, 101
Busby, 61, 65, 76, 96, 111-112
Bush, 17, 21, 151
Bushup, 2
Bussit, 50
Bustle, 90
Butlar, 10
Butler, 4, 13, 16, 18, 22-23, 33, 40, 48, 50, 78, 80, 82, 89, 125, 143, 151
Byerley, 133
Byers, 80
Bynum, 87
Byrd, 8, 16, 23, 61
Byrum, 94
Cabariss, 13
Cachorey, 143
Cade, 124
Cage, 114, 118-118, 156
Cain, 77
Calcoat, 6
Caldwell, 136, 152, 158
Calhoun, 20, 73
Calicott, 79
Callicoat, 146
Callicott, 51
Calliham, 160
Callihan, 78
Calloway, 126

Calvary, 90
Calver, 77
Calvert, 141
Calvit, 159, 161-162
Camden, 8
Cameron, 7, 100, 104
Campbell, 8, 32-33, 54, 61, 78, 105, 108, 131, 137, 140, 144, 157, 163
Camron, 131
Canfield, 84
Cannon, 1
Canterbury, 123
Cantrill, 83
Cantwell, 33
Cape, 121
Caperton, 130, 134
Cappleman, 59
Capshaw, 155
Caraway, 146, 150
Cargile, 53
Cargill, 32
Carl, 152
Carlile, 43
Carlock, 39
Carmack, 93
Carman, 159
Carmichael, 9, 70, 138
Carmon 160
Carnal, 45
Carnes, 64
Caron, 159
Carooth, 91
Carpenter, 7, 39-42, 63, 65, 76, 78-79, 89, 140, 148, 150, 156
Carr, 9, 11, 14, 19, 27-28, 52, 60-61, 123, 127, 136, 138, 149-150
Carraway, 1, 161
Carrington, 51
Carrodin, 164
Carrol, 144
Carroway, 61
Carson, 49, 54, 57, 108, 158, 161
Carter, 3, 19, 40-42, 56, 63, 78, 80, 82, 87, 90-91, 108, 115-116, 129, 137, 140, 146
Cartledge 144

Cartright, 58
Cartwright, 54, 97
Caruthers, 71, 96
Carver, 148
Casbry, 136
Casey, 52, 125
Casper, 27
Cassidy, 2
Castleberry, 79
Castleburry, 84
Castleman, 101
Castor, 114
Cathey, 77
Cathy, 78
Cato, 105, 141
Causey, 163
Cavenah, 14
Caver, 111
Cavin, 113, 121
Cavinah, 7
Chamberlain, 48
Chamberlin, 106, 152-153
Chambers, 4, 10-12, 14, 54, 96, 111, 114, 128, 163
Chambliss, 140
Chamness, 80
Champion, 52
Chance, 145, 149
Chancellor, 129
Chandler, 13, 20-22, 118, 148
Chapel, 134
Chapman, 3-7, 34, 58, 60, 108, 110, 136, 153
Chappell, 66
Chase, 92
Chastine, 86
Cheairs, 66
Cheatham, 158, 161
Cheaves, 89
Cheek, 82
Cherry, 132-133
Cheuris, 62
Cheves, 137
Chew, 155
Chewning, 35
Cheworlt, 80

Childers, 25, 83
Childes, 5
Childress, 46, 52, 54-55, 63, 123
Childs, 58
Chipman, 10
Chisholm, 27, 55, 61, 118
Chism, 38
Choat, 94
Choate, 77
Chrisman, 32
Christian, 11
Chubb, 31
Church, 99
Clack, 4, 106
Clampit, 113
Clance, 71
Clark, 10, 17-19, 32, 34, 41, 46, 64, 91, 99-101, 107, 124, 128, 131, 133-134, 146-147, 53, 160
Clarke, 76, 79, 111, 155, 158
Clary, 39
Claud, 103
Clausell, 78
Claxton, 56
Clay, 47, 142
Clayton, 46, 85
Cleavland, 154
Clemans, 80
Clements, 123
Clemment, 84
Clemmer, 52
Clemoris, 80
Clifton, 58, 66
Cline, 23
Cloniger, 139, 149
Cloud, 103
Coaley, 60
Coalky, 83
Cobb, 39, 65, 139, 145-146
Coble, 92
Cochran, 48, 83, 110
Cocke, 33, 96
Cockrell, 26, 33, 132
Cocks, 109
Coe, 141
Coffelt, 142

Coffer, 138-139
Coffman, 151
Cogdill, 80
Coggins, 27
Cohea, 140
Cok, 51
Coker, 43, 60, 83, 147, 156
Colbert, 71, 73, 126
Cole, 2, 34, 37-38, 45, 47, 75, 77, 96, 103, 121, 149
Coleman, 3, 5, 31, 33, 55, 70, 74, 100, 114, 122-123, 125, 129, 132, 138
Coley, 131
Colier, 48
Collens, 112
Collier, 8-9, 12, 62, 70, 87, 91, 117
Collins, 2, 7, 11, 35, 39, 44, 48, 50, 111, 145, 150, 158, 162
Collum, 156, 158
Colquet, 92
Colston, 38, 40, 43
Colyer, 58
Combes, 140
Combs, 119
Comer, 128
Comes, 128
Compton, 103
Congo, 86
Conley, 154
Conn, 41-42
Conner, 59, 94, 113-114, 119, 126
Connor, 136
Conrad, 113
Cooate, 79
Coody, 159-160
Cook, 16, 27-28, 31, 43, 64, 70, 75-77, 79, 82, 86, 99, 103, 110, 112, 131-133, 136, 143, 147, 150, 158
Cooke, 137, 149
Cooley, 111-112, 154
Coombs, 38
Coons, 64, 120
Cooper, 1, 27, 29, 32, 37, 102, 119, 129, 131, 146, 148, 151, 158, 163
Copp, 132

Cora, 96
Corcut, 87
Cord, 96
Cordell, 2
Corder, 42
Corker, 152
Corley, 2, 10-11, 14
Cornelius, 78
Corvan, 144
Cossett, 61
Coster, 31
Cothran, 152
Cotnam, 37-38
Cottege, 125, 135
Cotton, 58, 61, 63, 100, 125, 153
Couch, 97, 128
Coulter, 128, 141
Countryman, 105
Counts, 84, 146
Courans, 84
Courtnes, 23
Courtney, 23, 108, 117
Covington, 101, 110, 112, 126
Cowan, 38, 84, 88, 102-104, 162
Coward, 12, 28
Cowger, 92
Cox, 27, 47, 59, 63, 65, 72, 80, 83, 90, 104, 107, 123-124, 146-147, 159, 161
Cozart, 67, 148
Crabb, 144
Craddock, 20
Craft, 29-30, 56
Craig, 61, 64, 133, 139, 141, 150
Craigg, 71
Crain, 49
Crane, 6, 20, 35, 49
Cranford, 5
Crant, 3
Crasley, 125
Crawford, 45, 50, 67, 83, 125, 139
Crawley, 24, 72
Crawly, 87
Crayton, 72
Creamer, 65
Crecelius, 13

Creekmore, 140
Creel, 12
Crems, 143
Crenshaw, 64, 141, 144, 148
Cresswell, 156
Crevitt, 99
Cribbs, 71
Crisler, 8
Crisp, 114
Criss, 140
Criswell, 115
Crocket, 44
Crockett, 85
Croft, 30
Crook, 9, 26-27, 57-58
Crosby, 12, 134
Cross, 126
Crosswait, 141
Crow, 91, 94
Crowder, 73, 152
Crozier, 142
Crum, 48, 50
Crumb, 120
Crume, 53, 56, 58
Crump, 1, 24, 37, 74, 163
Crunk, 24, 60-61
Crutzinger, 63
Cuess, 140
Culver, 77
Cummings, 105
Cundiff, 7
Cunk, 143
Cunningham, 46, 76, 92, 108, 159
Cupp, 61
Curack, 158
Curley, 3
Currie, 16, 31
Currin, 61
Currington, 140
Curry, 13, 30, 71, 125, 143
Curtis, 12, 43, 75, 131, 134
Custis, 115
Cutburth, 54
Cutts, 131-132
Cyprit, 78
Daghlgren, 117

Daiel, 85
Dailey, 140
Dalbert, 144
Dammon, 63
Dampier, 22, 24
Danahoo, 75
Dancee, 76
Dancer, 85
Dandridge, 91
Danels, 42
Daniel, 37, 52, 62, 147
Daniels, 157
Dansby, 44
Danson, 41
Darby, 144
Daugherty, 110
Davenport, 78
Davidson, 6, 70, 80, 96, 105, 145
Davie, 131
Davies, 39
Davis, 1, 2, 6-9, 13, 22, 27, 32-34, 38, 41, 43-45, 55, 57, 62, 64, 66, 69, 72, 76-77, 80-84, 87-89, 93, 95-96, 99, 102, 104, 106, 111-112, 116-117, 119, 121, 127, 131, 140-146, 161
Davison, 69, 71, 73
Dawkins, 62
Dawson, 60, 115-116
Day, 48, 85, 99, 120, 157
Deal, 80, 129
Dean, 55, 83, 92
Dear, 3, 7-8, 22-23
Dearman, 3
Deas, 2
Deason, 11
Deaton, 76
Deavers, 8
Debuisson, 163
Deen, 26, 40
Dees, 39, 69-70
Delashouet, 13
Dellingham, 119
Deloach, 117, 119, 121
Dempsey, 129
Denham, 1
Denley, 148

Dennis, 10
Denny, 64, 75
Denson, 4, 6-7, 12
Dent, 3
Denton, 47, 50, 140, 161
Derden, 137
Derrebery, 55
Derryberry, 80
Desha, 34
Deterly, 103
Dethero, 138
Devenport, 63-64, 67
Dever, 65
Dew, 55, 138
Dexter, 7
Dial, 57, 80
Dick, 73
Dickens, 81
Dickerson, 30, 45-46, 52, 139
Dickey, 72, 76-77, 126
Dickinson, 67, 78
Dickson, 4, 8, 38, 43, 80, 87, 160
Dietz, 137, 141
Diggs, 13, 148
Dillen, 71
Dilley, 160
Dilworth, 81-82, 90
Dismukes, 137
Dison, 114
Dixon, 61, 108, 114, 155, 157, 161
Doan, 78
Dodd, 146
Dodds, 54, 56, 58
Dodson, 51, 142
Dogan, 73
Doherty, 145
Dollahite, 143
Domas, 129
Donaldson, 157
Donalson, 85, 91, 122
Donato, 80
Donelson, 46
Donison, 86
Donkin, 151
Donley, 151
Donovan, 106

Dooley, 58
Dooling, 146159
Doolittle, 140
Dorerty, 39
Dorn, 72
Doss, 99, 134
Dotey, 57
Dotson, 128-129
Doucherty, 69
Douglass, 112, 144
Dourll, 77
Douthurt, 84
Dove, 115
Dow, 6
Dowd, 77
Dowell, 77
Downen, 39, 45
Downs, 7, 45, 51, 102, 105, 109, 118, 129, 163
Dowthett, 47-48
Dowty, 117
Doyle, 7, 143
Drake, 78
Draughan, 115
Drinkwater, 72
Driver, 145
Drummon, 43, 54
Drummonds, 46
Drummons, 23-24, 29
Drury, 59
Dubard, 151
Duberry, 146
Dubois, 84
Duck, 3, 42
Duckworth, 26, 30, 32-33
Duggins, 74
Dugless, 42
Duke, 95, 137, 141, 146-147
Duke, 95
Dukes, 3, 26, 28
Dulaney, 140, 146
Dunaway, 88, 152
Dunbar, 50, 108
Duncan, 50, 74-75, 91, 142
Dunford, 27
Dunham, 139

Dunkley, 116
Dunlop, 121
Dunn, 11, 27, 37, 43, 80, 108, 162
Dunnigan, 27
Dunning, 41
Dupuy, 30-31
Duranet, 137
Durant, 134
Durden, 100
Durfrey, 108
Durham, 124, 130, 134
Durr, 19
Durrett, 138-139
Duty, 116
Duval, 120
Duvall, 110
Duvaney, 151
Dye, 23, 130
Dyer, 69, 145, 163
Eager, 99
Eakin, 2
Eanos, 91
Earington, 106
Earley, 48, 59
Early, 149
Earnes, 39
Earnest, 81
Earthman, 88
Easley, 59, 80, 140
East, 33
Easter, 146
Easterling, 18, 21, 26-27, 31
Easterwood, 151
Eastlands, 14
Eastridge, 96
Eaton, 89
Eaves, 61, 132-133
Eberline, 99
Echols, 38
Ederington, 145
Edger, 151
Edgerton, 38
Edings, 46
Edmonds, 144
Edmonson, 94, 148
Edmunds, 158

Edmundson, 159
Edwards, 27, 33, 73, 84, 99, 103-104, 124, 130, 145, 152, 157
Egg, 109
Eggleston, 118, 150
Egner, 49
Elam, 141
Elder, 42, 85
Eliott, 28
Ellane, 77
Ellett, 73
Elley, 108
Ellington, 86
Elliot, 20
Elliott, 34, 42, 46, 52, 54-55, 107, 118, 158
Ellis, 32, 45, 89, 116, 127, 129, 131
Ellison, 132, 157
Ellsbery, 36
Elmore, 102
Eloxander, 91
Ely, 151
Elzey, 138
Embree, 121
Embrel, 114, 121
Embrey, 51-52
Emerson, 141, 145
Emfingers, 156
Emory, 95
England, 56
English, 66, 85-86
Enlow, 116
Ennis, 20
Enoch, 8
Enochs, 1, 8
Eppes, 81
Erwin, 127, 156, 161-162
Esh, 31
Esha, 34
Esray, 56
Essery, 81
Esterling, 5, 9
Estes, 4, 20, 35, 104, 116
Estus, 80
Etheridge, 155
Ethridge, 130

Eubanks, 30-31
Eurbanks, 33
Evans, 1, 4-5, 8, 14, 34, 40, 46, 66, 73, 76, 79, 104, 109, 129, 143, 146
Everett, 20, 48, 110, 159, 161, 163
Evett, 132
Ewell, 117
Ewing, 74, 144, 160
Exum, 155
Ezell, 10, 13
Fagan, 49
Fales, 20
Falkner, 80
Fanden, 49
Faris, 57
Farlow, 6
Farmer, 1
Farr, 61, 124
Farrar, 4, 149
Farris, 90, 132
Farrish, 8, 118
Farrlow, 29
Farrsi, 94
Fausse, 120
Faust, 119, 146
Fears, 98
Featherston, 104-105
Felder, 12
Felker, 93
Felts, 3
Feltus, 119
Fenn, 19
Fergerson, 91, 146
Ferguson, 4, 9, 61, 72, 102, 118-119, 128, 141, 150
Ferrel, 129
Ferrell, 141
Ferris, 162
Fielder, 79, 130
Fields, 67, 77, 88, 105, 153
Files, 27, 130
Finch, 13, 27, 60, 91, 100, 137
Finger, 58
Finklea, 132
Finkleay, 124
Finlay, 5-6

Finley, 10, 33, 41
Finnar, 152
Fisher, 136, 157
Fitzgerald, 60
Fitzhugh, 4-5
Fitzpatrick, 40
Fivash, 67
Flake, 89
Flannagan, 6, 147
Flatt, 76
Fleetwood, 133
Fleming, 154
Flemings, 38
Flemming, 70, 128
Fletcher, 17, 28
Fliner, 115
Flint, 83, 123
Floid, 42
Flowers, 28, 32, 104, 126, 140, 153
Floyd, 7, 16, 32-33, 55, 67, 78, 93, 119, 121
Flurep, 5
Flurnoy, 108
Fly, 150
Flynt, 87
Foley, 103
Folkes, 99, 102
Folsom, 149
Fonville, 127
Foot, 44
Foote, 9, 84
Foran, 163
Forbes, 156
Forbis, 22
Ford, 5, 31, 45-46, 49, 51, 63-64, 78, 88, 99, 116, 122, 157
Foree, 69, 98
Forehand, 78
Forest, 23, 130-131
Forester, 150
Forrest, 78
Forrester, 79
Forsyth, 63
Forsythe, 57, 63
Fortenberry, 18, 75
Fortinberry, 24

Fortner, 85, 100
Fortune, 54
Fory, 136
Foster, 7, 33, 44, 48, 67, 74, 87, 129, 160
Foulks, 161
Fowler, 49, 67, 77, 96, 120
Fox, 98, 104, 123, 127-128, 137, 140
Franklin, 3, 6, 26, 28, 33
Frazier, 42, 44, 117, 133, 146, 1550, 161
Frederick, 55
Freeland, 99
Freeman, 11, 64, 83, 105
Freese, 102
Freeze, 76, 84, 88
French, 103, 142
Friley, 158, 161
Frost, 87, 90, 110-111, 144
Fry, 45, 94
Fryer, 39, 41, 44, 100
Fulcher, 134
Fulder, 79
Fulgum, 86
Fuller, 51, 87, 133, 152
Fulton, 107, 110-111, 128
Funderbirth, 88
Fushome, 141
Fuson, 78
Fussell, 3, 6
Futch, 10-11
Futhey, 152
Futrell, 66
Gadberry, 158
Gage, 127, 142
Gagge, 140
Gahagan, 91
Gailaird, 51
Gailer, 48
Gaines, 121
Gairy, 83
Galaher, 90
Gale, 159-160
Galiovant, 32
Gallian, 61
Gambell, 42

Gamble, 46, 107
Gambrell, 80
Gamer, 158
Ganda, 110
Gandy, 110
Gann, 78
Ganse, 151
Ganus, 110
Gardener, 19, 21
Gardner, 33, 87, 94
Garison, 91
Garland, 80
Garner, 12, 14, 70, 142-143, 151
Garratt, 28
Garret, 21
Garrett, 22, 54, 57-58, 67, 94
Garrigus, 127
Garrison, 37, 44, 49
Gartley, 161
Garver, 36
Gaseway, 45
Gasny, 84
Gassway, 99
Gaston, 127, 135
Gates, 17, 22-23, 72, 85
Gatewood, 15
Gatlan, 57-59, 62
Gatlin, 8
Gattes, 91, 145
Gattis, 72
Gauldin, 114
Gee, 102
Geigar, 24
Geiger, 99
Geno, 46
Gentry, 11, 34, 86-87, 143
George, 81-82
Gerald, 157, 162
Gerhart, 79
German, 57
Germany, 123
Gerra, 6
Gess, 93
Gibbon, 65
Gibbs, 7, 133, 151

Gibson, 7, 19, 39, 52, 62, 66, 73, 89, 99-103, 139, 144
Gill, 3, 8, 13, 29, 32, 119, 127, 140, 156, 161-162
Gillaird, 40
Gillaspie, 152
Gilleland, 138
Gillenwater, 90
Gillespie, 139
Gilliam, 163
Gillis, 134
Gillispie, 36
Gillum, 37, 42-43
Gilmer, 138, 145
Gince, 161
Ginn, 118, 137
Gish, 108
Gittell, 124
Gladney, 122
Glasgo, 43
Glass, 100, 118
Glassco, 81
Glasscock, 142
Glemm, 39
Glenn, 62, 134
Glidewell, 56-57, 75
Glisson, 29
Glover, 61, 94-95
Goad, 48
Godden, 127
Godfrey, 141
Godwin, 51
Goff, 23, 102
Goforth, 56-57, 146
Goggins, 10
Goin, 154
Golden, 128, 131
Goldsby, 54
Goler, 147
Golladay, 152
Gomelion, 152
Goober, 42
Gooch, 69, 72
Good, 40, 48
Goodman, 27, 48, 110
Goodner, 59

Goodrich, 54
Goodrum, 101, 153
Goodson, 7
Goodwin, 47, 49-50, 83, 98, 105, 142, 147
Googer, 90
Goosey, 161
Goram, 7
Gordan, 50
Gorden, 156
Gordon, 14, 67, 111-112, 115, 137, 151
Gore, 145, 149
Gortney, 93
Gossett, 38, 47
Gourley, 5
Gover, 115
Gowdy, 45
Gowen, 19, 26, 31
Gowers, 81
Grace, 54
Gracey, 156
Graham, 1, 11-13, 53, 56, 79, 87, 137
Granberry, 4
Grant, 106
Graves, 18, 24, 29, 34, 148, 150
Gray, 11, 37, 40-41, 51, 54, 61, 67, 70, 76-77, 88, 110, 112, 122, 126, 129, 133, 138, 141, 158
Grayson, 110-111, 158, 163
Greasham, 158
Green, 38-40, 44, 51, 72, 83, 95, 99, 103-104, 106, 113, 123, 125, 127, 130
Greene, 138, 140
Greenhill, 143
Greenhow, 152
Greenlea, 125
Greenwood, 125
Greer, 54, 155, 158
Gregory, 2, 17
Greham, 84
Grevin, 13
Grice, 8

Griffin, 23, 34, 39, 50, 96, 103, 107, 109, 140, 143, 155
Griffit, 105
Griffith, 3-5, 21, 64, 86, 88
Grimes, 3, 158
Griner, 79
Grinstead, 113
Grisham, 84, 86, 91
Grissom, 39, 41, 49, 51
Grisson, 44
Groce, 72, 139
Grooms, 118
Gross, 86
Grove, 106
Groves, 82, 89
Grubbs, 19, 156
Gruby, 18
Guest, 46
Guffee, 140
Guire, 99
Gullage, 20
Gully, 61
Gunn, 11, 27
Gunnalls, 66
Gunnel, 127
Gunnells, 66
Gunter, 33, 50
Gupton, 72
Gurley, 93
Gurtney, 28
Guthrie, 28, 83
Gutthrie, 60
Guy, 151
Guynes, 21
Guyton, 42
Gwinn, 148
Hackworth, 60
Hadden, 71
Haddick, 156, 159
Haden, 126
Hadson, 83
Hagain, 163
Hagan, 5, 161
Haggard, 71
Haile, 139
Hailes, 26-27

Hails, 19
Haislip, 116
Haithcock, 42
Haitley, 70
Hale, 146, 149
Haley, 8, 52-53
Hall, 20-21, 28, 35, 58, 84, 105, 120, 129, 138, 142-143, 155, 158, 160
Halsell, 44
Halsey, 47
Ham, 42, 52, 85, 147
Hamberlin, 160
Hambler, 42
Hambrick, 48, 133
Hamer, 66, 164
Hamil, 123, 126
Hamilton, 48, 62, 86, 90-91, 120, 128, 140-141
Hamlet, 71, 137
Hamlin, 63, 82
Hammet, 109
Hammett, 106
Hammon, 38
Hammonds, 48
Hammons, 81
Hampton, 92, 108, 115
Hancock, 33, 81, 87, 105
Haner, 67
Haney, 65, 82-83, 92
Hanham, 118
Hanley, 155
Hanna, 100, 108
Hannagaw, 77
Hannah, 123, 134-135
Harbert, 96
Harbin, 44
Harbor, 137
Harbour, 138
Hardaway, 62, 65, 103, 105
Hardeman, 144
Harden, 41, 76, 150
Hardester, 35
Hardey, 65
Hardin, 42, 45, 79, 141
Hardwick, 78, 153-154
Hardy, 27, 42, 124, 128, 143

Hare, 139
Hargrove, 35
Hargroves, 41, 48
Hari, 92
Harkins, 134
Harkreader, 145
Harlan, 105
Harmon, 5
Harp, 85
Harper, 3-4, 12, 20-21, 72, 84, 151
Harrel, 14
Harrell, 7, 72, 138
Harrelson, 34
Harrington, 125
Harris, 4, 14, 43-44, 46, 49, 62, 64, 66, 72, 74, 77, 86, 89-90, 101, 104-106, 115, 124, 126, 129, 137, 141-144, 149, 163
Harrison, 2, 51, 55, 63, 91, 94, 96, 101, 136, 145, 155
Harrold, 162
Harry, 78
Hart, 156, 160
Hartley, 28
Hartly, 4
Harval, 75
Harvell, 77
Harvey, 8, 29, 69, 93-94
Harvil, 77
Harvistone, 14
Harvy, 11, 14
Harwell, 62
Hasher, 67
Hassens, 5
Hastings, 119
Hasty, 1
Hatch, 96, 158
Hatcher, 55, 102
Hatfield, 43
Hathcock, 46
Hathorn, 129
Haulmark, 95
Hauslin, 82
Havard, 115, 120
Havens, 148
Havis, 129

Hawkins, 27, 40, 60, 103, 145, 151
Hawks, 80
Haws, 44, 71
Hawthorn, 50
Hay, 95
Hayh, 83
Hayle, 139
Haynes, 8, 84, 89, 120-121, 127, 130
Hays, 18-19, 26, 32-33, 65, 111-112, 116, 118-119
Haywood, 93
Hazel, 92
Head, 131, 133
Heading, 43
Heard, 155
Hearn, 48, 50
Heath, 103-104
Heatherington, 119, 121
Heathman, 36
Hebron, 103
Heddin, 58
Heffington, 94
Hefley, 60, 67
Hegler, 78
Heilmer, 120
Hellums, 47
Helm, 116, 161
Helton, 79
Hemphill, 20, 124, 133
Hemrick, 41
Henderson, 16, 29, 44, 70, 73, 77, 88, 90-91, 99, 115-116, 141, 145, 157
Hendrick, 104-105, 146, 149
Hendricks, 1, 5, 127, 140, 156-157
Henkle, 81
Henning, 101
Henreter, 123
Henry, 3, 35, 161
Hensley, 62, 76
Henson, 37, 56, 85
Herald, 160
Herbert, 114, 118
Herrilson, 86
Herring, 63
Herrington, 10, 14

Herrod, 163
Herron, 73, 141
Hervey, 138, 142
Hester, 8, 30, 88, 113
Heter, 28
Hewitt, 49-50, 157
Hgueman, 79
Hiat, 35
Hiatt, 43
Hiberlin, 126
Hickerson, 14
Hickman, 32, 128
Hicks, 67, 93, 105, 150
Higganbottom, 76
Higgarson, 124, 129
Higginbottom, 76
Higgins, 91
Higgs, 138
Highlinder, 101
Hight, 127
Hightower, 52-53
Hilderbrand, 101, 161
Hill, 6, 10, 26-27, 46, 51-52, 55, 60-61, 96, 98, , 119, 124, 131, 138-139, 143, 163
Hilliard, 14
Hilton, 21-23, 73, 82, 130
Hindley, 15
Hindman, 67
Hinds, 1, 14
Hines, 61-62
Hinly, 5
Hinson, 35, 70
Hinton, 34, 70, 110
Hisaw, 130
Hitchcock, 120
Hix, 67
Hobart, 138
Hobbs, 39, 70, 79
Hobson, 9, 51, 162
Hodge, 131
Hodges, 26, 42, 92, 94, 116, 129, 159
Hogshead, 148
Hogue, 42, 66, 84
Hogun, 102

Holaday, 41
Holbrook, 149
Holbrooks, 28
Holcomb, 7, 37
Holden, 5, 8, 58
Holder, 131
Holeman, 123
Holland, 50, 86, 118, 142-143
Hollbrook, 28
Hollefield, 81
Holley, 58-60, 112, 142, 152
Holliday, 145, 161
Hollingsworth, 132, 140
Holloman, 160
Holloway, 69, 114
Holly, 79, 83, 92, 140
Holmes, 43, 116, 132-133, 137, 159
Holt, 81, 93, 103-104, 115, 118, 129, 136, 143
Holton, 30
Holyfield, 24
Homes, 7
Hood, 62, 77, 108, 127
Hook, 119
Hooker, 104
Hooks, 21
Hooper, 136, 152
Hooter, 160, 162
Hoper, 44
Hopkins, 31, 37, 39, 51, 63, 67, 95, 103, 120
Hoppar, 58
Hopper, 39, 56-58
Horn, 70
Hornbeck, 70
Horne, 111
Hornsby, 121
Horton, 59, 129, 140
Hoskins, 39
Houch, 96
Hough, 13, 112
House, 99, 125
Houston, 10, 50-51, 61, 69, 72-73, 131
Hovis, 53, 55

Howard, 1, 4, 50-51, 71, 85, 134, 151-152, 162
Howell, 3, 8, 13, 37, 50, 59, 87, 127, 134, 140, 146
Howery, 71
Howsen, 157
Hqueman, 78
Hubbard, 19, 38, 58, 75, 83-84, 86, 116, 146
Hubert, 70
Huchins, 91
Huchinson, 79
Huchison, 28
Huckabee, 36
Huddleston, 59
Hudgeons, 51
Hudnall, 4
Hudson, 40, 71, 124, 127, 129, 131-132, 147
Hudspeth, 138
Huey, 33
Huff, 9, 30, 87, 114
Huggins, 142
Hugh, 141
Hughes, 56, 73, 78, 89, 127-128, 139, 141, 147, 151, 163
Hughey, 40
Hughs, 16, 27, 43, 90, 112, 120
Hull, 46, 126
Hullum, 100-101
Hume, 66
Humphres, 85
Humphrey, 86, 113, 120
Humphreys, 55, 65, 67
Humphries, 80, 1233, 128-129
Humphry, 147, 151
Hunley, 151
Hunnicutt, 83
Hunt, 14, 45-46, 65, 67, 94, 101, 106-107, 114, 134, 137, 144-145, 162
Hunter, 69-70, 78, 117
Huntley, 127
Hurt, 52
Husbands, 27
Huston, 71

Hutchinson, 96-97
Hutson, 12, 18-19, 53, 57, 139, 141
Hyde, 131-133
Hyland, 100, 106
Hyler, 78
Hynes, 58, 101
Iler, 116, 118
Ingersoll, 164
Ingle, 56
Ingram, 129, 151, 161
Inman, 117
Irby, 3, 18, 56, 136-137, 139, 156
Irish, 107
Irvin, 92
Itey, 42
Ives, 116, 119
Ivey, 123, 129
Ivy, 123
Jack, 8
Jackson, 11, 27, 41, 44, 50, 55, 60-61, 81, 92, 108, 111, 114, 125, 132, 140, 145, 162-163
Jamerson, 124
James, 44-45, 51, 54, 58-59, 61, 79, 109, 115, 118, 153-154, 156
Jamieson, 28
Jamison, 38, 46
Jammison, 63
Jarnitt, 75
Jarvis, 45
Jayne, 5
Jeffers, 156
Jeffrey, 47
Jeffries, 129, 134
Jeffrys, 139
Jenkins, 51, 66, 69, 101, 117, 151
Jenks, 132
Jennings, 21, 27, 42, 144
Jerman, 51
Jerry, 130
Jeter, 113, 116, 120
Jewell, 101
Jhonston, 35
Job, 52, 78, 82
Joel, 94
Johns, 115, 120, 147, 160

Johnson, 4-6, 10, 33, 38-41, 44, 47-51, 60, 62-63, 75-78, 81-82, 84, 89-90, 100, 103, 108-109, 117, 119, 126, 129, 133-134, 136-144, 146, 148, 151, 153, 156, 159-162
Johnston, 57, 99, 124, 126
Joiner, 56
Jolhson, 75
Jonakin, 31
Jones, 1-2, 4-6, 8, 10-11, 13-14, 20, 25, 29-33, 36, 53, 55-60, 65, 67, 72-73, 78, 80-82, 85, 89-91, 101, 105-106, 110-111, 113-114, 116, 126-1127, 129, 137, 142, 146, 148, 150, 152, 156
Jonson, 148
Joor, 117
Joplin, 78
Jordan, 3, 31, 52, 95, 102, 127, 153
Joslin, 83-84
Josslyn, 83
Joyner, 108
Judkins, 161
Julack, 79
Julian, 42
Jumper, 88-89
Justice, 80
Kael, 140
Kager, 162
Kaigler, 118-119
Kavenaugh, 54
Kay, 79, 95
Keahea, 11
Keahey, 1112
Keal, 48
Kean, 24
Kear, 81
Keary, 117
Keathley, 12
Keen, 20, 22
Keene, 126
Keesler, 138
Keiblen, 145
Keil, 44
Keith, 57
Kelan, 126

Kellam, 56
Kellar, 114, 119-120
Keller, 47
Kelley, 46, 111-112, 128-129
Kellums, 126
Kelly, 21, 23, 51, 81, 91, 131-134, 140, 142
Kelsey, 90
Kemp, 82, 90
Kendal, 76
Kendall, 8, 144, 153
Kendrick, 51, 54, 128
Kenedy, 24, 85
Kenin, 53
Kennada, 78-79
Kennady, 83
Kenneday, 43
Kennedy, 17, 51, 56, 61, 102, 122-123, 133
Kent, 46
Kenyon, 76
Keown, 32
Kerr, 123, 133, 149
Kersh, 6
Kershon, 109
Ketchum, 52-53
Key, 81, 87, 90
Keyes, 32, 34
Keys, 5, 34, 84, 143
Kibby, 83
Kidd, 64, 103
Kiger, 106
Kilgore, 52, 116
Killgore, 148
Killingsmith, 76
Killingsworth, 149, 151
Kilpatrick, 109, 130-131
Kimball, 146
Kimberly, 8
Kimmons, 81
Kinard, 126
Kincaid, 12, 153
Kinchens, 89
King, 9, 19-20, 46, 58, 64, 66-67, 83, 88, 93, 104, 113, 116, 120, 134, 149, 157-159

Kinney, 38
Kinningham, 90
Kirby, 65
Kirk, 80, 84, 132, 158
Kirkendal, 81
Kirkland, 3, 5
Kirkman, 146
Kirkpatrick, 70
Kitchen, 104
Kitchens, 89
Kline, 33, 101
Klinkseals, 93
Knight, 22, 30-31, 88, 148
Knowles, 132
Knox, 46, 109, 134, 153
Koonce, 151
Koones, 140
Koursey, 83
Kribbs, 123
Kuth, 80
Kuykendall, 139, 144, 149
Kyle, 125
Kyle, 57
Lacey, 3, 66, 150
Lackey, 83
Lacy, 87
Ladd, 152
Ladley, 72
Lain, 84
Laird, 2, 4, 8, 44, 60, 62
Lake, 105, 151
Lam, 84
Lamb, 6, 21, 157
Lamberson, 45, 85
Lambert, 62, 89, 98
Lamberth, 27
Lambeth, 163
Lamburt, 75-76
Lamkin, 163
Lamma, 124
Lamons, 153-154
Lampkin, 123
Lampkins, 59
Lancaster, 45, 126
Land, 142, 151-152
Landon, 141

Landreth, 64
Landrum, 112
Lane, 1-2, 4, 8, 24, 26, 99, 122
Lanehart, 116
Lang, 112
Langan, 164
Langford, 5
Langham, 139
Langley, 79, 130
Langton, 100
Lanham, 131, 133
Lanier, 116
Lankford, 82, 84-85, 100, 116, 138
Lansdale, 13, 64
Lard, 13, 27, 75
Lashley, 107
Lasiter, 163
Lassiter, 147
Laten, 17, 19
Laudermilk, 42
Laughlin, 70, 81, 99
Laurence, 83
Lavender, 160
Law, 85
Lawhorn, 12
Lawrence, 26, 149
Lawsha, 146
Lawson, 13, 72, 78, 82, 148
Lay, 141, 153
Layson, 119
Lea, 41
Leach, 145
Leak, 67
Leake, 116
Leaser, 86
Leath, 64
Leatherberry, 106
Leatherman, 118-119
Leatherwood, 54, 83
Lebren, 23
Ledbetter, 66
Lee, 9, 18, 21, 23-24, 28, 54, 63, 67, 70-71, 90, 92, 108, 129, 153-154, 161
Leech, 124
Leeth, 81

Leggett, 146-147, 149
Leigh, 124, 142-144, 150
Leland, 143
Lemay, 143
Leming, 64
Lemon, 131
Lemons, 163
Lencar, 41
Lenox, 84
Leopard, 58
Lepler, 56
Lesley, 45
Leslie, 117, 119
Lessell, 155
Lessett, 155
Lessler, 78
Lepler, 78
Lester, 73, 145
Letherwood, 124, 128
Lewallen, 95
Lewellen, 41
Lewis, 1, 4, 8, 14, 22, 30, 32, 67, 75, 105, 118, 158, 161
Liddens, 82
Liddle, 45, 133
Liggin, 117
Ligon, 150
Likens, 107
Liles, 5
Limbrick, 132
Lincar, 46
Linch, 52
Lindsay, 114, 116
Lindsey, 15, 33, 63, 126, 129
Linear, 46
Link, 162
Linn, 99
Linsey, 87-88, 94-95
Linson, 111
Linville, 55
Linzey, 92
Little, 12, 14, 16, 24, 26, 28, 34, 84, 141, 150
Littlefield, 54
Littleton, 66, 136, 144
Livingston, 43, 45, 55, 163

Lloyd, 8
Lloyde, 126
Lock, 49, 79
Locke, 129
Locker, 46
Lockridge, 134, 150
Loflin, 3
Logan, 146
Loggins, 12, 15
Lokey, 41
Lombard, 2, 5
Long, 9, 30-31, 33, 83-84, 86, 126-127, 141-142, 146, 149, 152, 161
Longino, 3
Looney, 59, 63
Loony, 79, 83
Loper, 22, 112, 140
Lorance, 58
Love, 2, 64, 161
Lovejoy, 147
Lovelace, 118
Loven, 61
Lovett, 112
Lovey, 119
Loving, 55, 132
Lovlace, 93
Lowery, 58
Lowrey, 32, 123-125, 127, 134
Lowry, 12, 52, 95, 130, 153
Loyd, 60, 75
Luallen, 77
Lucas, 17, 30, 34, 104, 152-153
Lucius, 151
Luckett, 101
Luker, 60
Lum, 101
Lumley, 53
Lumly, 80
Lumpkins, 64
Lure, 155-156, 158
Lurget, 113
Lusk, 12, 120, 138, 149, 158
Luster, 85, 90
Lutrick, 27
Lyles, 41
Lynch, 9, 56, 134

Lynn, 99
Lyon, 124
Lytle, 42-43, 46
Mabin, 160
Machem, 67
Mackey, 99, 111
Macon, 54, 135
Madden, 115
Maddox, 47
Magee, 11, 18, 24, 150
Magoun, 120
Mahaffey, 21-23
Mahan, 83, 94
Mahoney, 116
Majors, 47, 49, 88
Malden, 47 61
Mallock, 94
Mallory, 67, 142
Malone, 38, 62, 65, 122, 131, 135
Maloney, 144
Malory, 51
Mangum, 3, 6, 12, 17-18, 33, 70
Mann, 50, 140, 153
Manning, 4, 53
Mansfield, 162
Manuel, 71, 87
Manus, 77
Manus, 94
Maples, 146
Marble, 103
Marchman, 43
Marcum, 136-137, 142, 145
Maris 142
Mark, 55
Markham, 106
Marlar, 75-76
Marlaw, 76
Marler, 12, 61, 63
Marley, 160
Marr, 9, 107, 113
Marracle, 55
Marshal, 43, 79, 152
Marshall, 1, 36, 69, 118, 134, 159
Martin, 3, 5, 30, 33, 44-45, 50, 60, 62, 71, 73, 80, 82, 86, 89-93, 100,

110, 125, 139, 142, 144, 147, 149, 162
Martindale, 41, 59-60, 72
Mask, 39-40, 55
Mason, 80, 98, 126
Massey, 22, 42, 131
Massy, 83
Matheny, 139
Mathes, 20
Mathews, 14, 20, 22, 30, 106, 130
Matthews, 13, 53, 57-58, 63, 66, 76, 93, 96, 143
Mattox, 145
Maulden, 88, 145
Mauldin, 86, 147
Maxey, 4, 51, 157
Maxwell, 66, 83
May, 9, 19, 37, 47, 51, 53, 57, 59, 61, 78, 81, 97, 140, 150, 156
Maybin, 98
Mayett, 154
Mayfield, 47, 69
Mayhead, 153
Mayner, 162
Mays, 94110
Mazee, 150
McAdams, 147-148
McAdora, 130
McAfee, 69, 71, 75
McAlister, 38-39, 44, 46, 65, 132
McAllister, 107
McAlpin, 33, 109
McArn, 100
McArthur, 101
McBride, 2, 9, 44, 53, 63, 95, 104
McBroom, 104
McBrown, 49
McCabe, 11, 13
McCain, 45, 73
McCaleb, 108
McCall, 60, 62, 104, 112
McCallum, 29, 48
McCammon, 122
McCanliss, 98
McCann, 11, 112, 162
McCannon, 93
McCarley, 38
McCarly, 41-42
McCarrol, 85, 90
McCartey, 40
McCartney, 120
McCarty, 11, 53, 57, 110-112
McCarver, 59
McCashin, 153
McCaskill, 21
McCauly, 65
McCawley, 49
McCay, 7, 39, 48
McChonchie, 119
McClanahan, 96, 123, 126-127
McClavin, 80
McCleere, 162
McClenden, 87, 91
McClendin, 44
McClintock, 157
McCloud, 35
McClun, 75
McCluney, 141
McClung, 92-93
McClure, 48, 90
McCluskey, 88
McCollum, 16, 18, 29, 123
McCombs, 99
McCord, 38, 40, 149
McCorkle, 38, 51, 73
McCormack, 155, 159
McCourtney, 73
McCowan, 42
McCowen, 119
McCown, 59, 61, 132, 134
McCoy, 1, 53, 61, 78-79, 83, 124, 149
McCracken, 131, 143, 150-151
McCraer, 29
McCraine, 119-121
McCraney, 2
McCray, 42, 91
McCrea, 115
McCready, 115
McCrelis, 139
McCrimm, 30
McCrora, 82

McCrory, 86, 116
McCuen, 77
McCulley, 125, 127
McCulloch, 87
McCulloh, 56-57, 66
McCullor, 150
McCullough, 152
McCully, 103
McCurlee, 147
McDaniel, 70, 77, 86, 124, 129, 133
McDaniels, 82, 121
McDonald, 1, 9, 64, 66-67, 85, 111, 114, 116, 118, 132
McDonnel, 39
McDowell, 3, 7, 78, 120
McDuff, 124
McDugal, 93
McDurgold, 66
McEachern, 156
McElhannon, 80-81
McElroy, 41-42, 80-81, 99, 139
McEy, 75
McFall, 9, 40
McFarland, 111, 149
McFerren, 22-23
McGee, 41, 43, 47, 57, 84, 127, 131, 149
McGehee, 93, 115-116, 119, 121
McGill, 34, 41
McGlathery, 77
McGraw, 48, 120, 133
McGuffie, 6
McGuirk, 147
McHue, 80
McIlhaney, 39
McIlroy, 131
McIlvaney, 126
McIntire, 3, 6, 45
McIntosh, 24
McIntyre, 18, 33
McIver, 77
McKae, 112
McKay, 11, 16, 31, 33, 98, 112
McKee, 38, 61, 72, 160
McKeecham, 85
McKeller, 37

McKelvey, 140
McKenney, 94
McKerly, 120-121
McKey, 75, 117
McKidden, 152
McKinley, 31, 33
McKinney, 49, 140, 147
McKinnis, 78
McKinny, 48
McKinsey, 126
McKinzey, 66
McKinzie, 55, 66, 114
McKiver, 106
McKnight, 127
Mclain, 81
Mclane, 82
McLarine, 14
McLaughlin, 112
McLauglin, 112
McLaurin, 18, 28
McLean, 61, 115, 152
McLehany, 16
McLemore, 15, 92, 106, 147
McLendon, 19
McLennon, 3
McLeod, 111-112, 160
McLoud, 131
McMahan, 92
McMaster, 29
McMath, 154
McMillan, 123, 135
McMillen, 60
McMillon, 5
McMinn, 124
McMorris, 118
McMullen, 71-72, 139, 141
McNabb, 4, 36
McNair, 17, 19, 24, 33-34, 48, 72
McNamar, 152
McNate, 30
McNeal, 27
McNeely, 113
McNeil, 33, 35, 54, 120
McNutt, 83, 109
McPeak, 97
McPeake, 96

McPheeters, 101
McQueen, 133
McRae, 9
McSenrason, 3
McShan, 43
McShann, 44
McSwine, 144
McVey, 13
McWhirter, 15
McWilliams, 17, 28, 87, 89
Mead, 156
Meadley, 84
Meadow, 12, 15
Meadows, 30-31
Means, 140, 149
Mears, 32
Measles, 40
Medford, 54, 57-58
Medley, 132
Medlin, 46
Medlock, 55, 64, 67
Meece, 149
Meek, 127, 129, 131
Meeks, 7, 20-21, 49, 52, 56-57, 80, 157
Mellon, 53
Melsaps, 83
Melton, 64, 85, 151-152
Melur, 76
Mendenhall, 19
Menifee, 77
Merchant, 30, 151
Merchants, 31
Merical, 39
Meritt, 49, 104
Merrell, 10, 138
Merrille, 52
Merritt, 58-59, 66, 140
Merry, 24
Merser, 13
Messenger, 104
Messer, 37
Metcalf, 14, 137
Metts, 126-127, 129
Michaels, 40
Michel, 92

Micou, 125
Middleton, 22, 113
Miers, 31
Mihan, 48
Miles, 8, 20, 23, 27, 38, 146, 159
Miley, 28
Milford, 94
Mill, 84
Miller, 4-5, 22, 27, 32, 34, 45-46, 51, 57, 75, 77, 86, 93, 95, 108-109, 115, 122, 125, 127, 129, 155
Millican, 21
Milligam, 90
Millis, 24
Mills, 12, 42, 46, 75, 81, 85, 88, 106, 129, 139-140
Milstead, 57-59, 63
Milton, 10, 78, 107, 142
Minch, 81
Ming, 141
Minter, 73-74, 143-144
Mister, 152
Mitchel, 29, 39, 49, 82-83, 108
Mitchell, 35, 59, 65, 71-72, 83, 105, 116, 127, 134, 142, 147, 151-152
Miton, 137
Mixen, 65
Mobley, 158
Moffatt, 53
Moffit, 35
Mohandro, 54
Mohundro, 53, 56
Molerman, 116
Momac, 139
Monland, 83
Montgomery, 51, 54, 61-62, 80-81, 107, 142, 146, 163
Moody, 38, 43, 76, 111, 133, 150, 152
Moon, 7
Moore, 6-8, 11-13, 15, 19, 24, 29, 38, 41-43, 46, 53, 57, 59, 69, 77, 79, 82, 86-87, 89, 91, 95, 99, 114, 117, 120, 125, 127-128, 130, 133-134, 138, 141, 145, 147, 152, 155, 157
Moores, 87, 91

Moorhead, 130
Moran, 65
More, 54, 64
Morehead, 126
Moreland, 83
Moreley, 158
Moreman, 149
Morgan, 5, 43, 54, 63-64, 128, 130
Moring, 143
Morman, 48, 50, 146
Mormon, 148-149
Morrell, 107
Morris, 2, 29, 33, 42, 49, 55, 75, 114, 116, 118, 148, 163
Morrison, 4, 53, 81-82, 126, 138, 149, 153
Morriss, 108
Morrow, 93, 101, 150
Morse, 27
Morton, 53, 67, 82, 161-162
Mosby, 99, 104
Moseley, 43
Mosely, 161
Moser, 83-85
Mosier, 71
Mosley, 104
Moss, 56, 78
Moton, 81-82, 87
Mounger, 140, 148, 150
Mulder, 28
Mulholland, 5
Mullens, 4, 139, 144
Muller, 83
Mullins, 23, 44, 56, 62
Munagan, 86
Mundy, 107
Munger, 148
Munro, 89
Murdock, 35
Murff, 133
Murfree, 156
Murphey, 69
Murphree, 146-148, 151
Murphy, 76, 81-84, 92, 124, 137, 139
Murray, 8, 53, 56, 121, 143, 145

Murry, 24, 38, 49, 80, 125
Muse, 56
Mussey, 150
Myers, 3, 6, 9, 12-13, 78
Mylam, 138
Mynor, 64
Myres, 13, 24
Nabb, 37
Nabers, 56, 62, 80
Nabors, 52
Nabours, 38, 41, 46
Nail, 64
Naile, 150
Nailer, 101
Nales, 42
Name, 53
Nance, 54, 59, 82, 157
Nash, 4
Nason, 151
Nasworthy, 110
Nations, 147
Neadem, 43
Nealey, 38-40
Neally, 23
Nealy, 21
Neaver, 61
Neel, 13
Neeley, 73
Neely, 1, 4, 105, 137, 162
Neighbors, 123, 125, 127
Neil, 51
Neill, 53
Neilson, 70
Nellums, 55-57
Nelson, 32, 43, 49, 81, 108, 137, 159
Nesbit, 161
Nesmith, 123
Neterville, 115
Netterville, 113, 115, 119, 121
Nettles, 91
Neville, 147
Newbaker, 160
Newberry, 139
Newbury, 143
Newcom, 76-77
Newell, 115, 119, 123

Newman, 50, 65, 76, 83, 100, 103, 115, 147
Newsom, 157
Newson, 89
Newton, 5, 44, 77, 83
Nicholas, 41
Nichols, 10, 30, 32, 37, 41, 45, 77-80
Nicholson, 44, 80, 112 138
Niel, 77
Nipper, 151
Nirane, 138
Nivis, 133
Nix, 57
Noble, 71
Nobles, 28
Noblin, 11, 34
Noel, 72
Noell, 12
Nolan, 157
Noland, 57, 102, 104, 106, 117
Noley, 40
Noline, 153
Norcutt, 91
Norman, 24, 93, 129, 163
Norrel, 4, 125
Norrell, 5
Norris, 30, 45, 67, 134
Northam, 147
Northcross, 53-54
Northcutt, 82
Norton, 127
Norton, 52-55, 59, 63
Norvell, 1-2, 56
Norwood, 8, 19, 24, 117, 143
Nowell, 134
Nowlan, 89
Nubby, 30
Nuerley, 81
Null, 130
Nuner, 52
Nunley, 84
Nunnally, 66
Nutt, 50
O'Banion, 134
O'Brian, 117
O'Donnell, 162

Oakes, 54
Oakley, 5
Oaks, 45
Oates, 102
Odum, 90
Offritt, 108
Ogden, 114, 156
Oglee, 2
Oldford, 125
Oldham, 16
Olive, 86
Oliver, 50, 100
Oneal, 49, 89, 96
Oney, 54
Onley, 132
Ormond, 65, 67
Orr, 44, 48, 60, 70, 72, 149
Orsborn, 51
Osborne, 79, 125, 134, 145
Oslin, 104
Oswald, 118
Ousley, 127
Outlaw, 85
Overby, 66
Overman, 115
Oversby, 16-17
Overstreet, 112
Overton, 57
Owen, 8, 24, 43, 47, 67, 100
Owens, 29-30, 34, 41, 51, 76, 78, 80, 87, 89, 98, 144, 151
Oxford, 123
Pace, 48, 93, 100
Page, 5, 33, 71, 149
Pain, 87, 92
Palk, 50
Palmer, 47, 71, 85, 143, 148
Pannel, 93
Pannell, 42, 46, 93
Papons, 122
Pardew, 91
Parish, 82, 159
Park, 38, 124, 148
Parker, 5, 8, 10-12, 20, 26-27, 30, 32, 35, 38, 64, 78, 86, 99, 105, 140, 142, 147, 152

Parkerson, 4
Parkinson, 153
Parks, 41, 59, 105, 133-134, 143
Parnell, 2, 46
Parr, 37, 140
Parramore, 69
Parrot, 19
Parrott, 30
Partan, 120
Partin, 12
Parton, 147- 148
Pass, 146
Passons, 122
Pate, 39, 75, 83, 86, 137-138, 144
Paterson, 47
Patrick, 8, 14, 90, 118
Patten, 2
Patter, 162
Patterson, 17-18, 34, 40, 79, 98, 129, 143, 153
Pattie, 4
Patton, 55, 81, 88-89, 112, 136, 151
Patty, 131
Paul, 52, 156
Paxton, 109
Payne, 60, 79, 99, 127, 144-145
Pea, 132
Peacock, 20, 153
Peacok, 24
Pealer, 37
Pearce, 7, 29, 45, 47, 85, 87-88, 93
Pearson, 5, 138, 155
Peartin, 158
Peaston, 155
Peden, 93-94
Peel, 84
Peeler, 53-54, 56, 65, 106
Peers, 160
Peet, 140
Peete, 73
Peevy, 130, 134
Pegram, 62
Pellefield, 30
Pelt, 30
Pender, 49, 105
Penney, 72

Pennington, 9
Penny, 157
Penry, 133
Pepper, 155, 157
Percer, 18
Percy, 108
Perkins, 20, 41, 49, 57, 123, 138, 141-142, 149
Perry, 7, 40, 50, 61, 67, 120-121, 138, 153, 158
Person, 82
Persons, 51, 138
Pervis, 3, 7
Peters, 133
Peterson, 70, 72-73, 133
Petrie, 4, 9
Pettibone, 118
Pettit, 101
Petty, 14, 60
Pettygrew, 131
Pew, 123
Pharis, 115
Pharr, 82
Phelps, 6, 137
Philbrick, 116
Philips, 39, 41, 56, 64, 77-79, 83, 139, 148
Phillips, 8, 21, 134, 138, 163
Phipps, 116
Pickard, 74
Pickens, 41, 51, 84, 86, 89
Pickering, 73
Pickett, 157-158
Pickle, 70
Pierce, 4, 20, 128
Pierson, 124-125
Pigg, 76
Pike, 93
Piles, 77
Pinkston, 78, 82, 158
Pinson, 115
Pipkin, 141, 150
Pipkins, 49
Pitman, 7, 32, 44, 104, 111, 140, 148, 150
Pitts, 92

Planes, 95
Planico, 86
Platt, 14, 118
Pledger, 19
Plummer, 41
Poff, 52, 66
Pointer, 145
Poitevent, 71
Polk, 82
Pollan, 137, 153
Polock, 59
Pond, 36
Ponder, 4, 6, 19-20, 127
Pool, 37, 39-40, 57, 67, 122
Poor, 130
Pope, 22, 130
Porch, 72
Porter, 6, 71, 126, 130, 134, 138, 160
Porterent, 151
Porterfield, 100
Portwood, 127
Posey, 115
Poteet, 125, 131
Potete, 61
Potts, 42, 77, 80, 122, 125
Pou, 110
Poue, 111-112
Pourl, 82
Powel, 19, 29
Powell, 2, 4-6, 19, 22, 24-25, 71, 73, 80,
102-103, 105, 117, 142, 152, 161
Powers, 69, 74, 150, 162
Poytress, 144
Prater, 39, 41, 46, 115
Pratin, 39
Pratt, 49
Prescott, 147
Presler, 117
Pressgrove, 71
Prestige, 123
Prestley, 132
Prewit, 60
Price, 3, 8, 27, 42, 47, 85, 100, 111, 133, 144-145
Prichet, 85
Priddy, 69, 72-73, 144
Pridgen, 5
Priest, 93
Primce, 37
Prince, 35, 57, 72, 109, 139
Pringle, 2
Pritchard, 156, 159
Pritchell, 50
Pritchett, 149
Proctor, 59, 62, 134
Prosser, 114
Provide, 140
Pruitt, 20
Pryor, 47, 147
Pucket, 26, 89
Puckett, 3-4, 8, 26
Pugh, 55
Pullen, 14
Pulliam, 74
Pullin, 14
Pullos, 27
Purde, 143
Purvis, 11, 13, 26, 28, 33, 98, 156, 159
Putnam, 11, 33
Pyles, 158
Qualls, 123, 127
Quarles, 70, 143, 151
Quin, 9, 156
Quine, 117-118
Quinn, 60, 139
Quitman, 99
Qurveen, 92
Rabb, 102, 120, 123, 159
Rading, 100
Ragan, 38, 57, 102, 122, 139
Ragg, 126
Ragland, 149
Ragsdale, 144
Raines, 22, 40, 77, 85
Rainey, 51
Ralf, 75
Ramsay, 145
Ramsey, 141
Randolph, 43
Rane, 23

Raney, 53-54, 59
Rankin, 17
Rasberry, 9, 12, 26, 148
Raspberry, 26
Rast, 94
Ratcliff, 158
Rather, 29, 34, 131
Ratliff, 7
Rauls, 32
Raven, 85
Rawler, 31
Rawles, 31, 100
Rawlings, 113
Ray, 9, 45, 5894-95, 125, 130, 147, 161
Rayburn, 136, 145
Raymer, 77
Read, 99, 152
Reasons, 148
Reaves, 60, 90
Reber, 9
Rector 142
Red, 110, 160
Reddick, 70
Reddin, 26
Redding, 122
Reden, 100
Rawls, 100
Redferron, 62
Redhead, 114
Redwood, 98
Reed, 71-72, 80, 90, 93, 124, 127, 132, 141, 145
Reese, 35, 146
Reeves, 5, 12, 27, 75
Regan, 161
Regions, 26
Reid, 55, 60, 63, 116, 143
Reneau, 114
Renfroe, 57, 60-61
Rennco, 52
Reno, 48
Renshaw, 142
Rester, 5
Reynalds, 29
Reynolds, 26, 38, 49, 64, 75-76, 160

Rhea, 50
Rhew, 69
Rhimer, 53
Rhoads, 38, 52
Rhode, 6, 9
Rhoden, 112
Rhodes, 26, 54, 67, 79
Rhods, 12
Rice, 139
Rich, 59
Richards, 66, 77, 142
Richardson, 7, 21, 26, 54, 56-57, 77, 86, 89, 101, 114, 119, 127, 131-132, 158, 162
Richmond, 51, 126, 161
Ricks, 10, 163
Riddick, 139, 142
Riddle, 44, 91-92, 103
Riddlesperger 59
Riggs, 91
Right, 83
Riley, 1, 64, 85, 112, 114, 126, 146
Rimmer, 43
Rinehart, 81
Rinnels, 136
Rippy, 29
Ritter, 42
Roach, 42, 46, 98, 108, 115, 126, 143, 163
Roak, 52
Roane, 150
Robb, 108
Robbins, 12, 148
Roberson, 29, 38-41, 43, 45, 50, 72, 86, 88, 91, 93-94, 137-138
Robert, 102
Roberts, 7, 12, 17, 100, 108, 133, 139, 153, 156, 159, 163
Robertson, 14, 108
Robinett, 163
Robins, 40
Robinson, 21, 35, 55, 58-61, 63-64, 67, 75, 79, 83, 126, 128, 133, 142, 145-146, 162
Robitzsch, 71
Robson, 70

Robuck, 124
Rochester, 49
Roden, 47
Rodgers, 10, 161
Rogers, 21, 23, 29-30, 40, 47, 50, 54, 56-58, 66-67, 84-85, 92-93, 95, 105, 110-111, 119, 129, 132, 134, 141, 150
Roges, 63
Rogillis, 158
Roland, 10, 59-61, 134
Rolinson, 59
Rolland, 84
Rollison, 101
Roman, 96
Rondu, 17
Rone, 72
Roof, 132-133
Rosamond, 153
Rose, 65, 152, 161
Rosemond, 132
Ross, 1-4, 20, 37, 72, 81, 83, 90, 98, 147, 159
Rosser, 152
Rouark, 121
Rourk, 47
Row, 117
Rowan, 117
Rowell, 16
Rowen, 47
Rowey, 89
Rowland, 73, 146, 148-149
Rowlett, 65
Rowsey, 87
Royalds, 26, 29
Royston, 62
Rucker, 1, 52-53, 55, 156
Rucks, 107-108
Ruffin, 21
Rule, 116
Rundell, 162
Runnells, 2, 16
Rush, 82
Rushing, 14
Rushton, 115
Russam, 11

Russel, 32, 110
Russell, 2, 5-6, 44, 70-71, 98-100, 110, 158, 161,
Russum, 27
Rutherford, 5, 38, 45, 140
Rutlege, 85
Ryan, 91, 140, 148
Sack, 33
Saddler, 152
Sadler, 45
Saffle, 78
Sailes, 43
Saint, 42
Sale, 156
Salhoan, 81
Salman, 99
Salyers, 97
Sanborn, 138
Sancer, 156
Sanders, 32, 46-48, 52, 55, 62, 65, 70, 105, 128, 131, 134
Sanderson, 87, 130, 140, 150
Sandifer, 22, 123-124
Sanford, 45
Sansum, 43
Sapp, 36, 115
Sargent, 70
Sartain, 146, 149
Sartin, 51
Satler, 111
Sauls, 62
Saunders, 77, 79-80, 118, 120
Savage, 81-82, 88, 125
Savoy, 100
Sayers, 69
Sayle, 71, 145
Scallion, 63
Scarborough, 110
Scarlett, 73
Schooler, 132
Scoggins, 130
Scott, 2, 43, 49, 64, 67, 72, 82, 107, 121, 125, 139, 162
Screws, 160
Scriviner, 8
Scruggs, 40, 75, 84-85

Scudder, 114
Seaberry, 10
Searcey, 82
Seggo, 83
Sellers, 79, 149
Selser, 99, 159
Semple, 117
Senter, 80
Sernug, 75
Serrell, 88
Sessions, 102, 163
Settle, 82, 94
Settlemires, 58
Sexton, 101
Shackeford, 87
Shackelford, 75
Shackleford, 39-40, 57-58
Shaddock, 128
Shall, 108
Shands, 60
Shankles, 50-51
Shannon, 61, 115, 139
Sharboro, 32
Sharkey, 100
Sharp, 11, 125-126, 156, 163
Sharpe, 146
Shaw, 100, 112, 122-123, 125, 127, 141, 145, 150
Shearly, 26
Sheegog, 70
Sheely, 71
Shehorn, 76
Shelby, 63-64, 107
Shell, 21, 23, 45, 159
Shelly, 30, 62
Shelton, 4, 30, 44, 59, 63, 78, 91
Shenold, 96
Sheoplif, 126
Shephard, 55
Shepherd, 49, 85, 147
Sherman, 69, 152
Sherrard, 159
Sherrel, 85
Sherrold, 96
Shields, 4, 6, 128, 132, 134
Shilinger, 138

Shilliards, 21
Shillings, 13
Shipp, 93, 146
Shirley, 106
Shivers, 7, 19, 24
Shockly, 27
Shoemake, 111
Shoemaker, 123
Shoke, 95
Shook, 73
Shope, 77
Shores, 70
Short, 5, 77
Shorter, 21
Shows, 23
Shropshire, 3, 115, 120, 162
Shuffield, 67
Shulds, 81-82
Shull, 82
Shumaker, 122, 125, 128, 130, 133
Shumite, 126
Shups, 105
Sibley, 118, 162
Siddle, 40, 59
Sides, 62
Sigman, 43
Sigrest, 11-12
Sikes, 21-22
Simmons, 62, 80, 105, 127-128, 131, 139, 143, 148, 152, 158
Simpkins, 80
Simpson, 31, 43, 51, 55-56, 61, 77
Simrall, 113
Sims, 28, 30, 33, 100, 104, 113-114, 117-119, 123, 130, 145, 151
Sinan, 6
Sinclair, 2, 20
Single, 27
Singleterry, 9
Singleton, 55, 58, 60, 133
Singley, 110
Sisson, 160
Sistrunk, 22
Skew, 126
Skillman, 55
Skilman, 88

Skinker, 4
Skinner, 2, 58
Skipper, 134
Skure, 142
Skurlock, 144
Slack, 72
Slade, 7, 119
Sladen, 52
Slater, 103
Slaughter, 99, 143
Slay, 12, 111
Slean, 84
Slocumb, 117, 121
Sluring, 75
Slurly, 27
Slut, 52
Smalwood, 45
Smart, 39
Smedes, 106
Smith, 1-4, 6-8, 12-18, 20, 24-25, 27, 29-37, 39, 41, 45-46, 50, 53, 56, 58, 61-67, 70, 72, 75-80, 82-83, 86-87, 90, 92-95, 98, 101, 107-109, 114-115, 118-120, 122, 125, 127, 129-130, 137, 140, 145, 149-152, 155, 158, 160, 162
Smithhart, 105
Smyth, 127
Snedien, 127
Snellgraves, 26
Snider, 45, 139, 151
Snow, 130
Snowden, 17
Solly, 1
Sones, 10
Sorey, 11
Sorrels, 149
Sorter, 6
Southard, 94
Southern, 149
Spain, 41
Spann, 103, 145
Sparks, 65-66, 84
Speaks, 128
Spearman, 137, 142
Spears, 103, 140, 148

Spencer, 42, 51, 67, 88, 152, 156
Sperry, 138, 146
Spian 159
Spiars, 163
Spicely, 128
Spiers, 10, 14
Spight, 53-54
Spights, 55
Spinks, 27
Spivey, 99
Spradley, 18
Spradling, 39
Spratley, 105
Springer, 76, 98
Spurgeon, 67
Spurlin, 3
Spurlock, 78
Spvy, 65
Squires, 42
Sropshire, 113
Stafford, 81, 105, 114, 138, 142
Stampes, 95
Stampley, 159-160
Stamps, 114
Stancel, 35
Standard, 102
Stanford, 72, 83
Stanlee, 112
Stanly, 7
Stanton, 91
Stark, 59, 125
Starke, 59
Starrell, 7
Staten, 31
Stater, 160
Staton, 71, 73
Stearns, 140, 147
Stebbins, 128
Steed, 124, 127, 131
Steel, 58, 72, 122, 134, 145
Steen, 1-2, 6-8, 157
Stegall, 124
Stephens, 4, 31, 48, 54, 59, 81, 91-92, 101, 118, 134, 144-147
Stephenson, 3, 37, 77-79, 118
Sternbridge, 116

Stevens, 101, 146, 152-153, 162-163
Stewart, 6, 10, 13, 39, 45, 47, 52, 54, 66, 69, 114, 117, 119, 130, 132, 150, 162
Still, 113
Stinnet, 86, 126
Stinson, 54
Stith, 99
Stockett, 115, 118
Stocklan, 75
Stocks, 85
Stoe, 86
Stokely, 35
Stoker, 88
Stokes, 43, 45, 140, 142, 144
Stone, 2, 28, 60, 94, 143
Stormant, 57
Story, 41
Stout, 78, 99
Stowers, 102
Strain, 147-148
Strait, 123
Stratham, 144
Strathorne, 22
Stratton, 2, 151
Street, 54, 63, 65, 67, 161
Strickland, 20, 140
Stricklin, 42, 46-47, 77, 87
Stringer, 31, 33
Stringfellow, 43, 50
Strong, 11, 26, 99, 116
Struder, 78
Strut, 54, 161-162
Stuart, 28, 77, 93, 113
Stubblefield, 155, 159
Stubbs, 18, 27-28, 41, 85, 95
Stuckey, 17
Stud, 124
Sturdivant, 160
Subtle, 22
Suggs, 39
Suhan, 84
Suiter, 82
Sullivan, 26, 34, 54, 84, 125, 132
Sullivant, 70
Summerlin, 137, 142

Summers, 12, 14, 27, 59, 76, 80, 111
Surat, 88
Suratt, 79-80
Sutherland, 128
Sutles, 38
Suttles, 131
Sutton, 6, 145, 150
Svage, 145
Swain, 65, 80-81
Swanford, 52
Swayze, 116, 120, 156, 158-159, 162
Sweadon, 50
Swearenin, 71
Swearingen, 97, 145
Swearingin, 70
Sweeton, 41, 50, 53
Swett, 102
Swinebroad, 80
Swinney, 88
Swor, 3, 34
Tabb, 139
Taboris, 133
Tabour, 124
Tacket, 82
Talbert, 143
Talbut, 150
Taliafero, 71
Tallard, 84
Talley, 25, 48, 126
Tankersly, 136, 148
Tankesley, 125
Tanksly, 93
Tanner, 30-31
Tapley, 4
Tapp, 52, 57-58
Tarner, 123, 163
Tarpley, 152
Tarrant, 67
Tate, 50, 65, 123-124, 153
Tatem, 145, 158
Tatum, 58, 71-72, 83, 132, 146
Taylor, 1-2, 5, 9-10, 13, 21-22, 29, 40, 42, 60, 71, 77, 79, 82-83, 108, 111-112, 126-128, 132, 136-137, 139, 141, 148, 152, 163
Tedwell, 38, 50

Telay, 139
Templeton, 58, 76, 104
Tenison, 93
Tennill, 7
Tepler, 56
Terrell, 69, 157
Terry, 52, 124, 136-137, 148
Thacker, 137, 141
Tharp, 104
Therman, 24-25
Thomas, 1, 6, 8, 10-11, 13-14, 17-18, 22, 28, 31, 33-34, 41, 46, 52, 59, 66, 71, 74, 81, 118, 148, 150, 156, 159
Thomason, 67
Thomasson, 145
Thompson, 2, 7, 12, 19, 22-23, 37, 41, 48, 51, 69, 84-85, 90, 94-95, 102-103, 117, 123, 128, 131, 138, 142, 144, 147, 162-163
Thoms, 116
Thorn, 27, 51
Thornhill, 16
Thornton, 5, 9, 28-31, 44, 47, 59, 70, 142, 149
Thrasher, 12, 63, 77, 130
Thrist, 99
Thweat, 141
Tibbs, 12, 15
Ticer, 42
Tickell, 117
Tier, 129
Tigert, 40
Tigner, 117
Till, 21
Tillery, 120-121
Tilley, 162
Tillman, 143
Tilman, 140
Timmons, 58
Tims, 93
Tinan, 7
Tison, 93
Todd, 51
Tolbird, 124, 130
Tolen, 94
Toler, 20, 24
Tolerson, 42
Toller, 82
Tolleson, 93
Tolliver, 75
Tollman, 75
Tomlinson, 62, 65, 144
Tompkins, 5, 100, 103
Tompson, 107
Toney, 11, 13
Tool, 70
Toomy, 111
Torrance, 142
Touchstone, 21, 23
Towell, 155
Towne, 142, 150
Townes, 143, 150
Towns, 143
Townsend, 3-4, 55, 102
Trammel, 94
Trask, 118
Traylor, 2, 23, 95
Traywick, 140
Trease, 55, 62
Tribble, 102, 104, 152
Trible, 143
Tridall, 146
Trigg, 112
Triplett, 132-133
Trotter, 93
Trummell, 72
Trunk, 163
Trussel, 153
Tubeville, 144
Tucker, 1, 3, 23, 38, 47-48, 50, 98, 104, 131
Tuder, 56
Tuggle, 79
Tullis, 18
Tullos, 27-28, 31-32
Tully, 147
Turk, 139
Turknett, 123
Turnbow, 32-34
Turner, 13, 17, 43, 46, 56-57, 74, 82, 85, 88, 94, 99, 115, 122-123, 131, 137, 139, 141, 143, 146-149

Tutton, 126
Twitty, 94, 152
Tyler, 120, 128, 150, 153
Tyson, 35
Ubanks, 151
Umbarger, 64
Upton, 16, 29
Ussery, 84
Utley, 76, 160
Vaden, 118
Vale, 59
Valentine, 18
Van Laningham, 86
Vance, 50, 123, 149
Vandeford, 82
Vandegriff, 64
Vanhoose, 88
Vanhoosen, 140
VanLaningham, 134
Vanlaningham, 89
Vanoy, 145
Vant, 82
Vanwinkle, 145
Vanzandt, 22
Vanzant, 28
Varnell, 20
Varner, 27
Vaughan, 98, 114, 123, 147-148, 157-158
Vaughn, 67
Vaun, 111
Vawter, 82
Veach, 101, 112
Ventress, 119
Verhines, 153
Vernor, 54
Vess, 73
Vest, 79
Vick, 105, 107
Vickery, 147-148
Viley, 109
Vinson, 75, 93
Vinzant, 29
Virdell, 53
Viser, 53
Vodrey, 114

Vogh, 98
Vogt, 9
Volentine, 28, 32
Wade, 80, 140, 144
Wadkins, 61
Wagen, 42
Wagers, 42, 44
Wages, 42
Waid, 43
Wait, 12
Waits, 111, 145
Walace, 39, 41
Walden, 92
Waldrep, 53
Waldrip, 52
Waldrop, 21, 25
Walk, 11
Walker, 3, 19, 21, 23-24, 26, 30, 3233, 36, 38, 42, 44-46, 54, 60, 65, 76, 79, 82, 86-87, 91, 93, 111, 113, 116, 129-130, 150, 158, 163
Wall, 28, 43, 53, 65, 103, 114, 117
Wallace, 5, 43, 53, 56-57, 60, 88, 108, 124, 155
Wallar, 14
Walsh, 151
Walter, 144
Walters, 13-14, 27, 42
Walton, 10, 74, 144
Wamack, 3-4, 19-20, 137
Wamble, 148
Wan, 156
Wansly, 7
Ward, 32, 47, 66, 78, 84, 96, 105, 109, 137, 141
Wardlow, 145
Warford, 133
Warkom, 156
Warmack, 6, 73
Warner, 148
Warren, 14, 17, 28-29, 157
Warrick, 5
Warron, 162
Washburn, 75-76, 161
Waters, 1, 9, 139, 155, 159
Wates, 35

Wathingtson, 157
Wathrall, 46
Watkins, 2, 17, 27, 69, 120, 128, 132
Watson, 35, 43, 53, 66-67, 94, 105, 119, 129, 131, 153
Watt, 43, 73, 101
Watters, 112
Wattman, 24, 111
Watts, 31, 105, 110
Wattson, 110
Wave, 130
Weaks, 89
Weams, 15
Wean, 40
Wear, 46
Weathersby, 7, 18
Weaver, 55, 77, 92, 137
Webb, 2, 38, 81, 123-125, 154
Webster, 103
Weed, 118
Weeks, 84, 125, 134
Weems, 28, 32
Weir, 140
Welch, 1, 3, 18, 22, 35, 40, 43, 75-77, 79, 83, 125, 127-120, 144
Weldman, 46
Weldon, 140
Wells, 38, 45, 49, 65, 152, 156
Weltey, 62
Wenter, 43
West, 11, 52, 57-58, 65, 67, 72, 107, 110, 118, 123, 162
Westbrook, 28, 52
Wet, 43
Wethers, 51
Whatley, 105
Whatley, 21
Wheeler, 81, 115-116
Wheeless, 159
Wheelus, 138
Whelus, 149
Whilow, 53
Whitaker, 70, 76, 101-103, 114
Whitcomb, 158
White, 5, 8-9, 17, 34, 38, 44, 47, 53, 55-56, 72, 78, 80, 82, 89, 92, 108, 114, 116, 120, 126, 131-132, 137, 144, 152-153, 159, 161
Whitehead, 8, 12, 16, 83, 93, 128, 153
Whitehorn, 62
Whitehurst, 76-78
Whiten, 143
Whitener, 60
Whitesides, 88
Whitfield, 78, 103
Whitington, 47
Whitley, 55, 63
Whitlock, 96
Whitmore, 101
Whitstone, 119
Whitsworth, 24
Whitten, 126
Whittier, 97
Whittington, 10, 100
Whitton, 52
Whitworth, 146
Wickliff, 109
Wier, 41, 122, 129
Wiggins, 26-27
Wigington, 42
Wihbourn, 52
Wilber, 112
Wilborn, 39, 163
Wilbornn, 142
Wilbourn, 145
Wilburn, 155
Wilcox, 22, 30, 66, 129, 145
Wilder, 36
Wilds, 161
Wildy, 160
Wile, 151
Wileman, 86
Wiley, 79
Wilhite, 59
Wilkerson, 52, 88, 108, 128
Wilkie, 138
Wilkins, 2, 32, 34, 60, 70, 98, 104, 128
Wilkinson, 7, 18, 63, 140, 161
Wilks, 48-49, 144
Willbornn, 143

Willhite, 42
Williams, 1-2, 4-6, 8, 11-13, 17, 21, 23, 34, 40-43, 52, 56-58, 60, 70, 74, 77, 83, 89, 91, 99, 110, 117, 136-137, 142, 146-147, 150-151, 153, 157-158, 162
Williamson, 3, 18, 21, 23, 30, 33, 149, 152
Willingham, 4, 23
Willis, 12, 35, 40, 67, 77, 83, 102, 106, 153-154
Willkings, 1152
Willson, 31, 34
Wilmore, 72
Wilourn, 144
Wilson, 2, 24, 38-39, 49, 52, 54, 56, 61, 75-76, 78, 82, 90, 104, 108, 119, 134, 139, 149, 152, 157, 159, 162
Winans, 114
Winburn, 84
Winbush, 93
Winchester, 94
Windham, 12, 27, 88
Winfield, 89, 92
Wingate, 30
Wingo, 85
Winham, 88
Wininger, 93
Winn, 82, 144, 162
Winstead, 12
Winston, 9
Winter, 136, 144
Winters, 86
Wisdom, 146
Wisner, 120
Withers, 119
Witt, 141
Wixon, 104
Wofford, 66
Wolf, 76
Wolfe, 144
Wolverton, 10, 54
Womack, 17-18
Womble, 72, 83-84
Wood, 18, 33, 38, 50, 76, 116, 123, 125, 128, 130, 137, 147-149

Woodal, 79
Woodall, 147-148
Woodard, 78, 80, 92
Woodberry, 159
Woodly, 83
Woodrough, 92
Woodruff, 86, 127-128, 130
Woods, 44, 62, 81, 105, 149, 158
Woodsides, 118-119
Woodson, 65
Woodward, 135, 162
Woody, 137
Wooley, 63
Woolfolk, 163
Woolly, 32
Wooten, 85, 89
Woots, 85
Worldly, 6
Worley, 70, 89, 95
Wormack, 28
Worrel, 4
Worrell, 2, 122
Worsham, 45
Wortham, 143
Worthey, 42, 45
Worthington, 109
Wrenn, 143-144, 146, 163
Wright, 13, 54, 60, 65, 76, 91, 93, 100, 103, 111, 117, 139, 146
Wroten, 90
Wroton, 81
Wyatt, 140
Wyndham, 33
Yancey, 79
Yancy, 43
Yandell, 156, 159
Yankey, 160
Yarborough, 123, 156
Yarbrough, 126
Yates, 106, 143, 146, 148
Yeacum, 52
Yelieston, 26
Yelverton, 19
Yerby, 106
Yerger, 108, 164
Yew, 34

Yoacum, 52
York, 137, 142, 148
Young, 19, 27, 42, 53, 75, 80, 85-86, 87, 90, 104, 117, 130, 134, 136, 138, 148
Youngblood, 11

Younger, 50
Yow, 83
Zimerly, 37
Zuber, 102

Other Heritage Books by Linda L. Green:

1890 Union Veterans Census: Special Enumeration Schedules Enumerating Union Veterans and Widows of the Civil War. Missouri Counties: Bollinger, Butler, Cape Girardeau, Carter, Dunklin, Iron, Madison, Mississippi, New Madrid, Oregon, Pemiscot, Petty, Reynolds, Ripley, St. Francois, St. Genevieve, Scott, Shannon, Stoddard, Washington, and Wayne

Alabama 1850 Agricultural and Manufacturing Census: Volume 1 for Dale, Dallas, Dekalb, Fayette, Franklin, Greene, Hancock, and Henry Counties

Alabama 1850 Agricultural and Manufacturing Census: Volume 2 for Jackson, Jefferson, Lawrence, Limestone, Lowndes, Macon, Madison, and Marengo Counties

Alabama 1860 Agricultural and Manufacturing Census: Volume 1 for Dekalb, Fayette, Franklin, Greene, Henry, Jackson, Jefferson, Lawrence, Lauderdale, and Limestone Counties

Alabama 1860 Agricultural and Manufacturing Census: Volume 2 for Lowndes, Madison, Marengo, Marion, Marshall, Macon, Mobile, Montgomery, Monroe, and Morgan Counties

Delaware 1850-1860 Agricultural Census, Volume 1

Delaware 1870-1880 Agricultural Census, Volume 2

Delaware Mortality Schedules, 1850-1880; Delaware Insanity Schedule, 1880 Only

Dunklin County, Missouri Marriage Records: Volume 1, 1903-1916

Dunklin County, Missouri Marriage Records: Volume 2, 1916-1927

Florida 1850 Agricultural Census

Florida 1860 Agricultural Census

Georgia 1860 Agricultural Census: Volume 1 Comprises the Counties of Appling, Baker, Baldwin, Banks, Berrien, Bibb, Brooks, Bryan, Bullock, Burke, Butts, Calhoun, Camden, Campbell, Carroll, Cass, Catoosa, Chatham, Charlton, Chattahooche, Chattooga, and Cherokee

Georgia 1860 Agricultural Census: Volume 2 Comprises the Counties of Clark, Clay, Clayton, Clinch, Cobb, Colquitt, Coffee, Columbia, Coweta, Crawford, Dade, Dawson, Decatur, Dekalb, Dooly, Dougherty, Early, Echols, Effingham, Elbert, Emanuel, Fannin, and Fayette

Kentucky 1850 Agricultural Census for Letcher, Lewis, Lincoln, Livingston, Logan, McCracken, Madison, Marion, Marshall, Mason, Meade, Mercer, Monroe, Montgomery, Morgan, Muhlenburg, and Nelson Counties

Kentucky 1860 Agricultural Census: Volume 1 for Floyd, Franklin, Fulton, Gallatin, Garrard, Grant, Graves, Grayson, Green, Greenup, Hancock, Hardin, and Harlin Counties

Kentucky 1860 Agricultural Census: Volume 2 for Harrison, Hart, Henderson, Henry, Hickman, Hopkins, Jackson, Jefferson, Jessamine, Johnson, Morgan, Muhlenburg, Nelson, and Nicholas Counties

Kentucky 1860 Agricultural Census: Volume 3 for Kenton, Knox, Larue, Laurel, Lawrence, Letcher, Lewis, Lincoln, Livingston, Logan, Lyon, and Madison

Kentucky 1860 Agricultural Census: Volume 4 for Mason, Marion, Magoffin, McCracken, McLean, Marshall, Meade, Mercer, Metcalfe, Monroe and Montgomery Counties

Louisiana 1860 Agricultural Census: Volume 1 Covers Parishes: Ascension, Assumption, Avoyelles, East Baton Rouge, West Baton Rouge, Boosier, Caddo, Calcasieu, Caldwell, Carroll, Catahoula, Clairborne, Concordia, Desoto, East Feliciana, West Feliciana, Franklin, Iberville, Jackson, Jefferson, Lafayette, Lafourche, Livingston, and Madison

Louisiana 1860 Agricultural Census: Volume 2

Maryland 1860 Agricultural Census: Volumes 1 and 2

Mississippi 1850 Agricultural Census: Volumes 1-3

Mississippi 1860 Agricultural Census: Volume 1 Comprises the Following Counties: Lowndes, Madison, Marion, Marshall, Monroe, Neshoba, Newton, Noxubee, Oktibbeha, Panola, Perry, Pike, and Pontotoc

Mississippi 1860 Agricultural Census: Volume 2 Comprises the Following Counties: Rankin, Scott, Simpson, Smith, Tallahatchie, Tippah, Tishomingo, Tunica, Warren, Wayne, Winston, Yalobusha, and Yazoo

Montgomery County, Tennessee 1850 Agricultural Census

New Madrid County, Missouri Marriage Records, 1899-1924

North Carolina 1850 Agricultural Census: Volumes 1-4

Pemiscot County, Missouri Marriage Records, January 26, 1898 to September 20, 1912: Volume 1

Pemiscot County, Missouri Marriage Records, November 1, 1911 to December 6, 1922: Volume 2

South Carolina 1860 Agricultural Census: Volumes 1-3

Tennessee 1850 Agricultural Census for Robertson, Rutherford, Scott, Sevier, Shelby and Smith Counties: Volume 2

Tennessee 1860 Agricultural Census: Volumes 1 and 2

Texas 1850 Agricultural Census, Volume 1: Anderson through Hunt Counties

Texas 1850 Agricultural Census, Volume 2: Jackson through Williamson Counties

Texas 1860 Agricultural Census, Volume 1

Virginia 1850 Agricultural Census, Volumes 1-5

Virginia 1860 Agricultural Census, Volumes 1 and 2

West Virginia 1850 Agricultural Census, Volumes 1 and 2

West Virginia 1860 Agricultural Census, Volume 1-4